# DIGITAL LOGIC CIRCUITS PRACTICS

# 數位邏輯電路實習

鄒宏基教授　校訂　　　陳自雄・張文斌博士　著

東華書局

國家圖書館出版品預行編目資料

數位邏輯電路實習 / 陳自雄、張文斌 著. -- 初版. -- 臺北市：臺灣東華，2009.09

288 面；19x26 公分

ISBN 978-957-483-563-8（平裝）

1. 積體電路　2. 實驗

448.62034　　　　　　　　　　　　98015163

## 數位邏輯電路實習

| 校　　訂 | 鄒宏基 |
|---|---|
| 著　　者 | 陳自雄、張文斌 |
| 發 行 人 | 陳錦煌 |
| 出 版 者 | 臺灣東華書局股份有限公司 |
| 地　　址 | 臺北市重慶南路一段一四七號三樓 |
| 電　　話 | (02) 2311-4027 |
| 傳　　真 | (02) 2311-6615 |
| 劃撥帳號 | 00064813 |
| 網　　址 | www.tunghua.com.tw |
| 讀者服務 | service@tunghua.com.tw |
| 門　　市 | 臺北市重慶南路一段一四七號一樓 |
| 電　　話 | (02) 2371-9320 |
| 出版日期 | 2009 年 9 月初版 |
|  | 2019 年 2 月初版 2 刷 |

ISBN　　978-957-483-563-8

**版權所有・翻印必究**

# 序

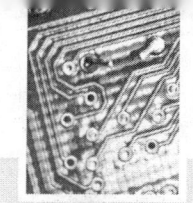

目前電子系統所處理的信號，不外乎是「類比」與「數位」兩大類信號，作者曾完成類比方面之教科書，於此決定再整理彙輯數位方面之「數位邏輯電路實習」一書。

本書特色為：

1. 本書共分七大章，每一章之小節都以獨立單元編印，目的使讀者更容易參閱。
2. 書中每單元採用由淺漸深方式編排，TTL 及 CMOS IC 交替實習，讓讀者更能靈活應用各類 IC。
3. 每個實習電路中皆標明各個 IC 的接腳圖，使讀者於實習中更能事半功倍。
4. 常用各類 IC 之接腳圖及功能表，附錄於書後。
5. 本書中各個實習所用之元件，整理成一覽表，附錄於書後，以供參考。

作者陳自雄博士及張文斌博士候選，專職任教於「北台灣科學技術學院」，感謝「北台灣科學技術學院」提供優質之軟、硬體設備之環境，並感謝提供多方面之協助，此著作方得以付梓。

此著作在編輯過程中，力求完善，然仍恐有所疏漏，尚請各位先進不吝惠予指正並賜教，以供作者日後參考改進，特此誌謝！

陳自雄  
張文斌　謹序

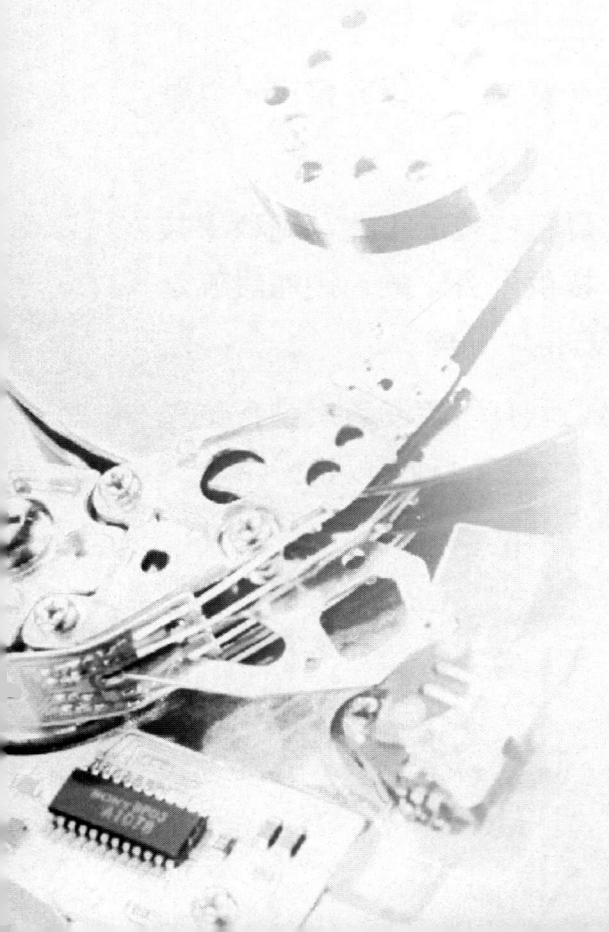

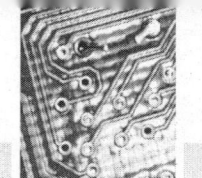

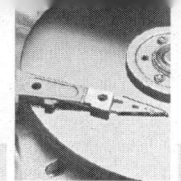

# 目錄

**序言** ............................................................. iii

## 第○章　數位邏輯與實習程序 .................................... 1

0-1　數位邏輯 ....................................................... 2
0-2　邏輯位準與脈衝波形 ........................................ 3
0-3　數位積體電路 ................................................. 5
0-4　TTL 的電路特性 ............................................. 6
0-5　CMOS 的電路特性 .......................................... 10
0-6　使用 TTL 與 CMOS ICs 應注意的事項 ................ 11
0-7　實習程序 ....................................................... 12

## 第一章　基本邏輯電路實習 ...................................... 13

1-1　DL 電路實習 .................................................. 14
1-2　RTL 電路實習 ................................................. 17
1-3　DTL 電路實習 ................................................. 19
1-4　TTL 電路特性實習 ........................................... 23

| | | |
|---|---|---|
| 1-5 | 扇入與扇出 | 27 |
| 1-6 | 開集極與線接邏輯 | 30 |
| 1-7 | CMOS 電路特性實習 | 37 |
| 1-8 | TTL→CMOS 間之介面電路實習 | 41 |
| 1-9 | CMOS→TTL 間之介面電路實習 | 45 |
| 1-10 | 問題討論 | 48 |

## 第二章 組合邏輯實習　49

| | | |
|---|---|---|
| 2-1 | AOI 實習 | 50 |
| 2-2 | 互斥或閘實習 | 54 |
| 2-3 | 加法器實習 | 57 |
| 2-4 | 減法器實習 | 63 |
| 2-5 | 數碼轉換器實習 | 69 |
| 2-6 | 編碼器與解碼器實習 | 73 |
| 2-7 | 多工器與解多工器實習 | 76 |
| 2-8 | 比較器實習 | 82 |
| 2-9 | 七段顯示器實習 | 86 |
| 2-10 | 問題討論 | 90 |

## 第三章　定時與脈波電路實習　　91

*3-1*　555 電路實習　　*92*

*3-2*　脈波電路實習　　*98*

*3-3*　單擊電路實習　　*101*

　　*3-3-1*　不可連續觸發單擊電路實習　　*101*

　　*3-3-2*　可連續觸發單擊電路實習　　*104*

*3-4*　石英晶體振盪器電路實習　　*107*

*3-5*　樞密特觸發電路實習　　*110*

*3-6*　問題討論　　*114*

## 第四章　序向邏輯實習　　115

*4-1*　基本正反器實習　　*116*

　　*4-1-1*　S-R 正反器實習　　*116*

　　*4-1-2*　J-K 正反器實習　　*120*

　　*4-1-3*　D 型正反器實習　　*124*

　　*4-1-4*　T 型正反器實習　　*128*

*4-2*　主奴式 J-K 正反器實習　　*131*

*4-3*　邊緣觸發式 J-K 正反器實習　　*136*

| | | |
|---|---|---|
| 4-4 | 非同步二進制計數器實習 | 140 |
| 4-5 | 同步二進制計數器實習 | 146 |
| 4-6 | BCD 計數器實習 | 149 |
| 4-7 | 上／下數計數器實習 | 154 |
| 4-8 | 除 N 計數器實習 | 159 |
| 4-9 | 時相電路實習 | 166 |
| | 4-9-1　環計數器實習 | 166 |
| | 4-9-2　強生計數器實習 | 170 |
| 4-10 | 序向電路設計 | 177 |
| 4-11 | 問題討論 | 187 |

## 第五章　暫存器實習　　189

| | | |
|---|---|---|
| 5-1 | 串入－串出移位暫存器實習 | 190 |
| 5-2 | 串入－並出移位暫存器實習 | 193 |
| 5-3 | 並入－串出移位暫存器實習 | 196 |
| 5-4 | 並入－並出移位暫存器實習 | 199 |
| 5-5 | 左／右移移位暫存器實習 | 201 |
| 5-6 | 問題討論 | 205 |

## 第六章　D/A、A/D 轉換電路實習　　207

6-1　D/A 轉換電路實習　　208

6-2　A/D 轉換電路實習　　218

6-3　問題討論　　222

## 第七章　數位邏輯電路應用實習　　223

7-1　反應測試機應用實習　　224

7-2　觸摸式防盜器應用實習　　227

7-3　紅綠燈應用實習　　230

7-4　問題討論　　240

## 附　錄　　242

附錄 A　常用 TTL ICs 74 系列一覽表　　243

附錄 B　常用 CMOS ICs 40 系列一覽表　　265

附錄 C　使用材料一覽表　　269

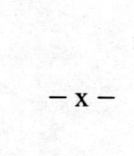

# 第0章 數位邏輯與實習程序

0-1 數位邏輯　2

0-2 邏輯位準與脈衝波形　3

0-3 數位積體電路　5

0-4 TTL 的電路特性　6

0-5 CMOS 的電路特性　10

0-6 使用 TTL 與 CMOS ICs 應注意的事項　11

0-7 實習程序　12

## 0-1 數位邏輯

在日常生活中有些情況我們常以真／假或是／非來表示事件的成立與否，而這種現象即是「邏輯」；譬如開關電燈，燈泡的「亮」與「滅」就是「邏輯狀態」的表現。

邏輯（Logic）這個名詞也應用於電子電路，就是**數位邏輯電路**(Digital Logic Circuit)，簡稱數位電路；將幾種基本的數位電路元件組合成而，可構成複雜的數位系統（如微處理機、電腦等）。在稍後的章節中，我們將詳細地探討這些基本數位邏輯電路。

## 0-2 邏輯位準與脈衝波形

在邏輯電路中以電壓位準代表二進制中的 0 與 1。若以較高電壓代表 "1"，較低電壓代表 "0"，稱為正邏輯（Positive logic）；相反地，若以較低電壓代表 "1"，較高電壓代表 "0"，則稱負邏輯（Negative logic）。例如在 TTL 系列中我們以 +5 V 與 0 V 來代表邏輯位準。正負邏輯均應用於邏輯電路中，其中以正邏輯較為普遍。在本書中除非另有說明，否則皆以正邏輯為準。

脈衝（Pulse）在邏輯電路中是非常重要的，因為電壓位準常常是高、低狀態交換著，圖 0-2.1(a) 為正脈衝信號，圖 0-2.1(b) 為負脈衝信號。

脈衝是由兩個邊緣組成：前緣（Leading edge）和後緣（Trailing edge）。在正脈衝中由 Low（Lo）轉 High（Hi）稱為前緣；由 High（Hi）轉 Low（Lo）稱為後緣，負脈衝正好相反。在圖 0-2.1 中，我們標註為「理想脈衝」，乃因為我們假設信號電壓在上升端及下降端之改變時間為 "零"，實際上在實習室中這種狀況是絕不會發生的，但在理論分析上皆假設脈衝為理想脈衝。

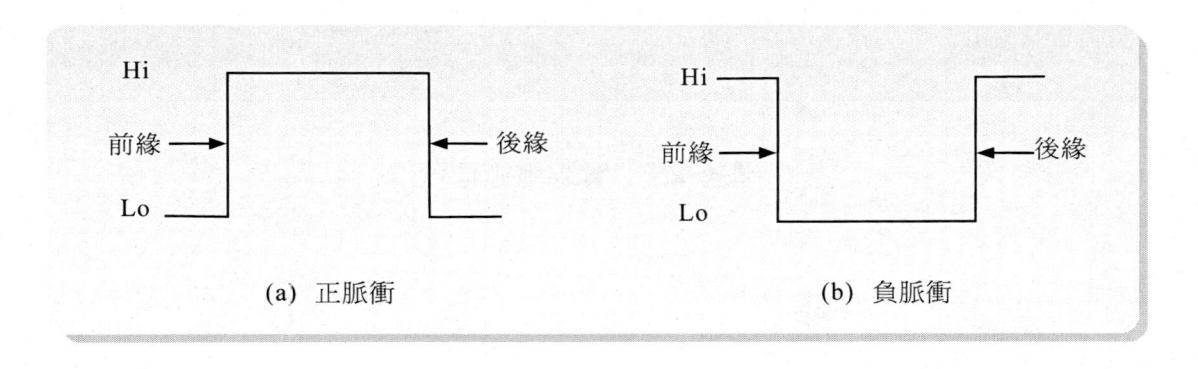

(a) 正脈衝     (b) 負脈衝

圖 0-2.1 理想脈衝信號

圖 0-2.2 為實際脈衝波形。脈衝由 Low 升到 High 的時間稱為上升時間 ($t_r$)，而由 High 轉到 Low 的時間稱為下降時間 ($t_f$)。

在實際應用上我們定義了下列幾個參數：

1. **上升時間**（rise time）$t_r$：由 10% 的脈衝振幅升到 90% 的脈衝振幅所需的時間。
2. **下降時間**（fall time）$t_f$：由 90% 的脈衝振幅降至 10% 的脈衝振幅所需的時間。
3. **脈衝寬度**（Pulse Width）$t_w$：上升端的 50% 點到下降端的 50% 點。

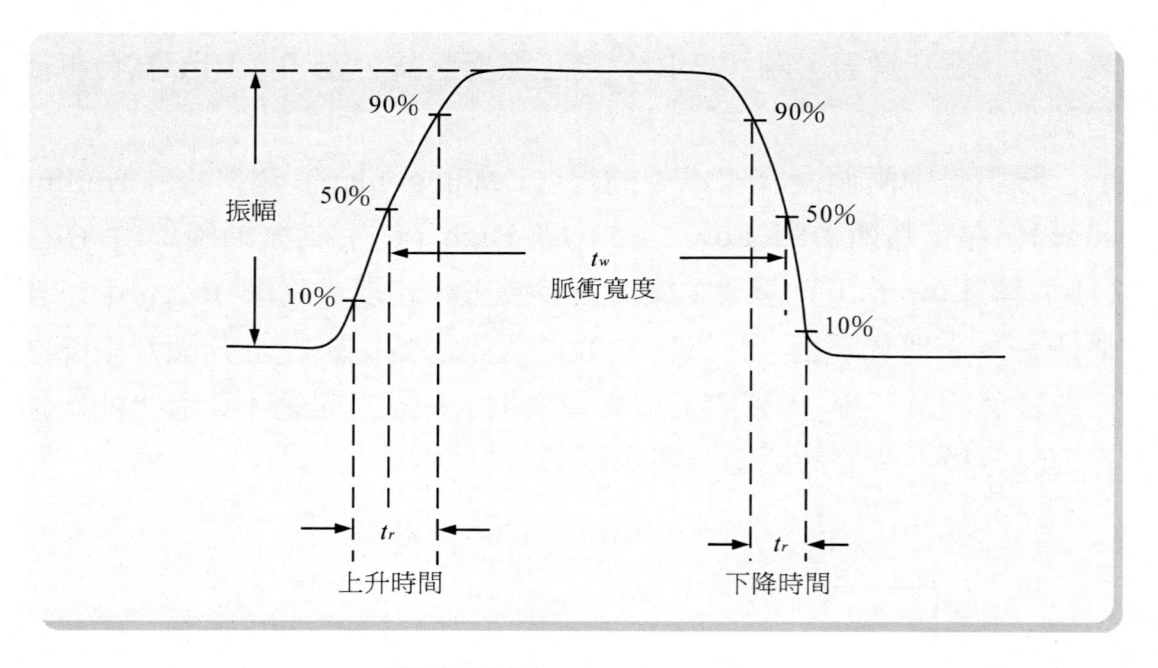

| 圖 0-2.2 | 實際脈衝信號

## 0-3 數位積體電路

**積體電路**（Integrated Circuit）簡稱 IC，就是將主動元件（如電晶體、二極體）及被動元件（如電阻、電容）利用半導體成長技術容納在同一**晶片**（Chip）上，其優點乃是體積小、功能強、可靠性高、價格低及使用方便，將電子電路積體化是目前普遍的趨勢。

一般我們常根據內部**閘**（Gate）的數目將積體電路分類如下：

1. **SSI**（Small-Scale Integrated）：小型積體電路，含 10 個以內閘電路的功能。例如：基本邏輯閘。
2. **MSI**（Medium-Scale Integrated）：中型積體電路，含 10 個到 100 個閘電路的功能。例如：編碼器、解碼器。
3. **LSI**（Large-Scale Integrated）：大型積體電路，含 100 個到 1000 個閘電路的功能。例如：微處理機。
4. **VLSI**（Very-Large-Scale Integrated）：超大型積體電路，超過 1000 個閘電路的功能。例如：超大容量記憶體。

將積體電路應用在數位電路上就稱為數位積體電路，其種類非常多，依其內部元件材料的不同可分為 TTL 族、CMOS 族、ECL 族及 IIL 族。本書將就目前市面上最普遍的 TTL 族及 CMOS 族提出來探討。另依電路功能的不同，又可分為**組合邏輯電路**（Combinational logic circuit）及**序向邏輯電路**（Sequential logic circuit），其詳細內容將在稍後章節中探討到。

## 0-4　TTL 的電路特性

　　TTL 為雙極性電晶體所構成，是目前使用最普遍、種類最多、功能最齊全的一族，雖然有許多廠商生產，編號互異，但仍以 74/54 編號開頭最為普遍，74 系列為商用規格，54 系列為軍用規格，其主要差別在於使用溫度範圍的不同（74 系列約 0°〜70℃；54 系列約 －55℃〜＋125℃），而其功能則相同。

　　所有 TTL 系列外加電源電壓皆為 5 伏特，以正邏輯而言，0 V 代表邏輯"0"，5 V 代表邏輯"1"，但實際上定義並不需如此嚴謹，以下我們定義幾個跟輸入與輸出有關的電壓位準：

1. $V_{IL}$：輸入邏輯"0"電壓位準；典型最大值為 0.8 伏特。
2. $V_{IH}$：輸入邏輯"1"電壓位準；典型最小值為 2 伏特。
3. $V_{OL}$：輸出邏輯"0"電壓位準；典型最大值為 0.4 伏特。
4. $V_{OH}$：輸出邏輯"1"電壓位準；典型最小值為 2.4 伏特。

　　由圖 0-4.1 中更清楚地可以看出不論是"0"或"1"，TTL 族最少可容許 0.4 伏特（0.8－0.4＝2.4－2.0＝0.4 伏特）的雜訊而不會引起邏輯錯誤。

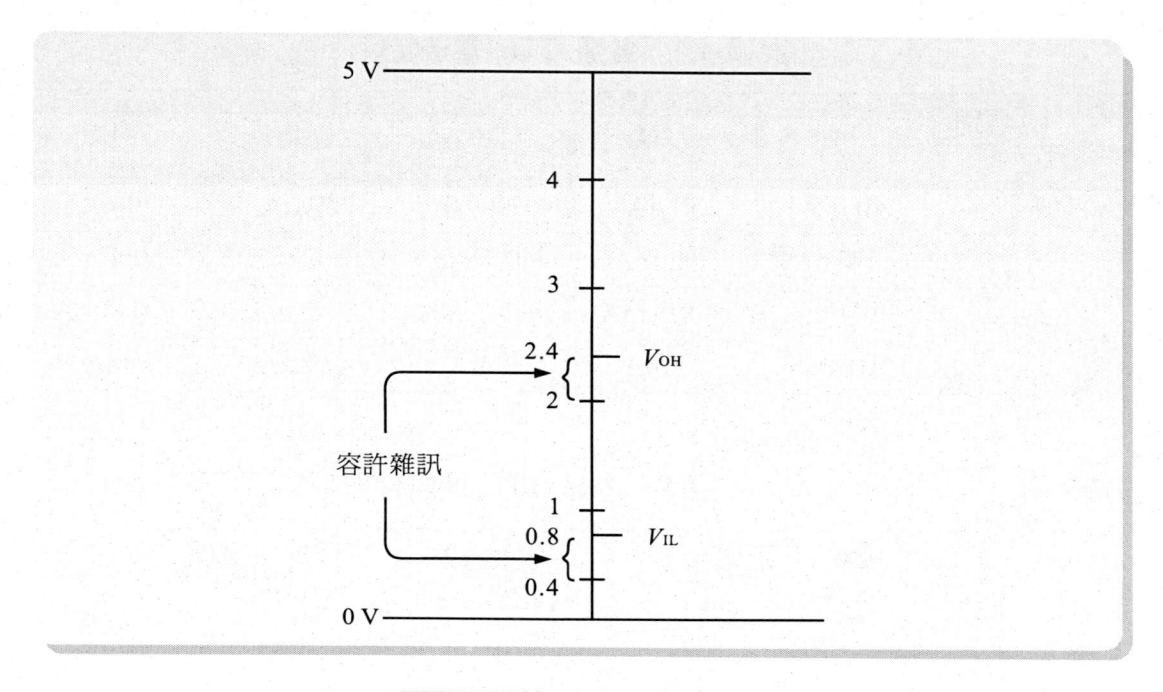

圖 0-4.1　TTL 電壓位準

在 TTL 系列中，依其內部電路架構的不同，又可分為五大類：

1. 正規（regular）TTL：74/54 系列。
2. 高功率（high power）TTL：74H/54H 系列。
3. 低功率（low power）TTL：74L/54L 系列。
4. 蕭特基（schottky）TTL：74S/54S 系列。
5. 低功率蕭特基（low-power schottky）TTL：74LS/54LS 系列。

在特性上其輸入、輸出電流及速度各不相同，表 0-4.1 中我們很清楚地可看出其輸入、輸出電流間的差異；表 0-4.2 為傳輸速度、消耗功率及工作頻率間的差異。

表 0-4.1 各類 TTL 電流特性

| 電流＼類別 | 74 | 74H | 74L | 74S | 74LS |
|---|---|---|---|---|---|
| $I_{IH}$ | 40 μA | 50 μA | 10 μA | 50 μA | 40 μA |
| $I_{IL}$ | －1.6 mA | －2 mA | －0.18 mA | －2 mA | －0.4 mA |
| $I_{OH}$ | －0.4 mA | －0.5 mA | －0.1 mA | －2 mA | －0.4 mA |
| $I_{OL}$ | 16 mA | 20 mA | 2 mA | 20 mA | 8 mA |

表 0-4.2 各類 TTL 的特性

| 類別＼參數 | 延遲時間 (ns) | 閘消耗功率 (mW) | 工作最大頻率 (MHz) |
|---|---|---|---|
| 74 | 10 | 10 | 35 |
| 74 H | 6 | 22 | 50 |
| 74 L | 33 | 1 | 3 |
| 74 S | 3 | 19 | 125 |
| 74 LS | 10 | 2 | 45 |

1. $I_{IH}$（input high-level current）：輸入高態電流。
2. $I_{IL}$（input low-level current）：輸入低態電流。
3. $I_{OH}$（output high-level current）：輸出高態電流。
4. $I_{OL}$（output low-level current）：輸出低態電流。

表 0-4.1 中，正、負號代表電流方向，並無數學意義存在；例如：$I_{OH}$ 為流出電流〔定義為負（"－"）方向〕，則 $I_{OL}$ 為流進電流〔定義為正（"＋"）方向〕。

**傳輸延遲時間**（Propagation delay time）$t_{pd}$：當輸入一信號至數位電路時，其輸出產生響應所需的時間，如圖 0-4.2 所示。$t_{pd} \equiv \frac{1}{2}(t_{PHL} + t_{PLH})$。

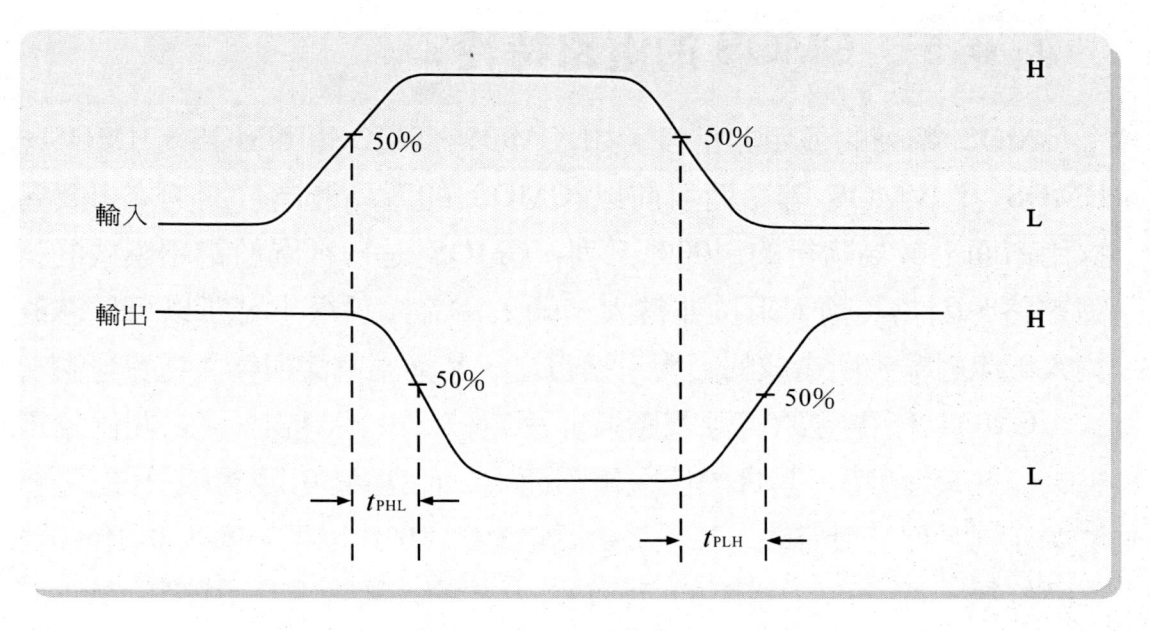

圖 0-4.2 傳輸延遲時間

閘消耗功率：電源電壓（$V_{CC}$）乘以平均電源電流（$I_{CC}$）。

$$I_{CC} = \frac{I_{CCH} + I_{CCL}}{2}$$

$I_{CCH}$：輸出為高態時的電源電流。
$I_{CCL}$：輸出為低態時的電源電流。

平均功率（$P_{AVG} = V_{CC} \cdot I_{CC}$）

## 0-5 CMOS 的電路特性

　　MOS 系列的種類非常多，如 CMOS、PMOS、NMOS、HMOS、DMOS 及 VMOS 等，而目前以 CMOS 的產品最為普遍；本書實習採用市面上較易購得的 4000 系列。CMOS 是一種屬於電壓模式的積體電路，因為其輸入阻抗非常大，輸入電流幾乎很小，所以可以忽略輸入電流對輸出所造成的影響。換言之，其輸出電流與輸入電流無關。

　　CMOS 所供給的電源電壓並非固定值，一般 $V_{DD} - V_{SS}$ 間供給電壓為 3～15 伏特，其實際值視電路而定，而邏輯 0 及邏輯 1 的電壓位準亦同，但一般定義 $V_{DD} - V_{SS}$ 間電壓的 30% 以下為輸入邏輯 "0" 電壓位準，$V_{DD} - V_{SS}$ 電壓的 70% 以上為輸入邏輯 "1" 電壓位準；而輸出邏輯 "0" 電壓位準接近 $V_{SS}$，輸出邏輯 "1" 電壓位準接近 $V_{DD}$ 的電壓，圖 0-5.1 為輸入-輸出與 $V_{SS} - V_{DD}$ 間電壓關係。

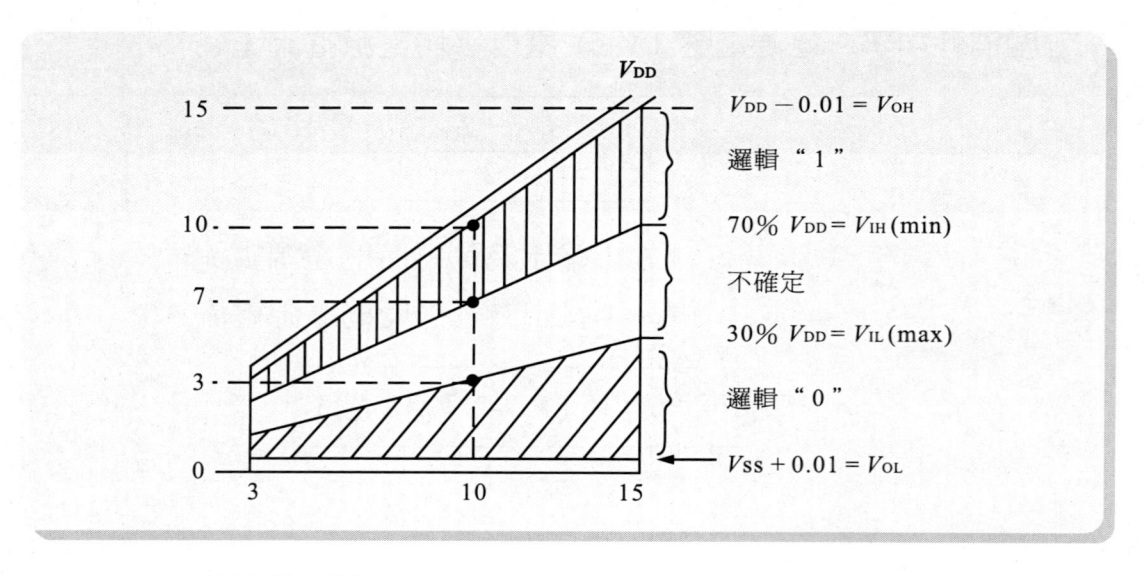

圖 0-5.1 輸入-輸出電壓與 $V_{SS} - V_{DD}$ 的電壓關係

## 0-6 使用 TTL 與 CMOS ICs 應注意的事項

1. 外加電壓勿超過規格中最大的額定電壓。
2. 在拔除、安裝 IC 或線路中其他元件時，應確定電源是否關閉，以避免在 IC 接腳處產生尖波（Spike）電壓損壞 IC。
3. 注意接腳（Pin）是否接對，避免燒毀 IC。
4. 電源關閉後，不要在輸入端送入任何電壓信號。
5. 將多餘未使用的輸入腳，接上適當的 H、L 電壓，以防止外界干擾。
6. 使用 CMOS IC 時，應避免用手去拿各個接腳，因人體的 60 Hz 交流靜電能量，足以造成 CMOS IC 輸入的誤動作，甚至損及 CMOS IC。(雖然目前 CMOS IC 內部皆有保護裝置，但仍需養成此好習慣。)
7. 一般在電路圖中 IC 之 $V_{cc}$ 及 GND 之接腳未繪出，記得先查閱 IC 接腳圖，給予接上。

## 0-7 實習程序

為使讀者使用本書時能循序漸進,特將實習的每個順序加以說明。

1. 實習目的:主要說明實習的目的及意義。
2. 實習器材:該實習所需用到的儀器設備及零件材料。
3. 實習說明:即實習原理說明,主要在使讀者先瞭解理論,再由實習來驗證理論。
4. 實習步驟:按規劃的步驟來進行實習,更能簡捷迅速地達到目的。
5. 結果與討論:將實習結果記錄下來,再以理論推導做成結論。

另外我們在每一章最後加列幾個問題,目的在使讀者實習後能做一番實力評估,衡量自己對該單元是否融會貫通。

# 第一章 基本邏輯電路實習

1-1　DL 電路實習　14

1-2　RTL 電路實習　17

1-3　DTL 電路實習　19

1-4　TTL 電路特性實習　23

1-5　扇入與扇出　27

1-6　開集極與線接邏輯　30

1-7　CMOS 電路特性實習　37

1-8　TTL→CMOS 間之介面電路實習　41

1-9　CMOS→TTL 間之介面電路實習　45

1-10　問題討論　48

## 1-1 DL 電路實習

### 一 實習目的

瞭解以二極體及電阻組合的邏輯電路。

### 二 實習器材

示波器　　　　　　　　　　　$D$： 1N4148×2
電源供應器　　　　　　　　　$R$：　 1 kΩ×3
麵包板　　　　　　　　　 DIP SW： 2 PINS×2
導線少許

### 三 實習說明

　　圖 1-1.1 為雙輸入端**或閘**（OR Gate）DL 電路，電路中以 $D_1$、$D_2$ 為開關，當 $A$ 端及 $B$ 端各輸入一低電位時 $D_1$、$D_2$ 不導通，輸出端 $R_1$ 上電壓為 0 V，當 $A$ 端或 $B$ 端為高電位時，$D_1$ 或 $D_2$ 導通，使

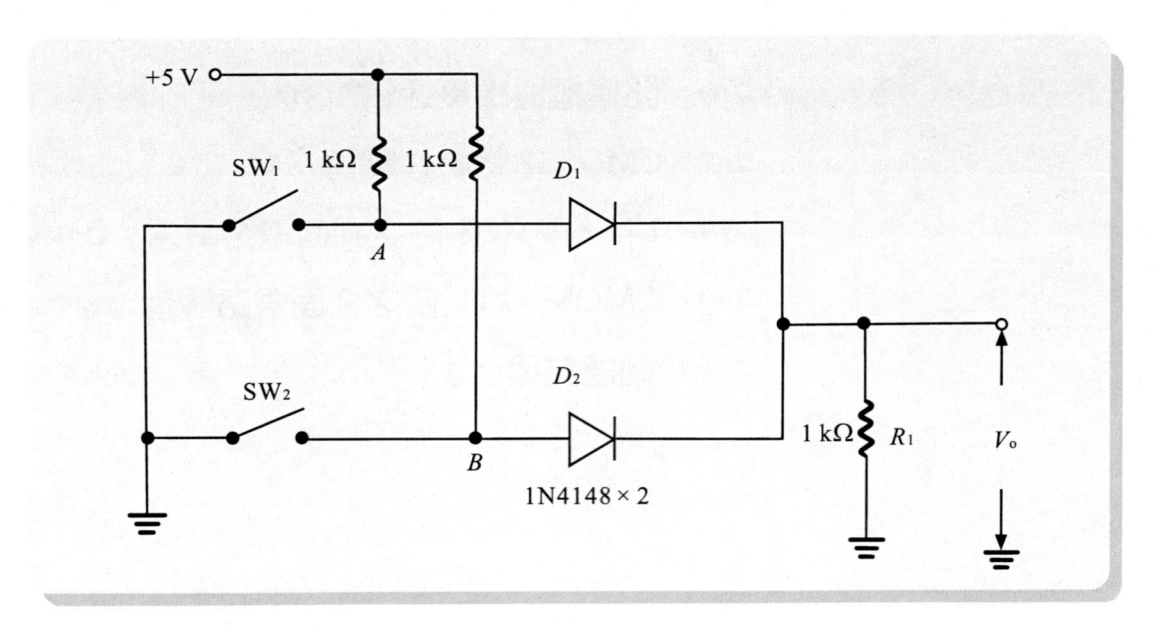

| 圖 1-1.1 | OR 閘

$R_1$ 上有一電壓存在，輸出端為高電位；當 $A$、$B$ 兩端均為高電位時，$D_1$ 及 $D_2$ 均導通，輸出端亦為高電位。其真值表如表 1-1.1 所示。

表 1-1.1　OR 閘真值表

| $A$ | $B$ | $V_o$ |
|---|---|---|
| 0 V | 0 V | 0 V |
| 0 V | 5 V | 5 V |
| 5 V | 0 V | 5 V |
| 5 V | 5 V | 5 V |

### 四 實習步驟

1. 按圖 1-1.1 接妥電路。
2. 以 $SW_1$、$SW_2$ 分別控制 $A$、$B$ 端之輸入電壓。
3. 依序改變 $A$、$B$ 兩端之輸入電壓，並以示波器 DCV 檔量測輸出端電壓之變化；與表 1-1.1 相互驗證。
4. 再按圖 1-1.2 接妥電路。
5. 依序改變 $A$、$B$ 兩端之輸入電壓，並以示波器觀察輸出端之電壓變化情形。

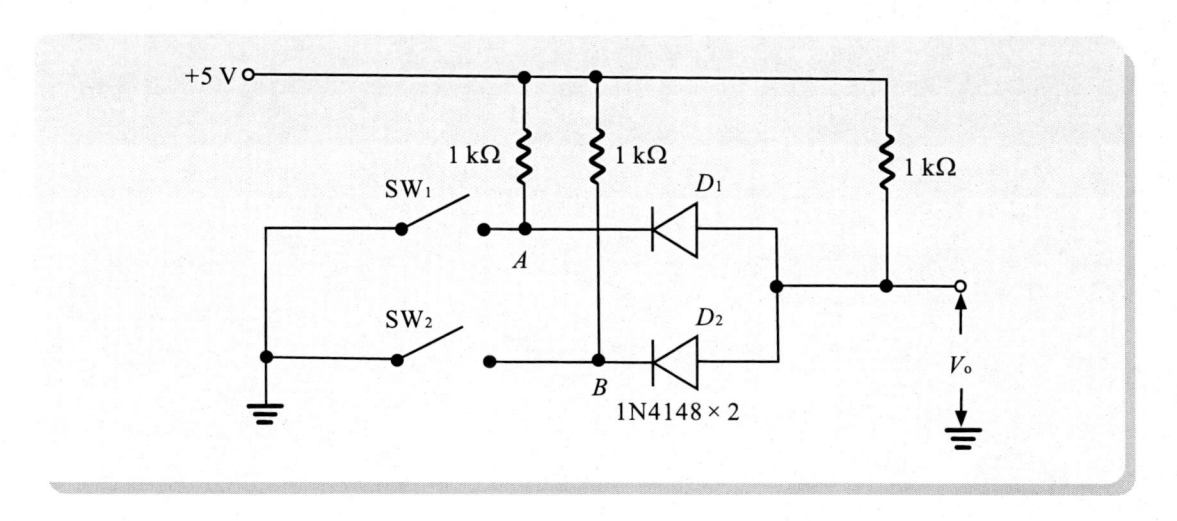

圖 1-1.2

6. 將結果記錄於表 1-1.2 中,並判斷它是何種閘電路。

表 1-1.2

| A | B | $V_o$ |
|---|---|---|
| 0 V | 0 V | |
| 0 V | 5 V | |
| 5 V | 0 V | |
| 5 V | 5 V | |

## 五 結果與討論

在圖 1-1.1 中輸出端與輸入端在高電位時有 0.5～0.7 V 的差值,這乃受二極體本身的**臨界電壓**(Threshold Voltage)的影響。

## 1-2　RTL 電路實習

### 一　實習目的

研究 RTL 的實習，並瞭解其他閘的功能。

### 二　實習器材

| | |
|---|---|
| 示波器 | $TR$：　9013×2 |
| 電源供應器 | $R$：　470 Ω×2 |
| 麵包板 | 　　680 Ω×1 |
| 導線少許 | 　　1 kΩ×2 |
| | DIP SW：　2 PINS×2 |

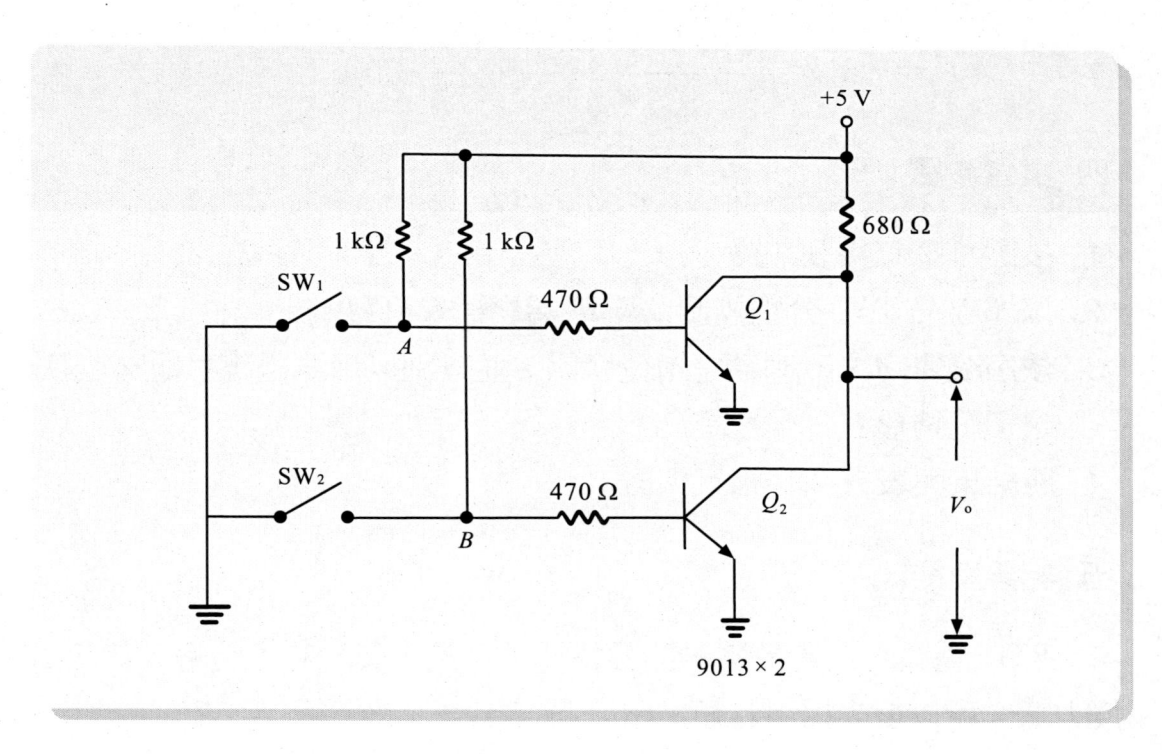

圖 1-2.1　NOR 閘

## 三 實習說明

圖 1-2.1 中，$A$、$B$ 兩輸入端分別接至 $Q_1$、$Q_2$ 的基極上，當任何一端的電位為高電位時，將使 $Q_1$ 或 $Q_2$ 導通，而使輸出端 $V_o$ 趨於 0 V；當兩輸入端均為低電位時，因 $Q_1$ 及 $Q_2$ 均截止而使輸出端 $V_o$ 為高電位。此為 NOR 閘功能，真值表如表 1-2.1 所示。

表 1-2.1　NOR 閘真值表

| $A$ | $B$ | $V_o$ |
| --- | --- | --- |
| 0 V | 0 V | 5 V |
| 0 V | 5 V | 0 V |
| 5 V | 0 V | 0 V |
| 5 V | 5 V | 0 V |

## 四 實習步驟

1. 按圖 1-2.1 接妥電路。
2. 以 $SW_1$、$SW_2$ 分別控制 $A$、$B$ 端之輸入電壓。
3. 依序改變 $A$、$B$ 兩端之電位狀態，並分別以示波器觀察輸出端 $V_o$ 之變化情形。
4. 將結果與表 1-2.1 相互核對。

## 五 結果與討論

RTL 電路利用電晶體的開關特性──截止與飽和；因輸入雜訊免疫力低，所以很少採用此類電路。

## 1-3 DTL 電路實習

### 一 實習目的

瞭解 DTL 邏輯電路的動作原理。

### 二 實習器材

示波器
電源供應器
麵包板
導線少許

TR： 9013×1
D： 1N4148×3
R： 1 kΩ×3
　　 2 kΩ×1
　　 5.1 kΩ×1
DIP SW： 2 PINS×1

### 三 實習說明

圖 1-3.1 中為 DTL 的反閘（NOT Gate）電路，當輸入電壓低於

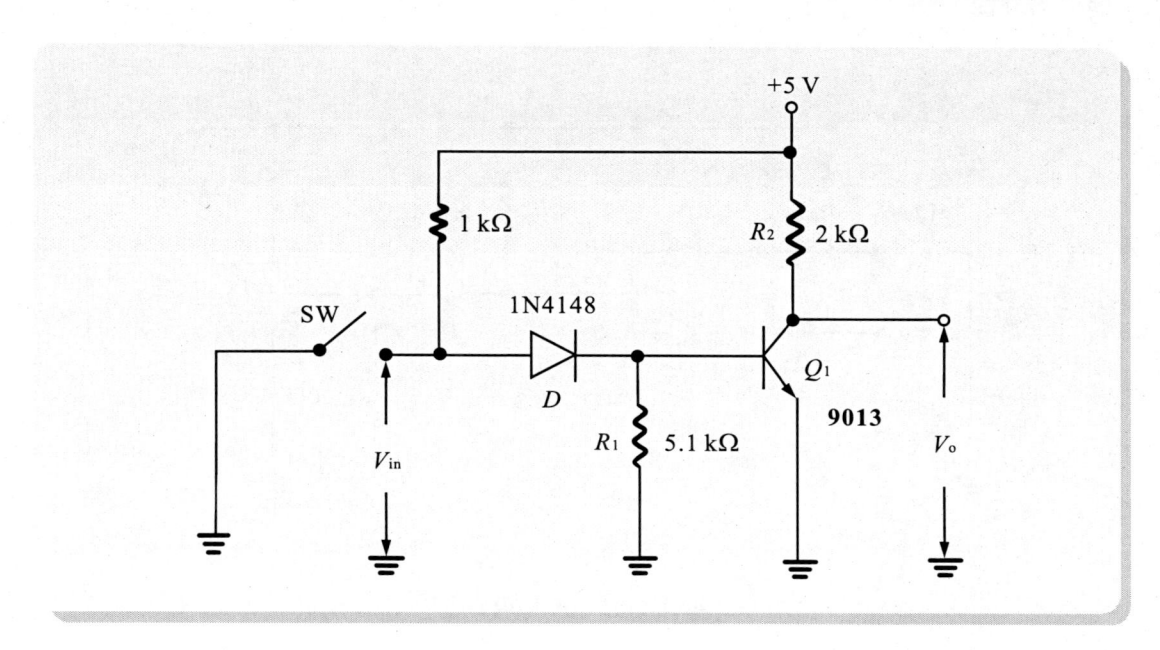

圖 1-3.1 NOT 閘

表 1-3.1 NOT 閘真值表

| $V_{in}$ | $V_o$ |
|---|---|
| 0 V | 5 V |
| 5 V | 0 V |

1.4 V 時 $Q_1$ 截止，反之，輸入電壓高於 1.4 V 時，$Q_1$ 導通呈飽和狀態；因輸入與輸出呈反相關係，故稱之為反閘（NOT Gate），其真值表如表 1-3.1 所示。

圖 1-3.2 為 DTL 的反及閘（NAND Gate）電路，$D_1$、$D_2$ 及 $R_1$ 形成 DL 電路的及閘（AND Gate），輸出接至反閘，故形成反及閘；真值表如表 1-3.2 所示。

## 四 實習步驟

1. 按圖 1-3.1 接妥電路。
2. 電源供給為 +5 V。
3. 依序改變 SW 控制輸入電壓。(0 V 表為邏輯 "0"，5 V 表為邏

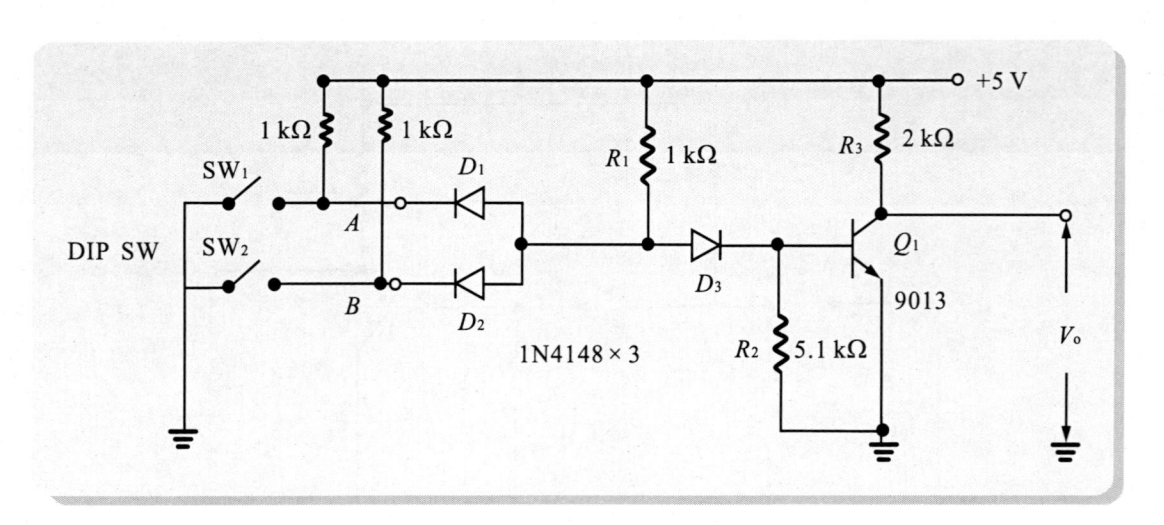

圖 1-3.2 NAND 閘

表 1-3.2 NAND 閘真值表

| A | B | $V_o$ |
|---|---|---|
| 0 V | 0 V | 5 V |
| 0 V | 5 V | 5 V |
| 5 V | 0 V | 5 V |
| 5 V | 5 V | 0 V |

表 1-3.3

| 輸入 $V_{in}$ || 輸出 $V_o$ ||
|---|---|---|---|
| 電壓 | 狀態 | 電壓 | 狀態 |
| 0 V | 0 | | |
| 5 V | 1 | | |

輯 "1" )。

4. 以示波器觀察 $V_o$ 端變化情形,並記錄於表 1-3.3 中。
5. 比較表 1-3.1 及表 1-3.3。
6. 再按圖 1-3.2 接妥電路。

表 1-3.4

| A 端 || B 端 || $V_o$ ||
|---|---|---|---|---|---|
| 電壓 | 狀態 | 電壓 | 狀態 | 電壓 | 狀態 |
| 0 V | 0 | 0 V | 0 | | |
| 0 V | 0 | 5 V | 1 | | |
| 5 V | 1 | 0 V | 0 | | |
| 5 V | 1 | 5 V | 1 | | |

7. 按表1-3.4依序改變 SW$_1$、SW$_2$ 分別控制 A、B 兩輸入端之電壓。
8. 以示波器量測 V$_o$ 端之電壓變化情形，並記錄於表 1-3.4 中。
9. 比較表 1-3.2 及表 1-3.4。

## 五 結果與討論

　　DTL 較 RTL 優，在圖 1-3.2 中可看出使 Q$_1$ 動作時的電流來自 R$_1$ 電阻端，而非外部的推動電路（因 D$_1$、D$_2$ 截止）；而 DTL 要動作時，推動電路處於高態需供給 I$_B$ 的電流至 RTL 電路中，所以 RTL 的推動能力較差，且 DTL 的雜訊免疫力也較 RTL 佳。

## 1-4 TTL 電路特性實習

### 一 實習目的

1. 瞭解 TTL 電路的原理。
2. 瞭解 TTL 電路的電氣特性。
3. 瞭解 TTL 中 7400 的使用。

### 二 實習器材

| | |
|---|---|
| 示波器 | TTL IC： 7400×1 |
| 電源供應器 | 發光二極體： LED×1 |
| 麵包板 | $R$： 330 Ω×1 |
| 導線少許 | 1 kΩ×2 |
| | DIP SW： 2 PINS×1 |

### 三 實習說明

在 0-4 節中,我們曾經介紹過 TTL 電路的一些電氣特性,現在將一般 TTL 的特性重新整理如下:

| | |
|---|---|
| $V_{CC}$ | +5 V±0.25 V |
| $V_{IL}$ | ≤ 0.8 V |
| $V_{IH}$ | ≥ 2 V |
| $V_{OL}$ | ≤ 0.4 V |
| $V_{OH}$ | ≥ 2.4 V |
| $I_{IL}$ | ≤ −1.6 mA |
| $I_{IH}$ | ≤ 40 μA |
| $I_{OL}$ | ≥ 16 mA |
| $I_{OH}$ | ≥ −400 μA |

圖 1-4.1 為 TTL 反及閘（NAND Gate）電路，輸入端是由雙射極電晶體 $Q_1$ 所構成；當輸入電壓低於 $Q_1$ 的 $V_{BE}$ 時，$Q_2$ 及 $Q_3$ 截止，$Q_4$ 飽和，輸出為高電位；當輸入電壓皆大於 $Q_1$ 的 $V_{BE}$ 時，$Q_2$ 及 $Q_3$

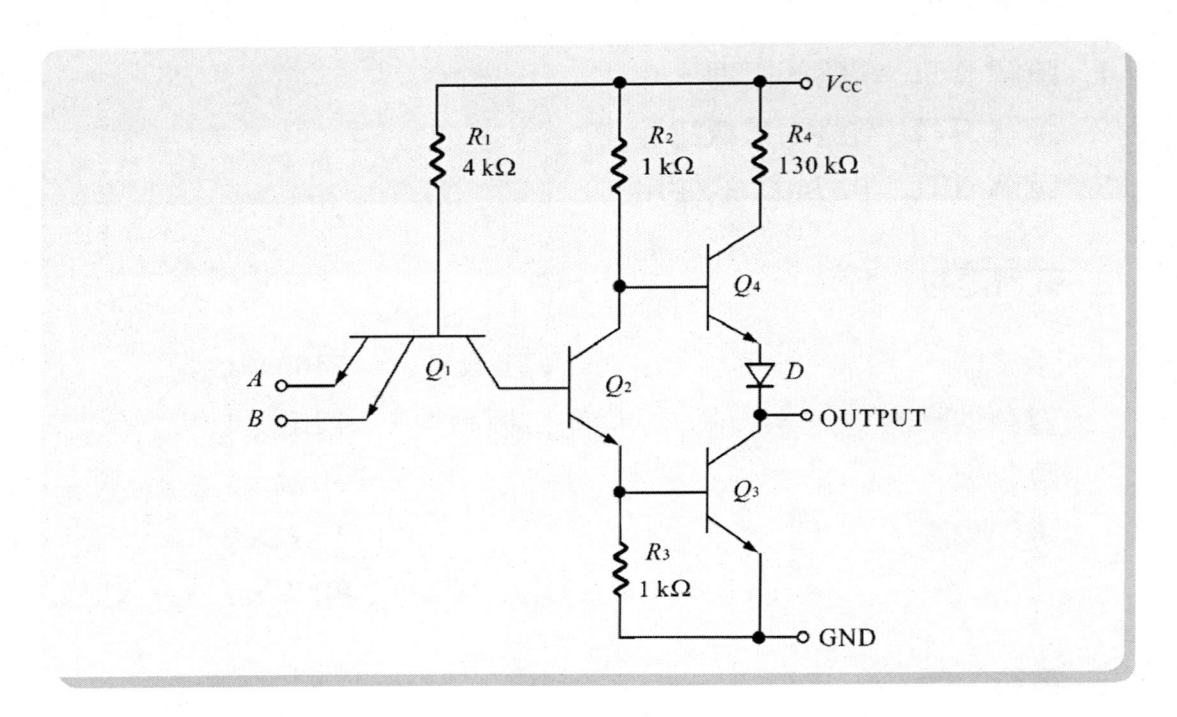

| 圖 1-4.1 | TTL NAND 閘電路

| 圖 1-4.2 |

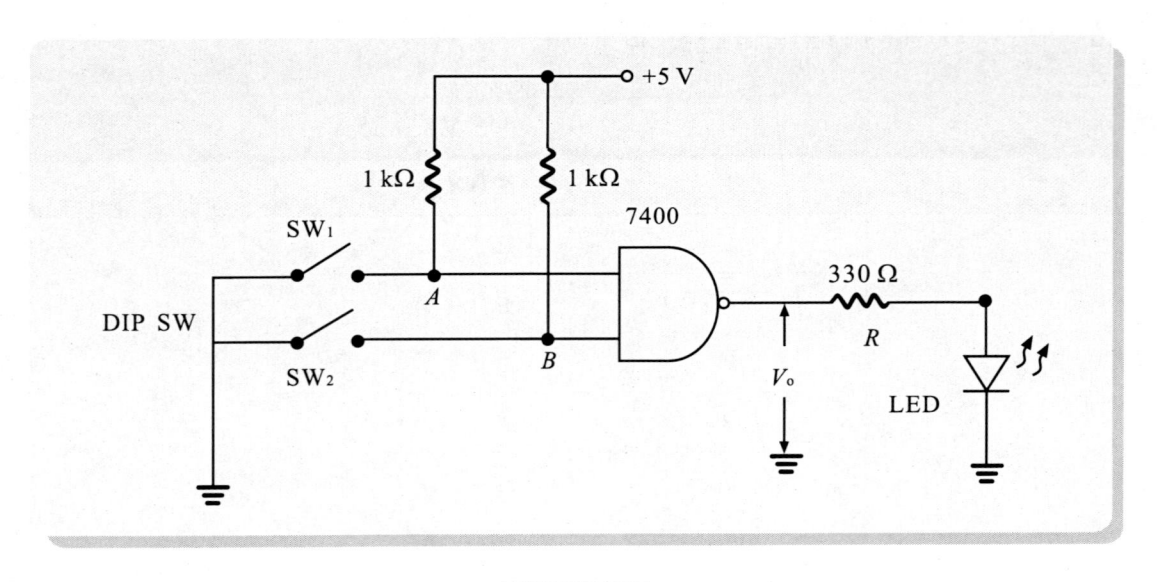

飽和，$Q_4$ 截止，輸出為低電位。輸出端 $Q_3$ 及 $Q_4$ 的連接方式稱為**圖騰柱**（Totempole）或**動態提升**（Active Pull-up）的方式。

## 四 實習步驟

1. 按圖 1-4.2 接妥電路。（注意：IC 之 $V_{cc}$ 及 GND 未畫於電路中，請記得安裝，7400 之 $V_{cc}$ 為第 14 PIN，GND 為第 7 PIN；$V_{cc}$ 加 +5 V）。
2. 按表 1-4.1 依序改變 $A$、$B$ 端之狀態。

表 1-4.1

| 輸 入 | | 輸 出 |
|---|---|---|
| $A$ | $B$ | $V_o$ |
| 0 | 0 | |
| 0 | 1 | |
| 1 | 0 | |
| 1 | 1 | |

3. 觀察 LED 的亮、滅情形，並記錄於表 1-4.1 中。
4. 試說明 LED 的亮、滅各代表何種邏輯狀態。

## 五 結果與討論

　　TTL 電路是目前使用較普遍的數位 IC，本書之實習大部分也採用此類 IC。當使用 LED 當負載時，限流電阻 $R$ 不可忽略；一般點亮 LED 所需的電流約為 5 mA～30 mA 間，當電流太小時，LED 亮度不夠，電流太大時，LED 又太亮壽命相對縮短，故普遍上採用 10 mA 左右來驅動 LED；在發亮時 LED 上的壓降約為 1 V。因為 TTL 電路在輸出為高電位時約接近 $V_{cc}$（+5 V），所以 $R = (5\text{ V} - 1\text{ V})/10$

mA≈400 Ω，此值並非精確值，一般大多採用 200～400 Ω 之間的電阻。圖 1-4.3 即為設計 LED 限流電阻的方法。

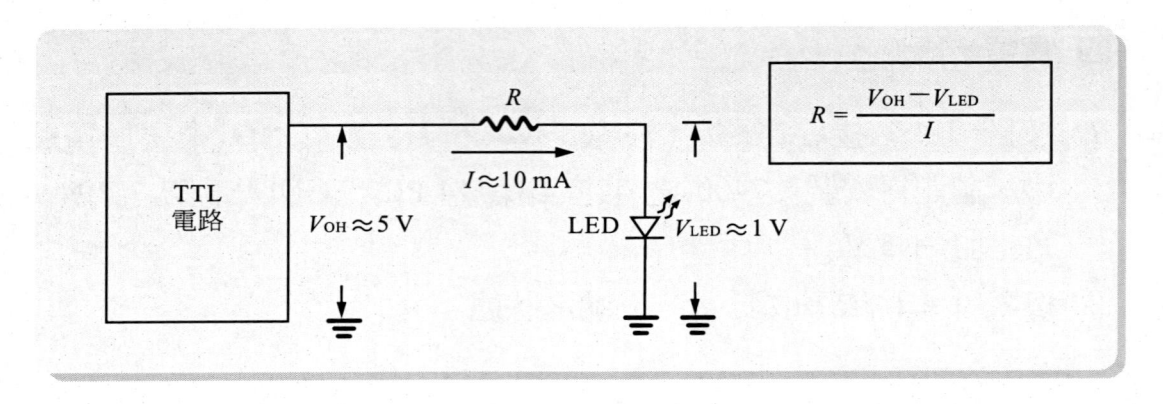

$$R = \frac{V_{OH} - V_{LED}}{I}$$

圖 1-4.3 TTL 驅動 LED 電路

## 1-5 扇入與扇出

### 一 實習目的

1. 瞭解扇入、扇出的意義。
2. 瞭解邏輯閘最大扇入數。
3. 瞭解邏輯閘最大扇出數。
4. 瞭解 TTL 中 7408、7421 的使用。

### 二 實習器材

示波器　　　　　　　　　TTL IC：　7408×1
電源供應器　　　　　　　　　　　　7421×2
麵包板
導線少許

### 三 實習說明

在邏輯閘的連接使用上，有一定的限制，換言之，邏輯閘的推動能力決定了它們之間的連接使用數目，一般會牽涉兩個參數。

1. 扇入（Fan-in）：一個邏輯閘輸入端的數目。
2. 扇出（Fan-out）：一個邏輯閘能夠推動（連接）相同邏輯閘的最多數目。

扇入數目一般為廠商所限制，而扇出數目則決定於 $I_{OH}$、$I_{OL}$、$I_{IL}$、$I_{IH}$ 等電流參數，在邏輯 "1" 的扇出 = $I_{OH} \div I_{IH}$；邏輯 "0" 的扇出 = $I_{OL} \div I_{IL}$。就標準 TTL 閘為例：其 $I_{OH} = -400\ \mu A$，$I_{OL} = 16\ mA$，$I_{IH} = 40\ \mu A$，$I_{IL} = -1.6\ mA$，所以扇出數目為：邏輯 "1" = $400\ \mu A \div 10\ \mu A = 10$；邏輯 "0" = $16\ mA \div 1.6\ mA = 10$；故標準 TTL 之最大扇出數目為 10 個。

當輸出連接邏輯閘數超過最大扇出數目，會使電路失去原有的邏輯特性，使用上應加以注意。

## 四 實習步驟

1. 按圖 1-5.1 接妥電路。
2. 當 A 端＝Hi（5 V）時，以示波器觀察 7408 的輸出端電壓 $V_{OH}$＝＿＿＿＿ V。
3. 當 A 端＝Lo（0 V）時，以示波器觀察 7408 的輸出端電壓 $V_{OL}$＝＿＿＿＿ V。
4. 將 7408 的扇出數目增加為 2，重複步驟 2.、3.，並記錄 $V_{OH}$、$V_{OL}$ 之值。
5. 再將 7408 的扇出數目逐步增加，並逐次觀察 $V_{OH}$、$V_{OL}$ 且記錄下來。

圖 1-5.1

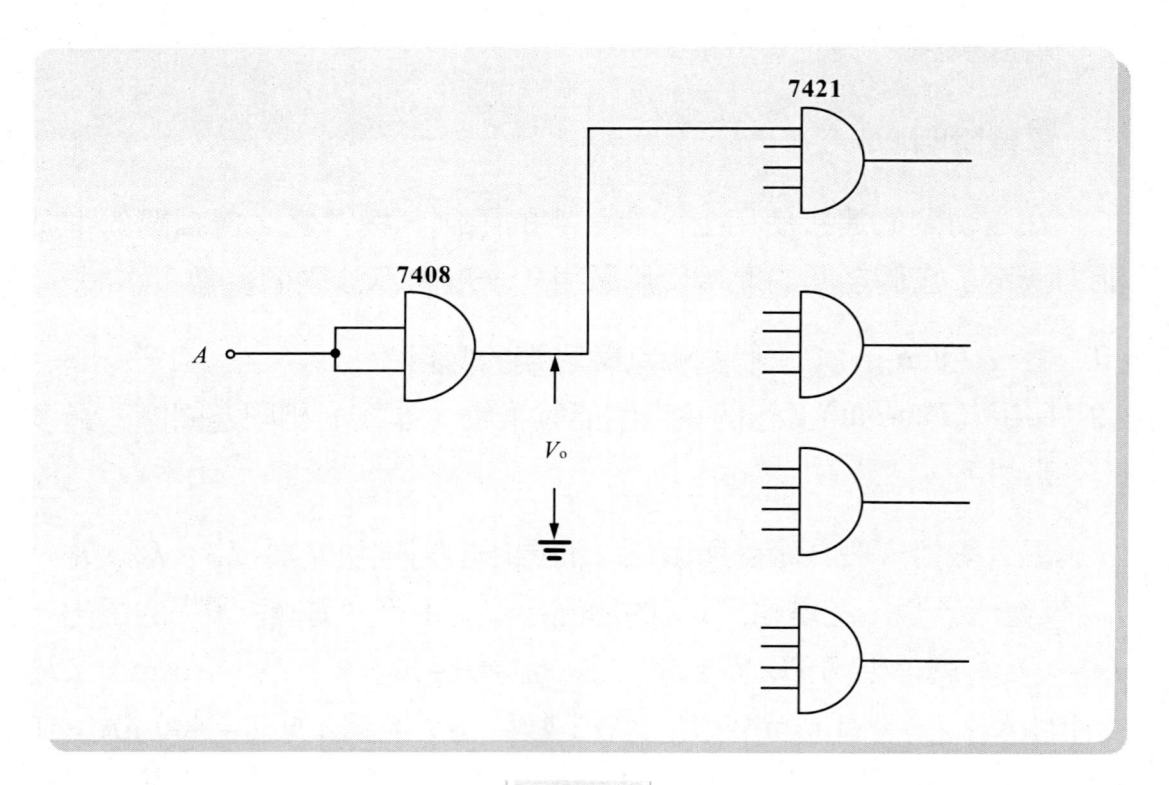

6. 查閱資料手冊，算出 7408 的最大扇出數目為何？
7. 當 7408 的扇出數目超過最大扇出數目時，其 $V_{OH}$、$V_{OL}$ 之值又如何？

## 五 結果與討論

　　本實習可用同類型 74 系列代替；當扇出數目太多時，輸出電壓會改變，相對的雜訊免疫力亦降低。

## 1-6 開集極與線接邏輯

### 一 實習目的

1. 瞭解開集極邏輯閘的電路特性。
2. 瞭解線接邏輯閘的意義及應用。
3. 瞭解 TTL 中 7400、7401、7438 的使用。

### 二 實習器材

電源供應器
麵包板
導線少許

TTL IC： 7400×1
　　　　 7401×1
　　　　 7438×1
發光二極體： LED×3
$VR$： 10 kΩ×1
$R$： 330 Ω×5
　　 1 kΩ×1

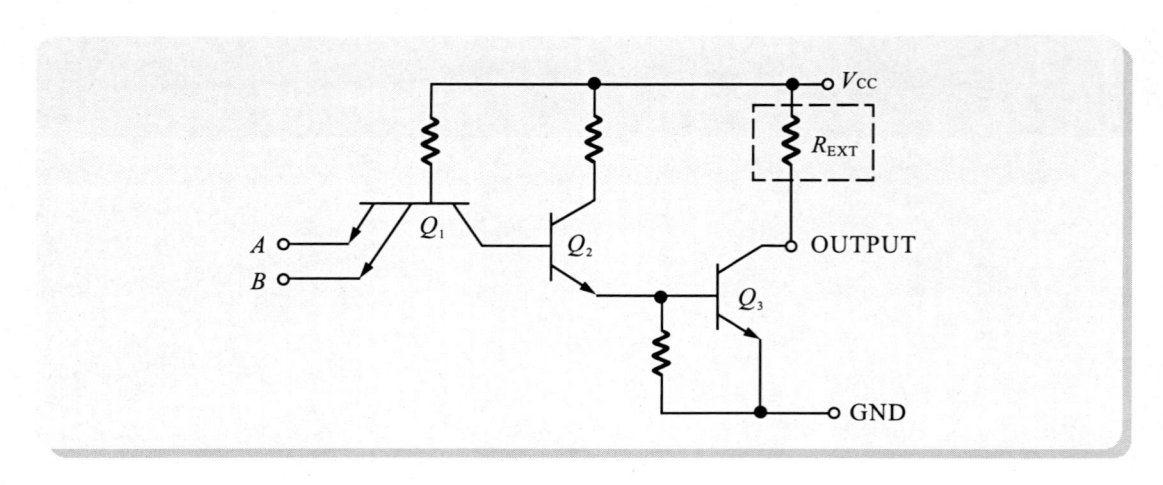

圖 1-6.1 開集極 NAND 閘

## 三 實習說明

開集極邏輯電路與標準型邏輯電路的不同點,主要在於其輸出端需外接一個提升(Pull-up)電阻 $R_{EXT}$,如圖 1-6.1 所示。

具備較高的推動能力,能與較大電流的負載連接是開集極邏輯閘的特性;而提升電阻 $R_{EXT}$ 的選擇與推動的負載數目有關,其設計方法如圖 1-6.2(a) 及圖 1-6.2(b) 所示。

$R_{EXT(max)}$:當推動級輸出皆為 Hi 時,所需的最大提升電阻值。(此時所需的推動電流最小。)

$$R_{EXT(max)} = \frac{V_{CC} - V_{OH(min)}}{\eta \cdot I_{OH} + N \cdot I_{IH}} \quad (1.1)$$

Calculation

$$R_{EXT(max)} = \frac{V_{CC} - V_{OH(min)}}{\eta \cdot I_{OH} + N \cdot I_{IH}}$$

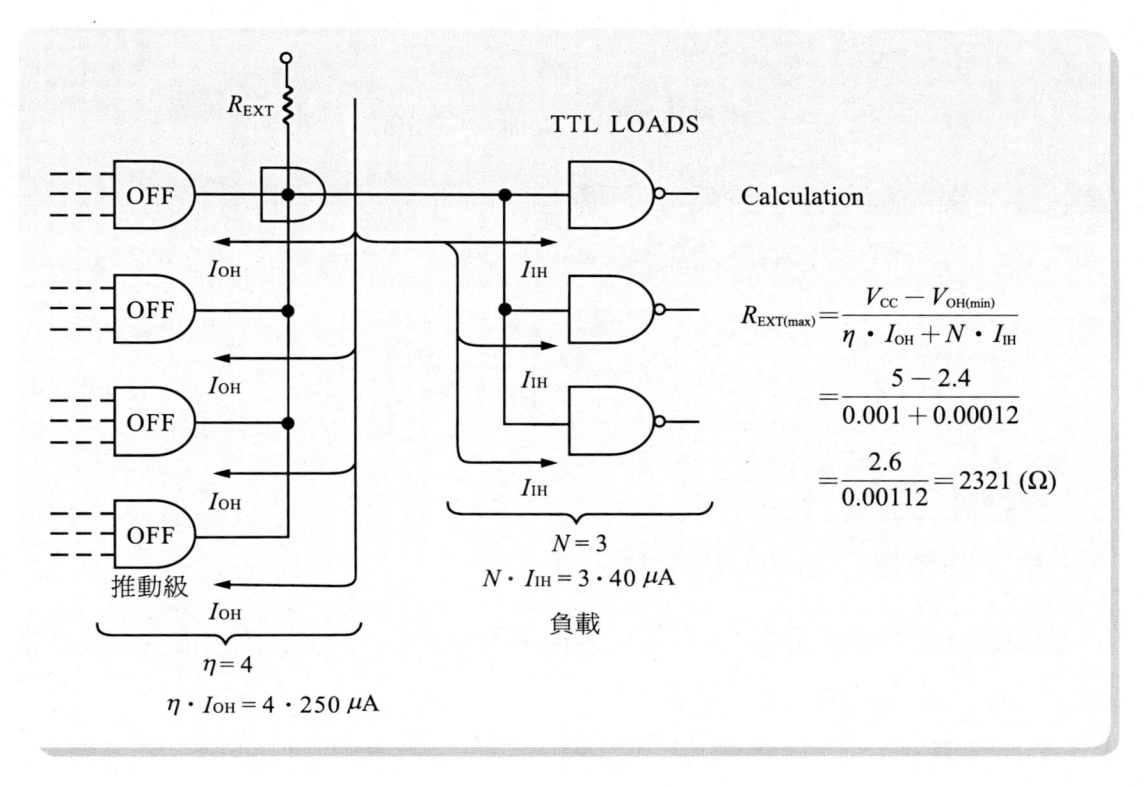

$$= \frac{5 - 2.4}{0.001 + 0.00012}$$

$$= \frac{2.6}{0.00112} = 2321 \,(\Omega)$$

推動級　$\eta = 4$
$\eta \cdot I_{OH} = 4 \cdot 250\,\mu A$

負載　$N = 3$
$N \cdot I_{IH} = 3 \cdot 40\,\mu A$

圖 1-6.2(a) $R_{EXT(max)}$ 的設計

[圖示：R_EXT(min) 的設計電路]

Calculation

$$R_{EXT(min)} = \frac{V_{CC} - V_{OL(max)}}{I_{OL}\text{ capability} - N \cdot I_{IL}}$$

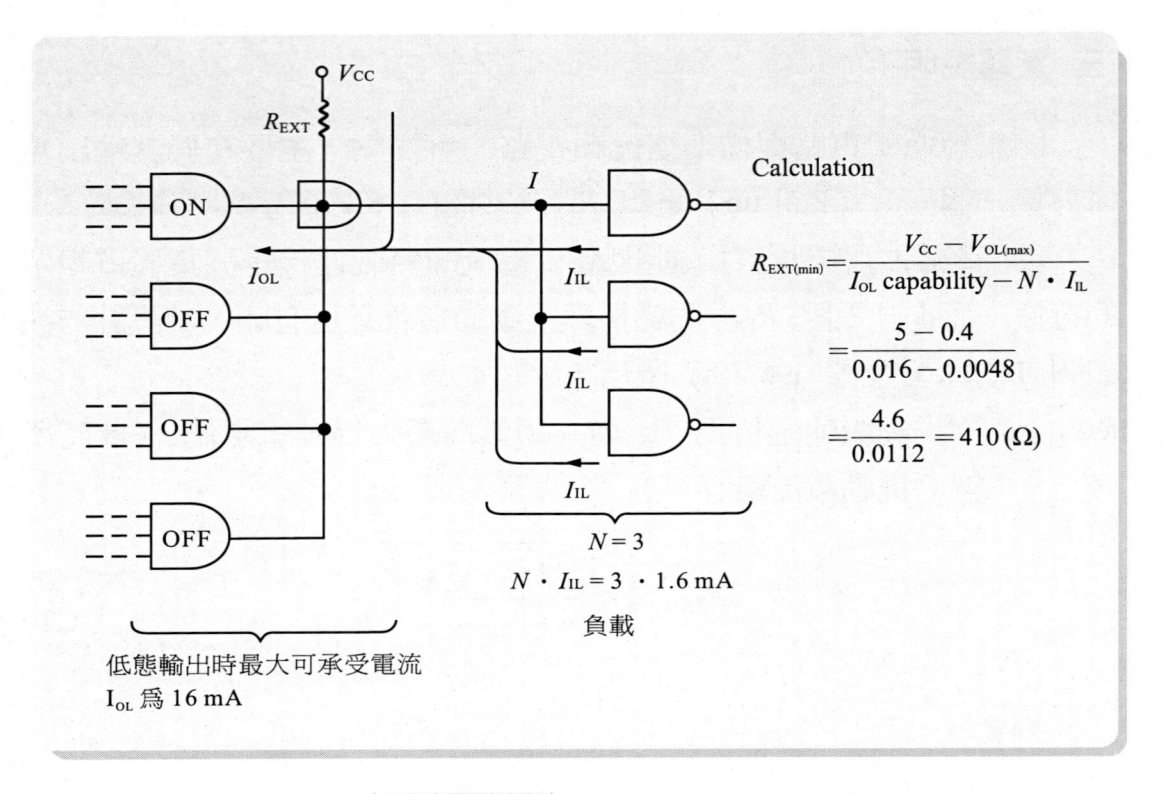

$$= \frac{5 - 0.4}{0.016 - 0.0048}$$

$$= \frac{4.6}{0.0112} = 410\,(\Omega)$$

$N = 3$
$N \cdot I_{IL} = 3 \cdot 1.6\,mA$
負載

低態輸出時最大可承受電流 $I_{OL}$ 為 16 mA

**圖 1-6.2(b)** $R_{EXT(min)}$ 的設計

$R_{EXT(min)}$：當推動級輸出皆為 Lo 輸出時，所需的最小提升電阻值。（此時所需的推動電流最大。）

$$R_{EXT(min)} = \frac{V_{CC} - V_{OL(max)}}{I_{OL} - N \cdot I_{IL}} \qquad (1.2)$$

$\eta$：推動級連接的數目。

$N$：負載的數目；亦即扇出數目。

一般電路上的邏輯狀態 Hi、Lo 隨時可能變化，所以 $R_{EXT}$ 的選擇上需介於 $R_{EXT(max)}$ 及 $R_{EXT(min)}$ 之間。

　　線接邏輯定義為將邏輯閘之輸出連接在一起能形成另一種邏輯型態，而不需任何外加電路。要特別注意的是不能使用一般標準型式的 TTL 系列；一般使用開集極的 TTL 或 ECL 的數位 IC。線接邏輯的

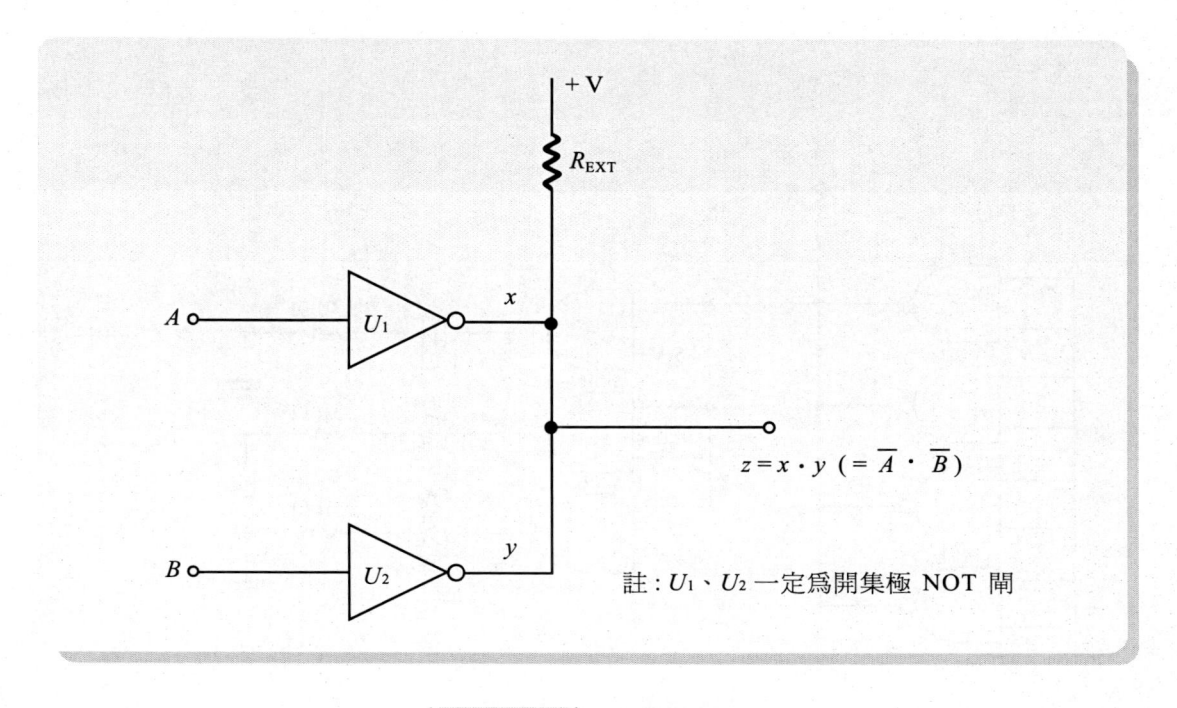

| 圖 1-6.3 | 線接及閘

| 圖 1-6.4 | 線接或閘

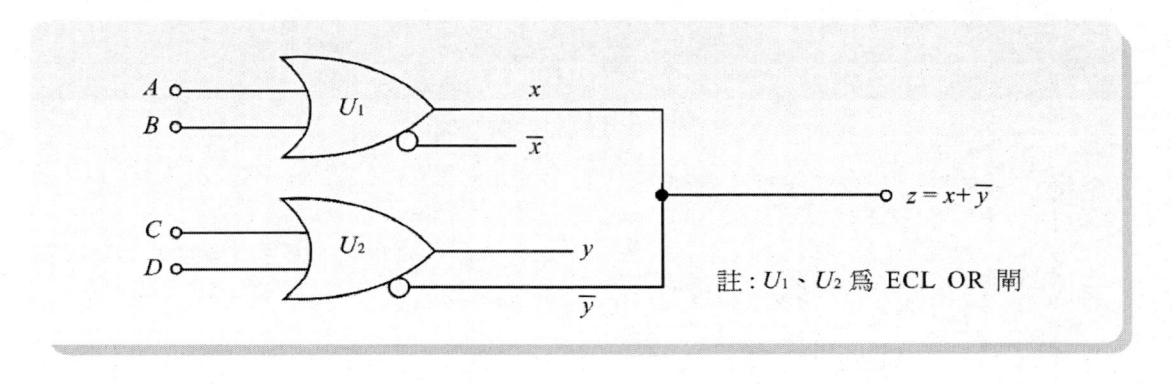

功能有線接及閘（Wired-AND）及線接或閘（Wired-OR）兩種；其組合電路如圖 1-6.3 及圖 1-6.4 所示。

### 四 實習步驟

1. 按圖 1-6.5 接妥電路。
2. 以公式（1.1）計算 $R_{EXT(max)}$ 之值，並接至圖 1-6.5 中。

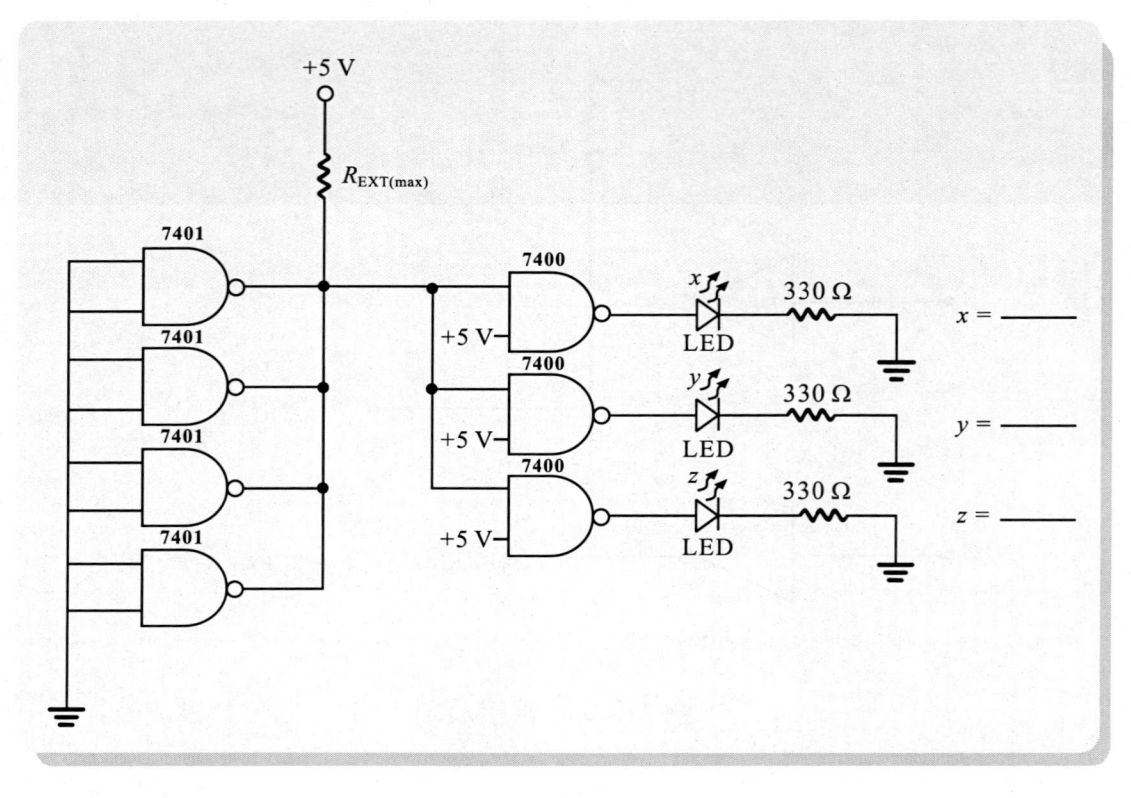

圖 1-6.5

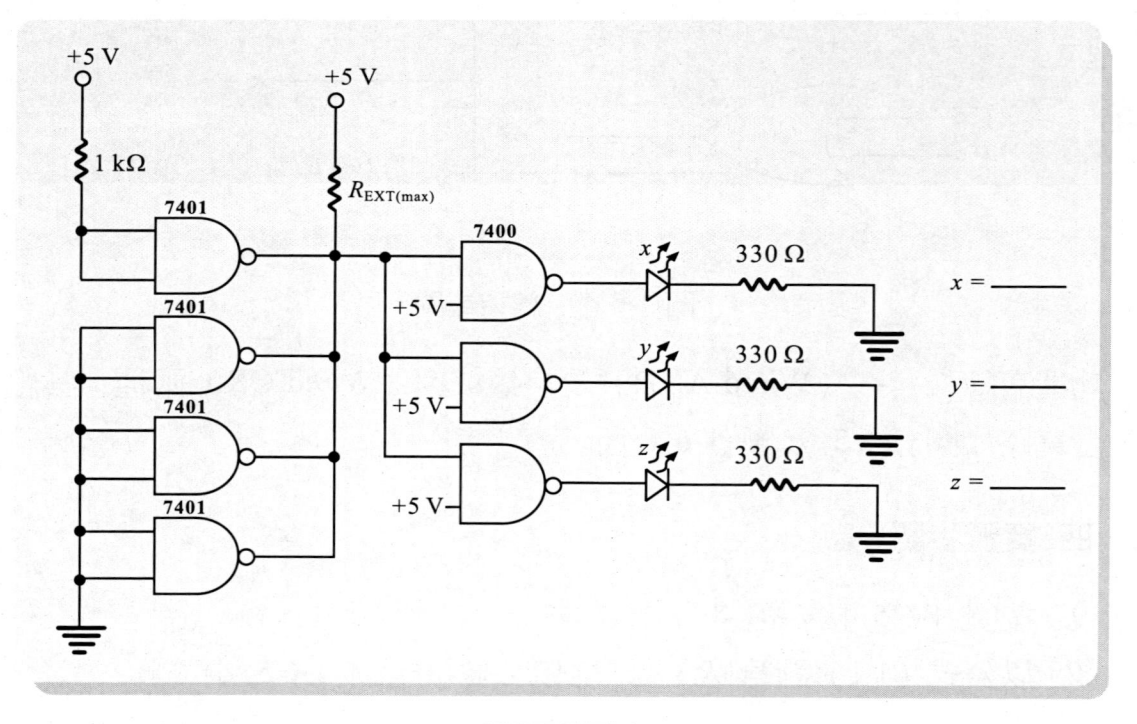

圖 1-6.6

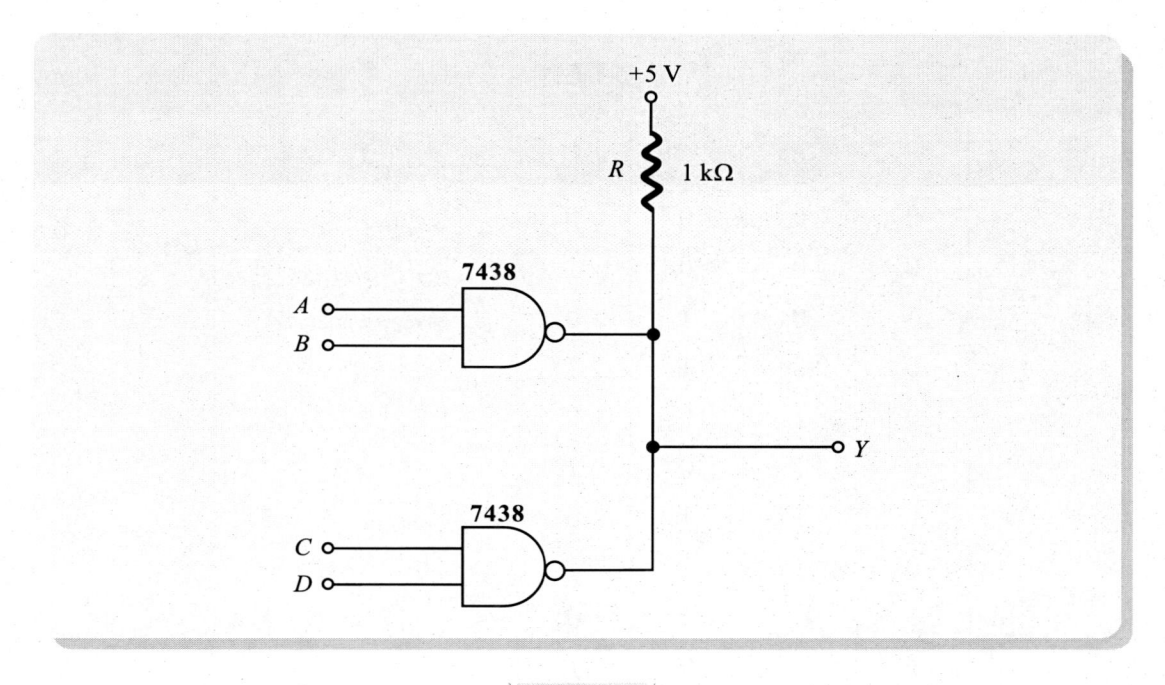

| 圖 1-6.7 |

3. 觀察 x、y、z 之 LED 亮滅情形,並予以記錄。
4. 按圖 1-6.6 接妥電路。
5. 以公式 (1.2) 計算 $R_{EXT(min)}$ 值,並接至圖 1-6.6 中。
6. 觀察 x、y、z 之 LED 亮滅情形,並予以記錄。
7. 再按圖 1-6.7 接妥電路。
8. 依序改變 A、B、C、D 之輸入狀態。
9. 觀察 Y 端的變化情形,並將結果記錄於表 1-6.1 中,並寫出 Y 端的布林代數。

表1-6.1

| $A$ | $B$ | $C$ | $D$ | $Y$ |
|---|---|---|---|---|
| 0 | 0 | 0 | 0 | |
| 0 | 0 | 0 | 1 | |
| 0 | 0 | 1 | 0 | |
| 0 | 0 | 1 | 1 | |
| 0 | 1 | 0 | 0 | |
| 0 | 1 | 0 | 1 | |
| 0 | 1 | 1 | 0 | |
| 0 | 1 | 1 | 1 | |
| 1 | 0 | 0 | 0 | |
| 1 | 0 | 0 | 1 | |
| 1 | 0 | 1 | 0 | |
| 1 | 0 | 1 | 1 | |
| 1 | 1 | 0 | 0 | |
| 1 | 1 | 0 | 1 | |
| 1 | 1 | 1 | 0 | |
| 1 | 1 | 1 | 1 | |

$Y = \underline{\hspace{4cm}}$

## 五 結果與討論

開集極邏輯閘使用上務必加上一提升電阻，否則電路無法動作。

## 1-7 CMOS 電路特性實習

### 一 實習目的

1. 研究 CMOS 的電路原理。
2. 瞭解 CMOS IC 的電氣規格。
3. 瞭解 CMOS 中 4001 的使用。

### 二 實習器材

| | |
|---|---|
| 示波器 | CMOS IC： 4001×1 |
| 電源供應器 | $R$： 330 Ω×1 |
| 麵包板 | 1 kΩ×2 |
| 導線少許 | DIP SW： 2 PINS×1 |
| | 發光二極體： LED×1 |

### 三 實習說明

CMOS IC 的電氣特性如表 1-7.1 所示，其特點為消耗功率低，也就是耗電量小；但與 TTL 系列相比較，其傳輸速度略拙，而雜訊免疫力與扇出數普遍上優於 TTL 系列。

表 1-7.1 CMOS 閘電氣特性

| | |
|---|---|
| $V_{DD} - V_{SS}$ | 5 V |
| $V_{IL}$ | 1.5 V |
| $V_{IH}$ | 3.5 V |
| $V_{OL}$ | 0 V |
| $V_{OH}$ | 5 V |
| $I_{DD}$（靜態最大消耗電流） | 0.01 μA |
| $I_{IN}$ | ± 0.1 μA |
| $I_{OH}$ | ≥ 1 mA |
| $I_{OL}$ | ≥ 1 mA |

圖 1-7.1 為 CMOS 反或閘（NOR Gate）的內部電路圖，雙輸入 NOR 閘為兩個並聯的 N 型和兩個串聯的 P 型 MOS 組成的反相器，接著兩對 PN 的 MOS 是當緩衝器用，每個輸入均分別連至 N 型和 P 型 MOS 上，只要 A 或 B 輸入端任何一個為正，則輸出端將為負值，這乃因為 P 型 MOS 受正輸入而截止，而 N 型 MOS 導通之故；而輸入端均為 Lo（低電位）時，P 型 MOS 導通，N 型 MOS 截止，此時輸出端為高電位（近乎 $V_{DD}$）。

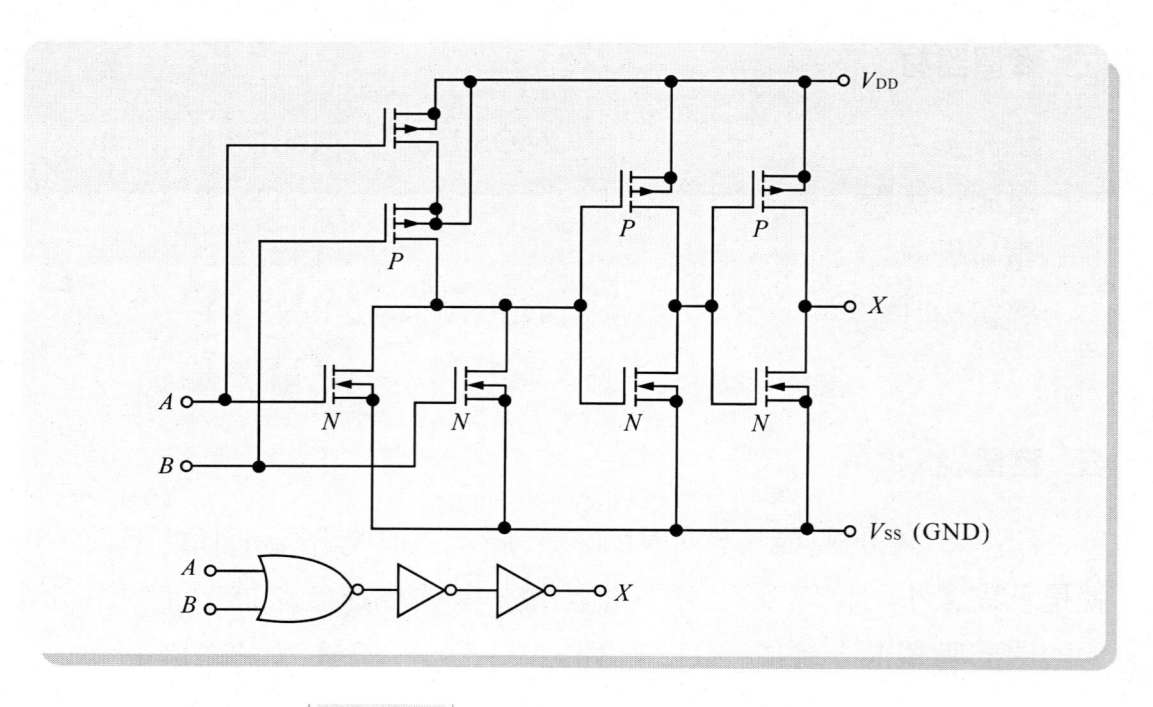

**圖 1-7.1** CMOS NOR 閘內部電路

### 四 實習步驟

1. 按圖 1-7.2 接妥電路。
2. 電源供給 +5 V。
3. 按表 1-7.2 依序改變 A、B 兩端輸入狀態。
4. 以示波器觀察 $V_o$ 之變化情形，並將結果記錄於表 1-7.2 中。
5. 不改電路，但將電源供給改為 +15 V。

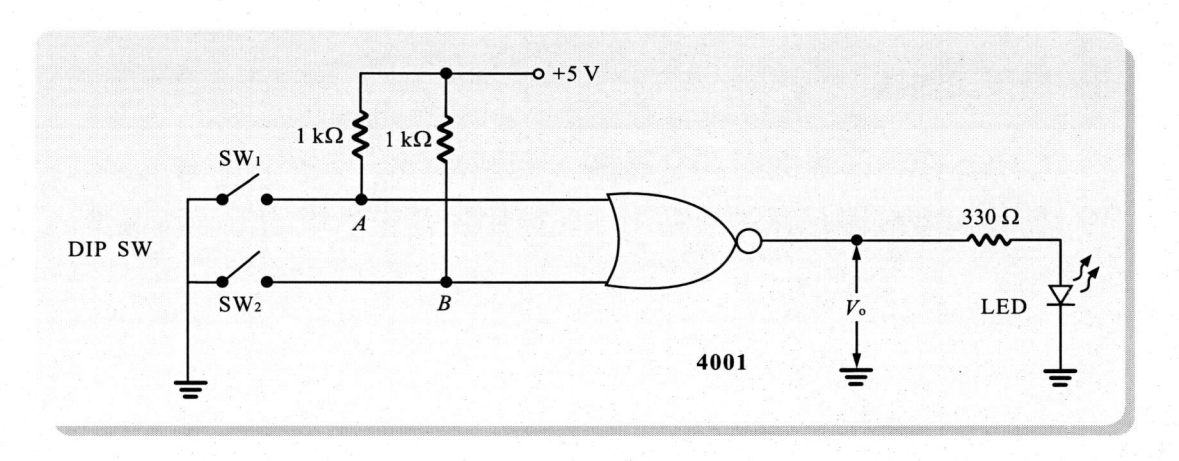

圖 1-7.2

6. 按表 1-7.3 依序改變 A、B 兩端輸入狀態。
7. 以示波器觀察 $V_o$ 之變化情形，並將結果記錄於表 1-7.3 中。

表 1-7.2

| A | B | $V_o$ |
|---|---|---|
| 0 V | 0 V | |
| 0 V | 5 V | |
| 5 V | 0 V | |
| 5 V | 5 V | |

表 1-7.3

| A | B | $V_o$ |
|---|---|---|
| 0 V | 0 V | |
| 0 V | 15 V | |
| 15 V | 0 V | |
| 15 V | 15 V | |

## 五 結果與討論

　　CMOS IC 電源供給非常寬廣，範圍為 3～15 V；省電是它的優點，傳輸速度較慢是它的缺點，一般應用於需較省電的電子產品上。

## 1-8 TTL→CMOS 間之介面電路實習

### 一 實習目的

1. 學習如何使用 TTL IC 去推動 CMOS IC 的方法。
2. 瞭解 TTL 中 7400 及 CMOS 中 4001 的使用。

### 二 實習器材

| 示波器 | TTL IC： | 7400×1 |
| 電源供應器 | CMOS IC： | 4001×1 |
| 麵包板 | $R$： | 330 Ω×1 |
| 導線少許 | | 2.2 kΩ×1 |
| | | 1 kΩ×4 |
| | DIP SW： | 4 PINS×1 |
| | 發光二極體： | LED×1 |

### 三 實習說明

　　TTL 系列之 IC 在與其他電路串接使用時，首要注意的是其邏輯狀態的正確性；一般常見 TTL 系列與 CMOS 系列相互配合使用，首先我們將先探討如何使用 TTL 系列有效地去推動 CMOS 系列。

　　TTL 系列推動 CMOS 系列時，其共同電源電壓供給約為 4.5 V～5.5 V 之間；因 TTL 的輸出高態電壓 $V_{OH}$ 最小為 2.4 V，而 CMOS 的輸入高態電壓 $V_{IH}$ 最小值為 3.5 V，所以 TTL 必須外加提升電阻使其位準達到 CMOS 的最小輸入高態電壓。提升電阻 $R_L$ 被加在 TTL 輸出端和電源 $V_{DD}$ 之間，如圖 1-8.1(a) 所示，而圖 1-8.1(b) 為不同供給電源下（TTL：+5 V, CMOS：+5 V < $V_{DD}$ ≤ 15 V）TTL 推動 CMOS 的介面電路。

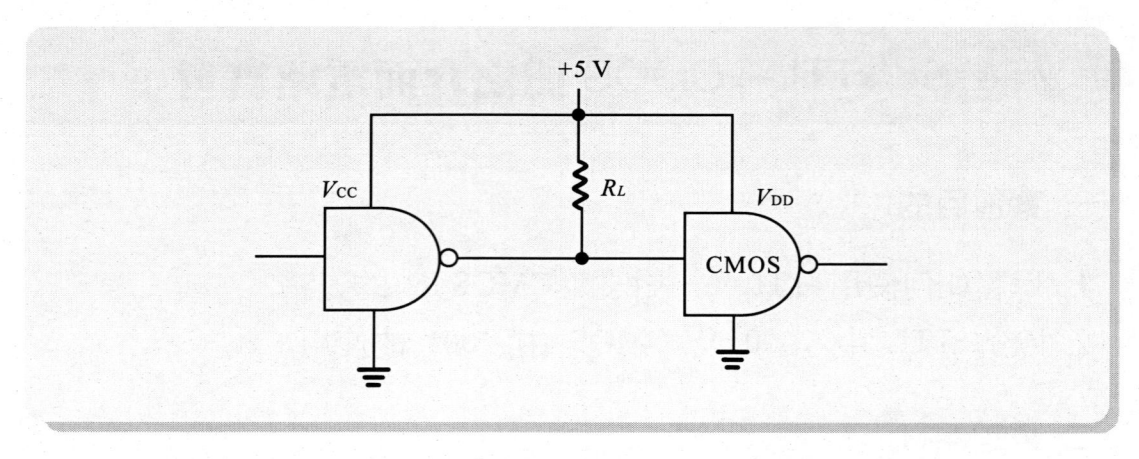

(a) 同電源下 TTL 驅動 CMOS 介面電路

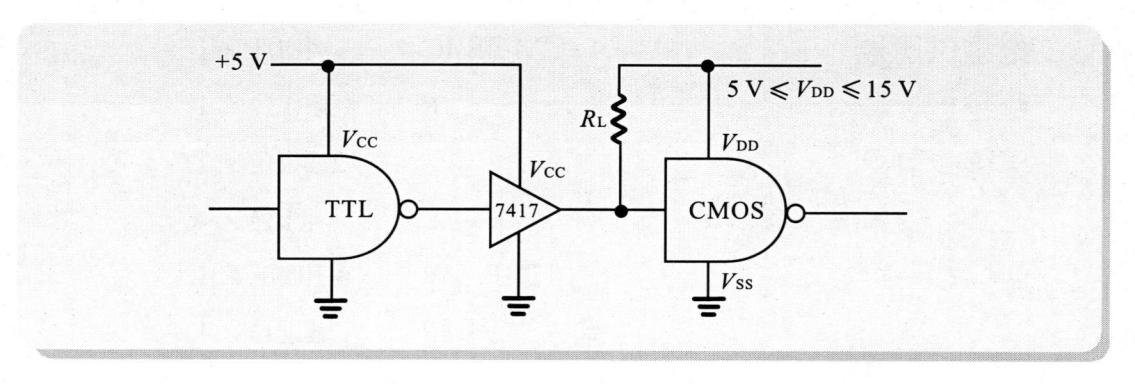

(b) 不同電源下 TTL 驅動 CMOS

圖 1-8.1

表 1-8.1 為 TTL 與 CMOS 電壓電流位準的比較；而表 1-8.2 為

表 1-8.1 TTL 與 CMOS 的電氣特性比較

| $V_{CC} = V_{DD} = 5\ V$ ||
|---|---|
| TTL 輸出 | CMOS 輸入 |
| $V_{OL} = 0.4\ V_{max}$ | $V_{IL} = 1.5\ V_{max}$ |
| $I_{OL} = 16\ mA_{max}$ | $I_{IL} = 1\ \mu A_{max}$ |
| $V_{OH} = 2.4\ V_{min}$ | $V_{IH} = 3.5\ V_{min}$ |
| $I_{OH} = -400\ \mu A_{max}$ | $I_{IH} = 1\ \mu A_{max}$ |

表 1-8.2 $R_L$ 的典型值

|  | 74 | 74H | 74L | 74S | 74LS |
| --- | --- | --- | --- | --- | --- |
| $R_{L\,min}$ (Ω) | 390 | 290 | 1.5 k | 820 | 270 |
| $R_{L\,max}$ (kΩ) | 4.7 | 4.7 | 27 | 12 | 4.7 |

不同 TTL 系列推動 CMOS 系列時,外加提升電阻 $R_L$ 的參考值。

## 四 實習步驟

1. 按圖 1-8.2 接妥電路。

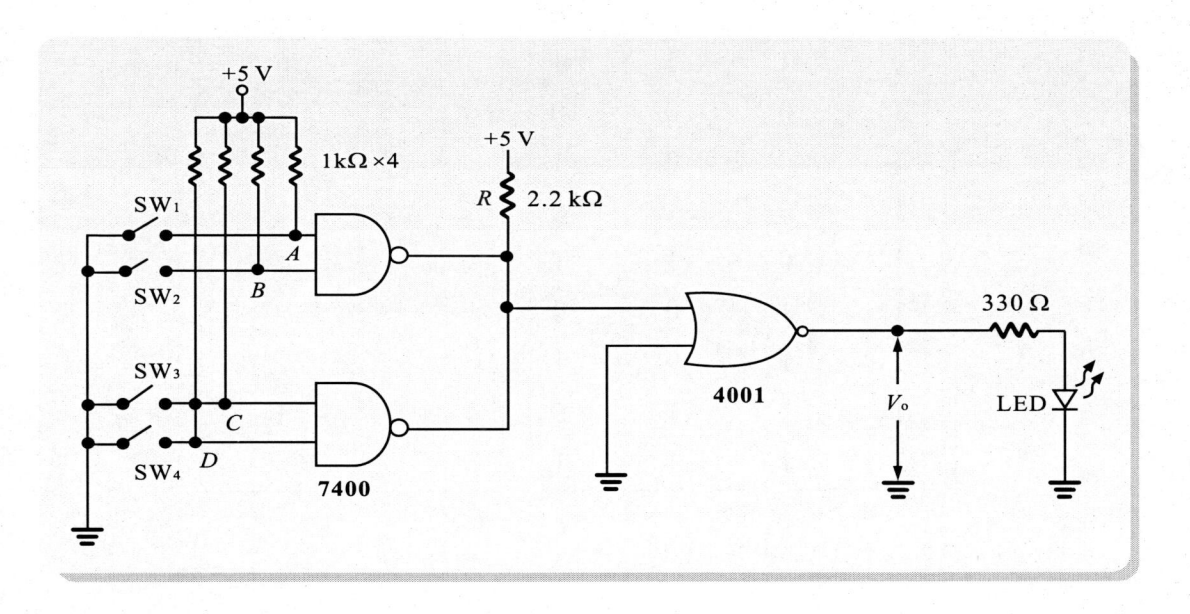

圖 1-8.2

2. 電源供給為 +5 V。
3. 按表 1-8.3 依序改變 A、B、C、D 輸入端之狀態。
4. 以示波器觀察 $V_o$ 端之變化情形。
5. 將結果記錄於表 1-8.3 中。

## 五 結果與討論

表 1-8.3

| A | B | C | D | $V_o$ |
|---|---|---|---|---|
| 0 | 0 | 0 | 0 | |
| 0 | 0 | 0 | 1 | |
| 0 | 0 | 1 | 0 | |
| 0 | 0 | 1 | 1 | |
| 0 | 1 | 0 | 0 | |
| 0 | 1 | 0 | 1 | |
| 0 | 1 | 1 | 0 | |
| 0 | 1 | 1 | 1 | |
| 1 | 0 | 0 | 0 | |
| 1 | 0 | 0 | 1 | |
| 1 | 0 | 1 | 0 | |
| 1 | 0 | 1 | 1 | |
| 1 | 1 | 0 | 0 | |
| 1 | 1 | 0 | 1 | |
| 1 | 1 | 1 | 0 | |
| 1 | 1 | 1 | 1 | |

## 1-9　CMOS→TTL 間之介面電路實習

### 一　實習目的

1. 學習如何使用 CMOS IC 去推動 TTL IC 的方法。
2. 瞭解 TTL 中 7401 及 CMOS 中 4001 的使用。

### 二　實習器材

| | | |
|---|---|---|
| 示波器 | TTL IC： | 7401×1 |
| 電源供應器 | CMOS IC： | 4001×1 |
| 麵包板 | $R$： | 330 Ω×1 |
| 導線少許 | | 2.2 kΩ×1 |
| | | 1 kΩ×2 |
| | DIP SW： | 2 PINS×1 |
| | 發光二極體： | LED×1 |

### 三　實習說明

對 CMOS 系列而言，它不能提供大量的驅動電流，所以不能直接驅動 TTL 系列，表 1-9.1 為同電源供給下 CMOS 系列的輸出與 TTL 系列的輸入電氣特性的比較，由表中不難看出 CMOS 的 $I_{OL}$ 與 TTL 的 $I_{IL}$ 十分接近，若 CMOS 的扇出數增加的話，可能無法直接推動

表 1-9.1　CMOS 與 TTL 的電氣特性比較

| $V_{CC} = V_{DD} = 5\ V$ ||
|---|---|
| **CMOS 輸出** | **TTL 輸入** |
| $V_{OH} = 4.5\ V_{min}$ | $V_{IH} = 2\ V_{min}$ |
| $I_{OH} = -1.7\ mA_{max}$ | $I_{IH} = 40\ \mu A_{max}$ |
| $V_{OL} = 0.5\ V_{max}$ | $V_{IL} = 0.8\ V_{max}$ |
| $I_{OL} = 1.7\ mA_{max}$ | $I_{IL} = 1.6\ mA_{max}$ |

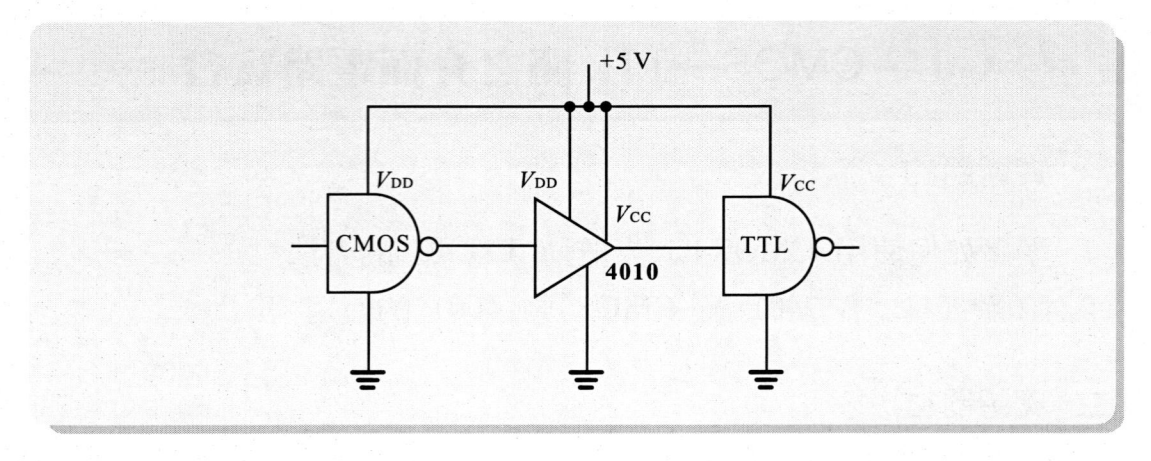

(a) 同電源下 CMOS 推動 TTL 的介面電路

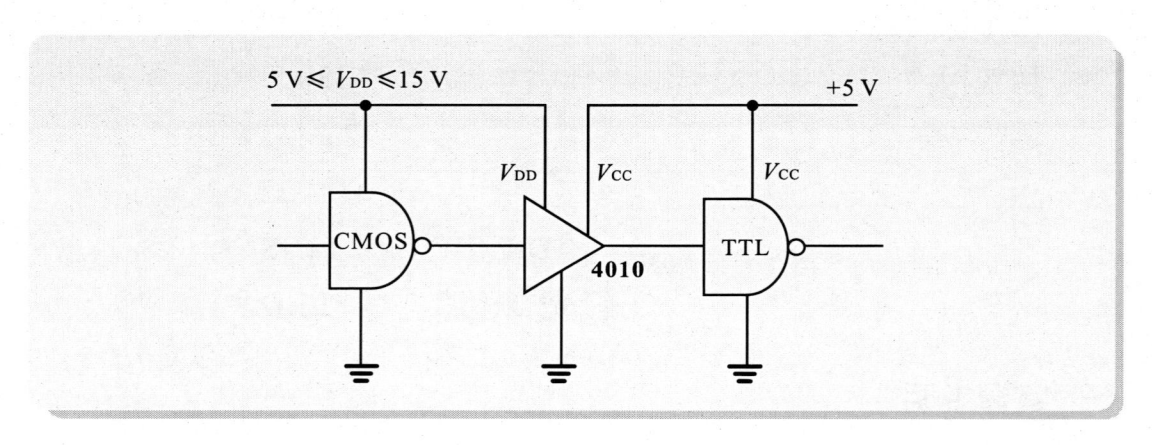

(b) 不同電源下 CMOS 推動 TTL 的介面電路

圖 1-9.1

TTL，所以在推動 TTL 電路上需另加上一級緩衝閘，如圖 1-9.1(a) 所示，而圖 1-9.1(b) 為不同供給電壓電源下 CMOS 推動 TTL 的介面電路。

### 四 實習步驟

1. 按圖 1-9.2 接妥電路。
2. 電源供給為 +5 V。
3. 按表 1-9.2 依序改變 A、B 兩端之輸出狀態。

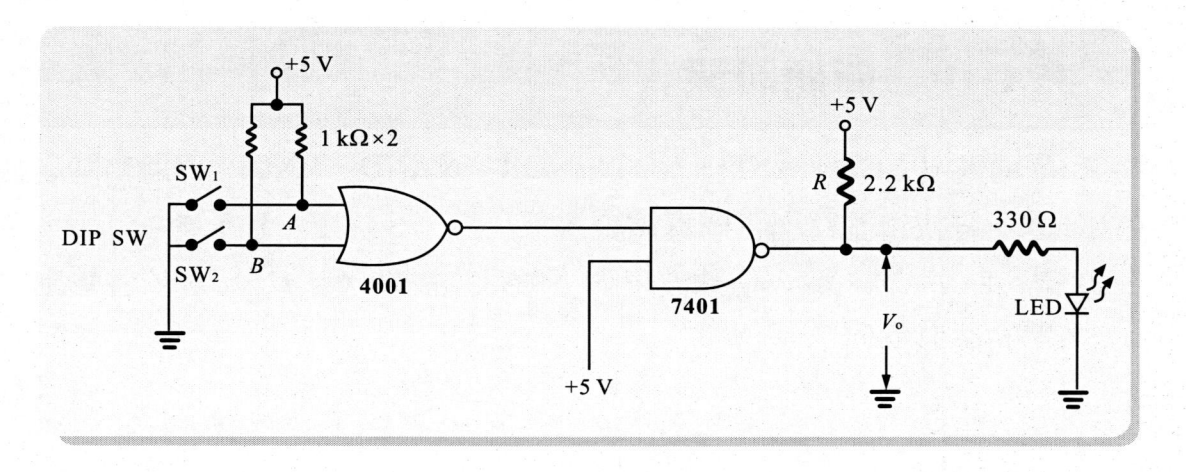

圖 1-9.2

4. 以示波器觀察 $V_o$ 端電壓變化的情形。
5. 將結果記錄於表 1-9.2 中。

表 1-9.2

| $A$ | $B$ | $V_o$ |
|---|---|---|
| 0 | 0 | |
| 0 | 1 | |
| 1 | 0 | |
| 1 | 1 | |

## 五 結果與討論

在圖 1-9.2 中，因 4001 的扇出數只有一個，直接推動 7401 應不成問題，但若 4001 的負載數（扇出數）增加，可能會發生推動電流不足，而造成邏輯位準的錯誤，建議改成圖 1-9.1 的電路，即增加一級緩衝閘就可解決此問題。

## 1-10 問題討論

1. 分別畫出：OR、AND、NOT、NOR、NAND、EXOR 等邏輯閘之電子符號，並寫出各個真值表。
2. 若 A、B 端之輸入信號波形如下所示；請問 C、D、E、F 各輸出端的波形為何？

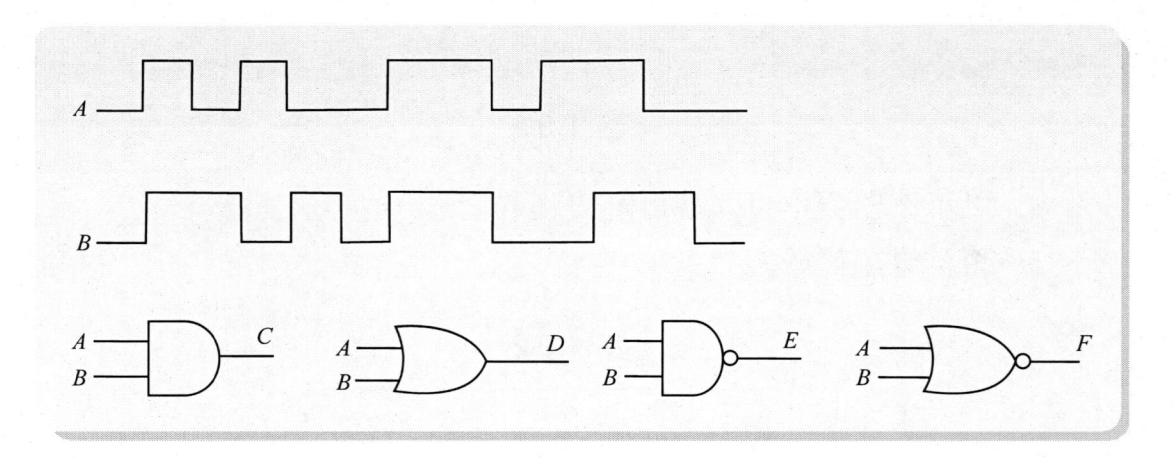

3. 假設有一雙輸入的偵測裝置；若兩個輸入同時為 Lo 時，會產生一個 Hi 的輸出，試繪出此偵測電路的電路圖。
4. 試比較 CMOS 系列與標準 TTL 系列的電壓、電流特性。
5. 何謂開集極邏輯閘？線接邏輯閘？
6. 何謂扇入？何謂扇出？
7. 何謂傳輸延遲時間 $t_{pd}$？

# 第二章 組合邏輯實習

2-1　AOI 實習　50

2-2　互斥或閘實習　54

2-3　加法器實習　57

2-4　減法器實習　63

2-5　數碼轉換器實習　69

2-6　編碼器與解碼器實習　73

2-7　多工器與解多工器實習　76

2-8　比較器實習　82

2-9　七段顯示器實習　86

2-10　問題討論　90

## 2-1　AOI 實習

### 一　實習目的

1. 瞭解 AND-OR-INVERTER（簡稱 AOI）閘組合邏輯之操作及特性。
2. 瞭解 TTL 中 7404、7408、7432 的使用。
3. 瞭解 CMOS 中 4049、4071、4081 的使用。

### 二　實習器材

| | | | |
|---|---|---|---|
| 電源供應器 | TTL IC：7404 × 1 | 發光二極體： | LED × 1 |
| 麵包板 | 7408 × 1 | $R$： | 330 Ω × 1 |
| 導線少許 | 7432 × 1 | | 1 kΩ × 4 |
| | CMOS IC：4049 × 1 | DIP SW： | 4 PINS × 1 |
| | 4071 × 1 | | |
| | 4081 × 1 | | |

### 三　實習說明

　　AOI 是一種特別組合形式的邏輯閘，圖 2-1.1 所示為其組合，而表 2-1.1 為其邏輯真值表（Truth Table）。

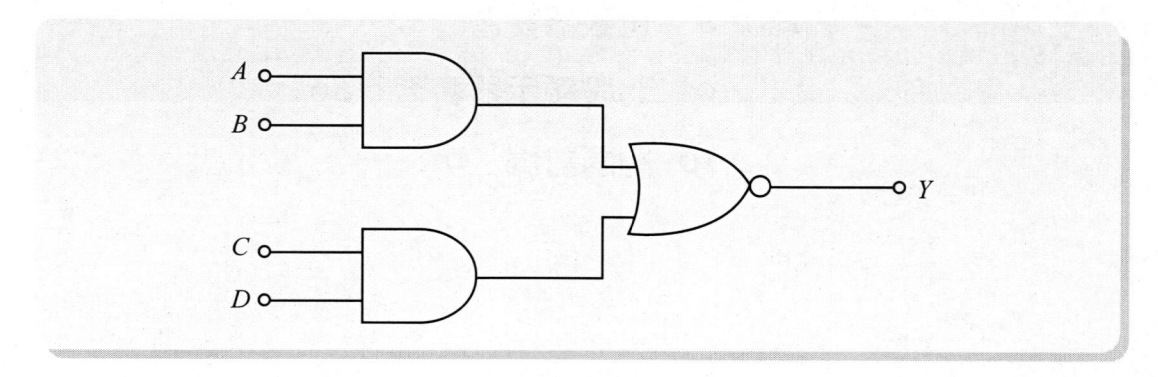

圖 2-1.1

表 2-1.1

| I/P | | | | O/P |
|---|---|---|---|---|
| **A** | **B** | **C** | **D** | **Y** |
| 0 | 0 | 0 | 0 | 1 |
| 0 | 0 | 0 | 1 | 1 |
| 0 | 0 | 1 | 0 | 1 |
| 0 | 0 | 1 | 1 | 0 |
| 0 | 1 | 0 | 0 | 1 |
| 0 | 1 | 0 | 1 | 1 |
| 0 | 1 | 1 | 0 | 1 |
| 0 | 1 | 1 | 1 | 0 |
| 1 | 0 | 0 | 0 | 1 |
| 1 | 0 | 0 | 1 | 1 |
| 1 | 0 | 1 | 0 | 1 |
| 1 | 0 | 1 | 1 | 0 |
| 1 | 1 | 0 | 0 | 0 |
| 1 | 1 | 0 | 1 | 0 |
| 1 | 1 | 1 | 0 | 0 |

AOI 閘是由兩個 AND（及）閘與一個 NOR（反或）閘組合而成。

### 四 實習步驟

1. 按圖 2-1.2 接線，供給 ＋5 V 之電源電壓（直流）。

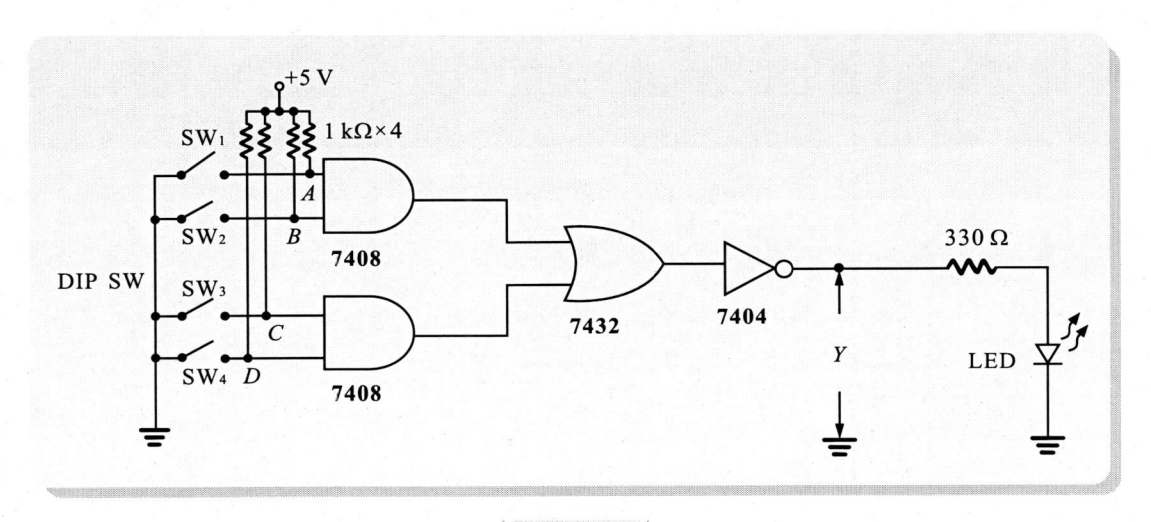

圖 2-1.2

2. 輸出端 Y 加 LED 及限流電阻，依據表 2-1.2 所示，將輸入端加入 Hi 或 Lo 信號，並將結果記錄於 TTL 的空格中（Hi 為 1，LED 亮；Lo 為 0，LED 不亮）。
3. 按圖 2-1.3 接線，供給電源電壓 3～15 V 均可（在此調 + 5 V）。
4. 輸出端 Y 加 LED 及限流電阻，依據表 2-1.2 所示，將輸入端加入 Hi 或 Lo 信號，並將結果記錄於 CMOS 的空格中。

表 2-1.2

| \multicolumn{6}{c|}{AOI 真值表} |

| I/P ||||  O/P ||
|---|---|---|---|---|---|
| \multicolumn{4}{c|}{} | \multicolumn{2}{c|}{$Y = \overline{AB + CD}$} |
| $A$ | $B$ | $C$ | $D$ | TTL | CMOS |
| 0 | 0 | 0 | 0 | | |
| 0 | 0 | 0 | 1 | | |
| 0 | 0 | 1 | 0 | | |
| 0 | 0 | 1 | 1 | | |
| 0 | 1 | 0 | 0 | | |
| 0 | 1 | 0 | 1 | | |
| 0 | 1 | 1 | 0 | | |
| 0 | 1 | 1 | 1 | | |
| 1 | 0 | 0 | 0 | | |
| 1 | 0 | 0 | 1 | | |
| 1 | 0 | 1 | 0 | | |
| 1 | 0 | 1 | 1 | | |
| 1 | 1 | 0 | 0 | | |
| 1 | 1 | 0 | 1 | | |
| 1 | 1 | 1 | 0 | | |
| 1 | 1 | 1 | 1 | | |

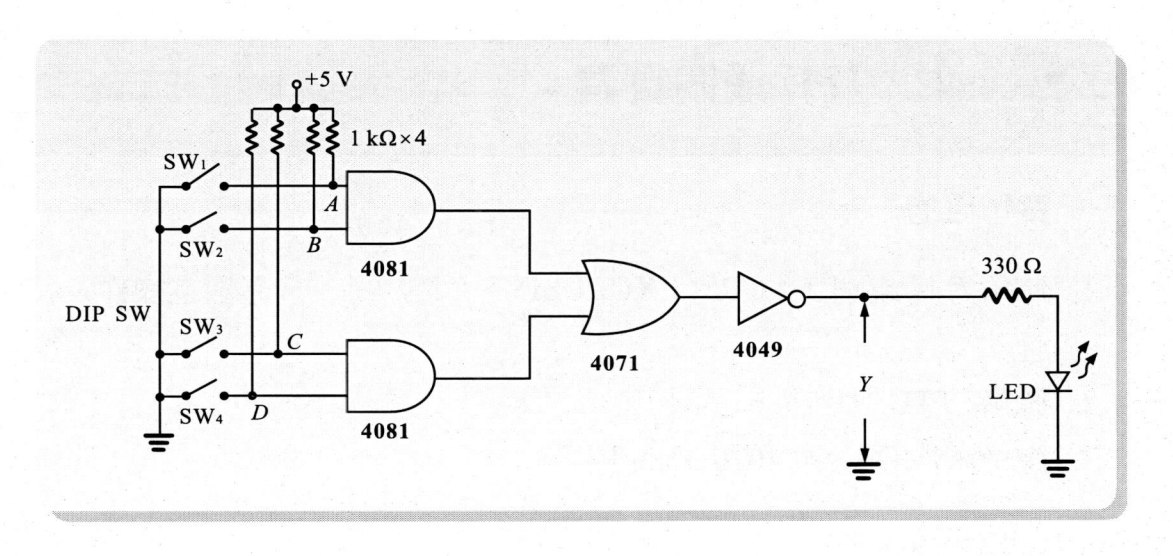

圖 2-1.3

## 五 結果與討論

　　現在 AOI 的組合閘，都製作在一個 IC 內，如 TTL 的 7451 與 CMOS 的 4085 等。在此實習我們利用 AND、OR、INVERTER 三個閘組合，主要是配合下面實習之應用，並讓同學可分別測試整個 AOI 閘的動作過程。

## 2-2 互斥或閘實習

### 一 實習目的

1. 瞭解互斥或閘 EXOR（EXCLUSIVE-OR）閘組合邏輯之操作及特性。
2. 瞭解 TTL 中 7486 的使用。
3. 瞭解 CMOS 中 4070 的使用。

### 二 實習器材

電源供應器　　　　　　TTL IC：　7486×1
麵包板　　　　　　　　CMOS IC：4070×1
導線少許　　　　　　　發光二極體：LED×1
　　　　　　　　　　　$R$：　　　330 Ω×1
　　　　　　　　　　　　　　　　1 kΩ×2
　　　　　　　　　　　DIP SW：　2 PINS×1

### 三 實習說明

EXCLUSIVE-OR（簡稱 XOR、EOR 或 EXOR）閘，當兩個輸入狀態不同時（有一為 Hi，另一為 Lo），它的輸出才為 Hi；當兩個狀態相同時，輸出為 Lo，表 2-2.1 為其真值表。

表 2-2.1

| I/P | | O/P |
|---|---|---|
| $A$ | $B$ | $Y$ |
| 0 | 0 | 0 |
| 0 | 1 | 1 |
| 1 | 0 | 1 |
| 1 | 1 | 0 |

## 四 實習步驟

1. 按圖 2-2.1 接線，供給 +5 V 之直流電源電壓。

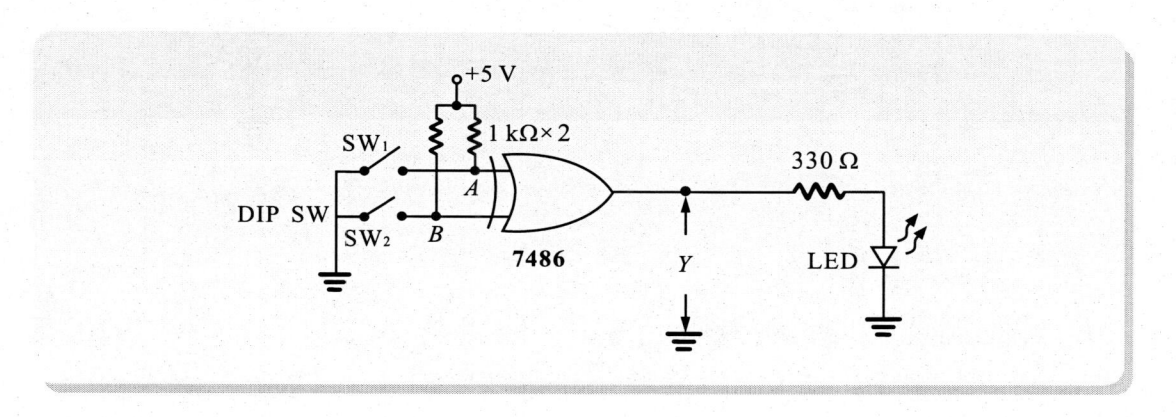

圖 2-2.1

2. 輸出端 Y 加 LED 及限流電阻，依據表 2-2.2 所示，在 7486 兩輸入端加 Hi 或 Lo 信號，並將結果記錄於 TTL 之空格中。

表 2-2.2

| XOR 真值表 ||||
|---|---|---|---|
| I/P || O/P ||
| A | B | $Y = A\overline{B} + \overline{A}B$ ||
| | | TTL | CMOS |
| 0 | 0 | | |
| 0 | 1 | | |
| 1 | 0 | | |
| 1 | 1 | | |

3. 按圖 2-2.2 接線，供給電源電壓 3～15 V 均可（在此調 +5 V）。

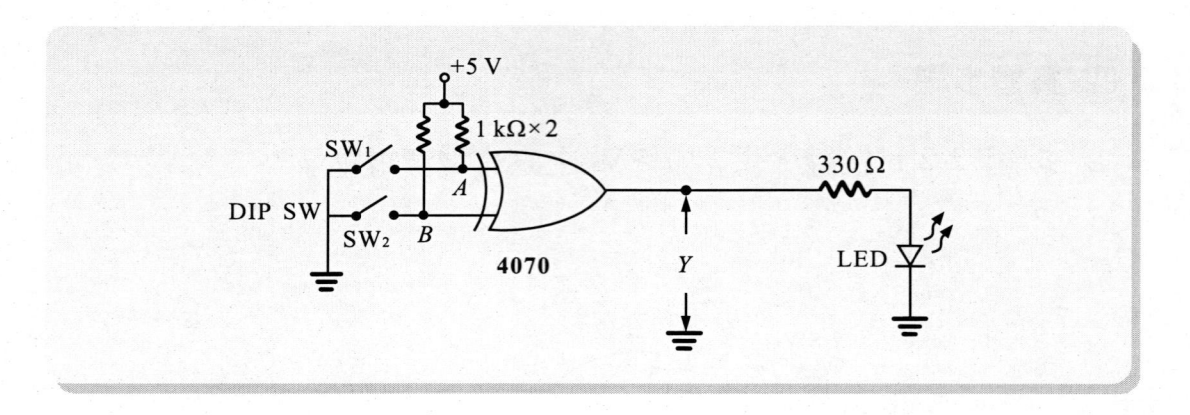

| 圖 2-2.2 |

4. 輸出端 Y 加 LED 及限流電阻，依據表 2-2.2 所示，在 4070 兩輸入端加 Hi 或 Lo 的信號，並將結果記錄於 CMOS 之空格中。

## 五 結果與討論

由實習中可知 EXOR 閘的特性，即不同的輸入則 LED 亮，相同的輸入則 LED 不亮，因為 EXOR 閘具有此特性，所以在加法器與同位元產生器中均用到此閘，因此同學對 EXOR 閘要多加熟悉。

## 2-3 加法器實習

### 一 實習目的

1. 瞭解算術元件中半加器與全加器之操作及特性。
2. 瞭解 TTL 中 7408、7432、7486 之使用。
3. 瞭解 CMOS 中 4070、4071、4081 之使用。

### 二 實習器材

電源供應器
麵包板
導線少許

TTL IC： 7408 × 1
7432 × 1
7486 × 1
CMOS IC： 4070 × 1
4071 × 1
4081 × 1
發光二極體： LED × 2
$R$： 300 Ω × 2
1 kΩ × 3
DIP SW： 4 PINS × 1

### 三 實習說明

加法器分為半加器（Half Adder，簡稱 H.A.）和全加器（Full Adder，簡稱 F.A.）兩種。

半加器是利用二進制加法規則推算出來的邏輯電路，半加器有兩個輸入、兩個輸出。輸入由兩個二進制位元（bit）所構成，以作為兩個數目的相加，而輸出方面則由兩個輸入數的和（Sum）與進位（Carry）兩種輸出所構成。

當兩個二進制數目相加後，其和若大於一個位元的容量時（即兩個數目相加於 1 時），就會產生進位，此時，和（$S$）的輸出為 0，而在進位（$C$）卻有 1 的輸出。當此前級的進位數再與次級的位元相加時，就必須把這個進位數與原來的相加位數作相加的運算。

全加器包括兩個半加器，全加器可把前級的進位數與本身的被加數作相加，而後再輸出，所以全加器的輸入有三種信號，即前級進位數、被加數、加數等，但其輸出仍僅有和（Sum）和進位（Carry）兩種輸出。

半加器的真值表如 2-3.1 所示：

表 2-3.1

|   | I/P | | O/P | |
|---|---|---|---|---|
|   | $x$ | $y$ | $C$ | $S$ |
| 0 | 0 | 0 | 0 | 0 |
| 1 | 0 | 1 | 0 | 1 |
| 2 | 1 | 0 | 0 | 1 |
| 3 | 1 | 1 | 1 | 0 |

$S = \Sigma(1, 2)$
$C = \Sigma(3)$

由表 2-3.1 可導出布林代數

$$S = \bar{x}y + x\bar{y} = x \oplus y$$
$$C = x \cdot y$$

全加器的真值表如 2-3.2 所示：

表 2-3.2

|   | I/P | | | O/P | |
|---|---|---|---|---|---|
|   | $x$ | $y$ | $z$ | $C$ | $S$ |
| 0 | 0 | 0 | 0 | 0 | 0 |
| 1 | 0 | 0 | 1 | 0 | 1 |
| 2 | 0 | 1 | 0 | 0 | 1 |
| 3 | 0 | 1 | 1 | 1 | 0 |
| 4 | 1 | 0 | 0 | 0 | 1 |
| 5 | 1 | 0 | 1 | 1 | 0 |
| 6 | 1 | 1 | 0 | 1 | 0 |
| 7 | 1 | 1 | 1 | 1 | 1 |

$S = \Sigma(1, 2, 4, 7)$
$C = \Sigma(3, 5, 6, 7)$

由表 2-3.2 可導出布林代數（利用卡諾圖化簡）

$$S = \bar{x}\bar{y}z + \bar{x}y\bar{z} + x\bar{y}\bar{z} + xyz$$

$$\boxed{S = (x \oplus y) \oplus z}$$

$$C = xy + xz + yz$$

$$\boxed{C = xy + (x \oplus y)z}$$

其中 $z$ 表前級進位數。

## 四 實習步驟

1. 按圖 2-3.1 連接電路，電源供給 ＋5 V 固定電壓。

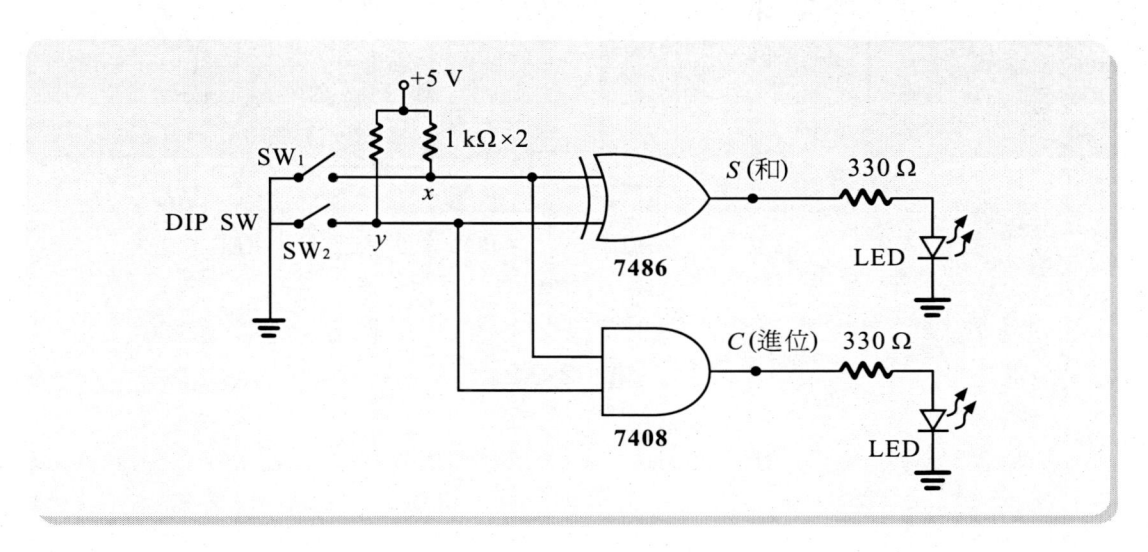

圖 2-3.1

2. 兩種輸出和（$S$）與進位（$C$）分別接 LED 及限流電阻，依據表 2-3.3 所示，加入 Hi 或 Lo 信號，並將結果記錄於 TTL 之空格中。
3. 按圖 2-3.2 連接電路，電源供給 ＋5 V 固定電壓。
4. 重複步驟 2.，並將結果記錄於 CMOS 之空格中。
5. 按圖 2-3.3 連接電路，電源供給 ＋5 V 固定電壓。

表 2-3.3

| I/P | | O/P | | | |
|---|---|---|---|---|---|
| | | TTL | | CMOS | |
| x | y | C | S | C | S |
| 0 | 0 | | | | |
| 0 | 1 | | | | |
| 1 | 0 | | | | |
| 1 | 1 | | | | |

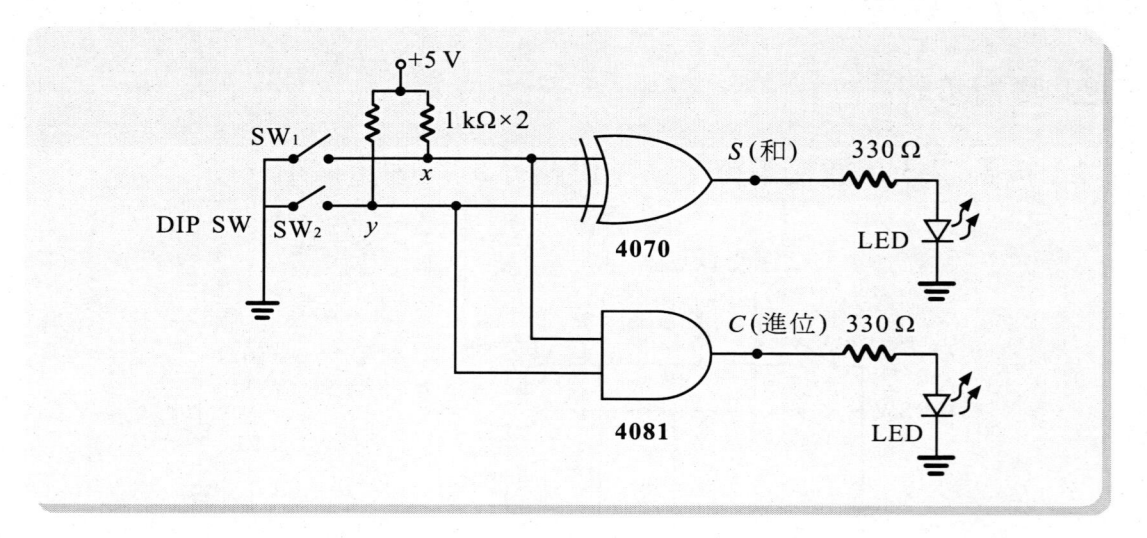

H.A. 輸出表

圖 2-3.2

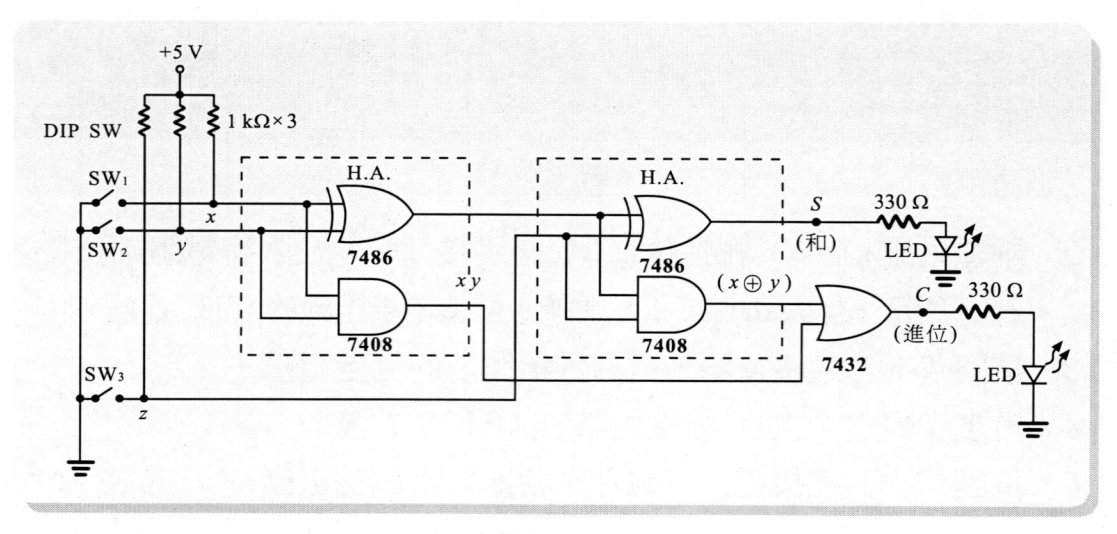

圖 2-3.3

6. 依照表 2-3.4 所示，加入 Hi 或 Lo 信號，並將結果記錄於 TTL 之空格中。
7. 按圖 2-3.4 連接電路，將電源供給 + 5 V。
8. 重複步驟 6.，並將結果記錄於 CMOS 空格中。

表 2-3.4

<table>
<tr><th colspan="3">F.A. 輸出表</th><th colspan="4"></th></tr>
<tr><th colspan="3">I/P</th><th colspan="4">O/P</th></tr>
<tr><th rowspan="2">$x$</th><th rowspan="2">$y$</th><th rowspan="2">$z$</th><th colspan="2">TTL</th><th colspan="2">CMOS</th></tr>
<tr><th>C</th><th>S</th><th>C</th><th>S</th></tr>
<tr><td>0</td><td>0</td><td>0</td><td></td><td></td><td></td><td></td></tr>
<tr><td>0</td><td>0</td><td>1</td><td></td><td></td><td></td><td></td></tr>
<tr><td>0</td><td>1</td><td>0</td><td></td><td></td><td></td><td></td></tr>
<tr><td>0</td><td>1</td><td>1</td><td></td><td></td><td></td><td></td></tr>
<tr><td>1</td><td>0</td><td>0</td><td></td><td></td><td></td><td></td></tr>
<tr><td>1</td><td>0</td><td>1</td><td></td><td></td><td></td><td></td></tr>
<tr><td>1</td><td>1</td><td>0</td><td></td><td></td><td></td><td></td></tr>
<tr><td>1</td><td>1</td><td>1</td><td></td><td></td><td></td><td></td></tr>
</table>

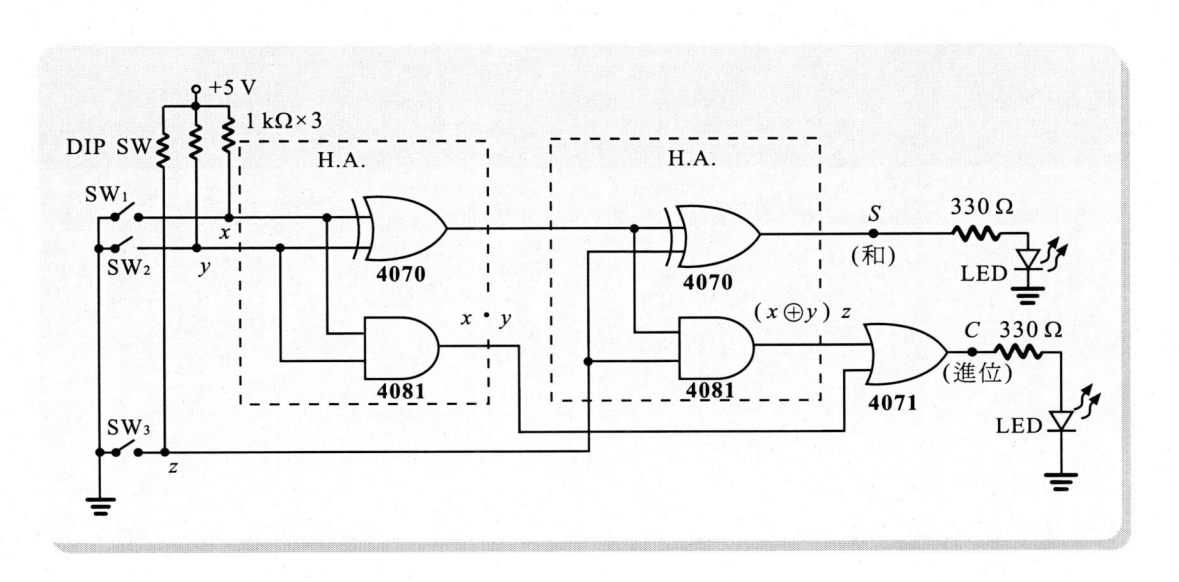

圖 2-3.4

## 五 結果與討論

利用邏輯閘的組合完成加法的運算，其方法很簡單，例如在半加器中的兩個二進位數的相加，會產生一個和（Sum）和一個進位（Carry）。

進位（$C$）必須在兩個輸入同時為"1"時才有輸出，因此與AND閘的運算相符，所以 $C = x \cdot y$，而和（$S$）則為當兩個輸入僅有一個為"1"時，才有輸出（若同時為"0"時，則和為"0"；若同時為"1"時，則會進位，和仍為"0"），因此與 EXOR 閘的運算相符，所以 $S = x \oplus y$。由圖 2-3.4 知全加器（F.A.）可由兩個半加器（H.A.）外加一個 OR 閘完成。

## 2-4　減法器實習

### 一 實習目的

1. 瞭解算術元件中半減器與全減器之操作及特性。
2. 瞭解 TTL 中 7404、7408、7486 的使用。
3. 瞭解 CMOS 中 4049、4070、4081 的使用。

### 二 實習器材

電源供應器　　　　　　TTL IC：　7404 × 1
麵包板　　　　　　　　　　　　　7408 × 1
導線少許　　　　　　　　　　　　7486 × 1
　　　　　　　　　　CMOS IC：　4049 × 1
　　　　　　　　　　　　　　　　4070 × 1
　　　　　　　　　　　　　　　　4081 × 1
　　　　　　　　　發光二極體：　LED × 2
　　　　　　　　　　　　　$R$：　300 Ω × 2
　　　　　　　　　　　　　　　　1 kΩ × 3
　　　　　　　　　　　DIP SW：　4 PINS × 1

### 三 實習說明

減法器分為半減器（Half Subtrator，簡稱 H.S.）和全減器（Full Subtrator，簡稱 F.S.）兩種。

半減器是利用二進制減法規則推算出來的邏輯電路，半減器有兩個輸入、兩個輸出，輸入由兩個二進制位元（bit）所構成，以作為兩個數目的相減，而輸出方面則由兩個輸入數的差（Difference）與借位（Borrow）兩種所構成。

實際的應用上，減法運算乃利用 2 的補數，使得減法運算也可用加法器來完成，達到節省電路的目的。

如果一個數目比它所要減的數目還小時，便會產生借位（Borrow）的現象。兩個一位元的數相減，包含了四種可能：$1-0=1$、$1-1=0$、$0-0=0$、$0-1=-1$，在最後一個式子中出現了負號，回想減法中，若減數大於被減數，則必須向高一階的位元借位。

半減器的真值表如 2-4.1 所示：

表 2-4.1

|   | I/P | | O/P | |
|---|---|---|---|---|
|   | x | y | B | D |
| 0 | 0 | 0 | 0 | 0 |
| 1 | 0 | 1 | 1 | 1 |
| 2 | 1 | 0 | 0 | 1 |
| 3 | 1 | 1 | 0 | 0 |

$D = \Sigma(1, 2)$
$B = \Sigma(1)$

由表 2-4.1 可導出布林代數

$$D = \bar{x}y + x\bar{y} = x \oplus y$$
$$B = \bar{x}y$$

全減器是執行被減數、減數與借位三個數相減（即 $x-y-z$），其真值表如表 2-4.2 所示：

表 2-4.2

|   | I/P | | | O/P | |
|---|---|---|---|---|---|
|   | x | y | z | B | D |
| 0 | 0 | 0 | 0 | 0 | 0 |
| 1 | 0 | 0 | 1 | 1 | 1 |
| 2 | 0 | 1 | 0 | 1 | 1 |
| 3 | 0 | 1 | 1 | 1 | 0 |
| 4 | 1 | 0 | 0 | 0 | 1 |
| 5 | 1 | 0 | 1 | 0 | 0 |
| 6 | 1 | 1 | 0 | 0 | 0 |
| 7 | 1 | 1 | 1 | 1 | 1 |

$D = \Sigma(1, 2, 4, 7)$
$B = \Sigma(1, 2, 3, 7)$

由表 2-4.2 可導出布林代數（利用卡諾圖化簡）

$$D = \bar{x}\bar{y}z + \bar{x}y\bar{z} + x\bar{y}\bar{z} + xyz$$

$$\boxed{D = (x \oplus y) \oplus z}$$

$$B = \bar{x}y + \bar{x}z + yz$$

$$\boxed{B = \bar{x}y + \overline{(x \oplus y)}z}$$

其中 $z$ 表前級借位數。

### 四 實習步驟

*1.* 按圖 2-4.1 連接電路，電源供給 +5 V 固定電壓。

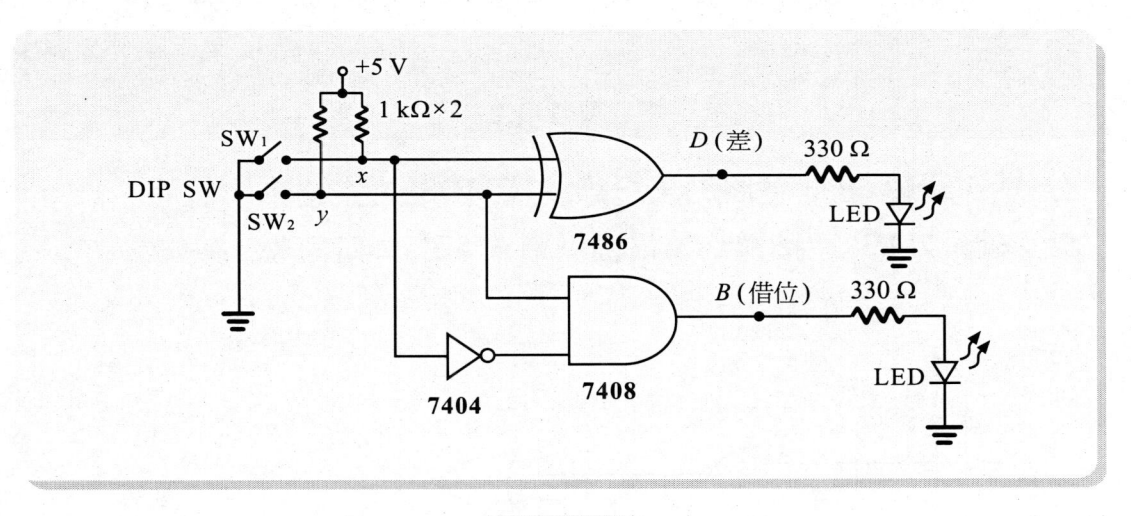

圖 2-4.1

表 2-4.3

| H.S. 輸出表 |||||
|---|---|---|---|---|
| \multicolumn{2}{c}{I/P} | \multicolumn{4}{c}{O/P} |
| | | TTL || CMOS ||
| $x$ | $y$ | $B$ | $D$ | $B$ | $D$ |
| 0 | 0 | | | | |
| 0 | 1 | | | | |
| 1 | 0 | | | | |
| 1 | 1 | | | | |

2. 兩種輸出差 ($D$) 和借位 ($B$) 接 LED 及限流電阻,依據表 2-4.3 所示,加入 Hi 或 Lo 信號,並將結果記錄於 TTL 之空格中。
3. 按圖 2-4.2 連接電路,將電源供給 +5 V。

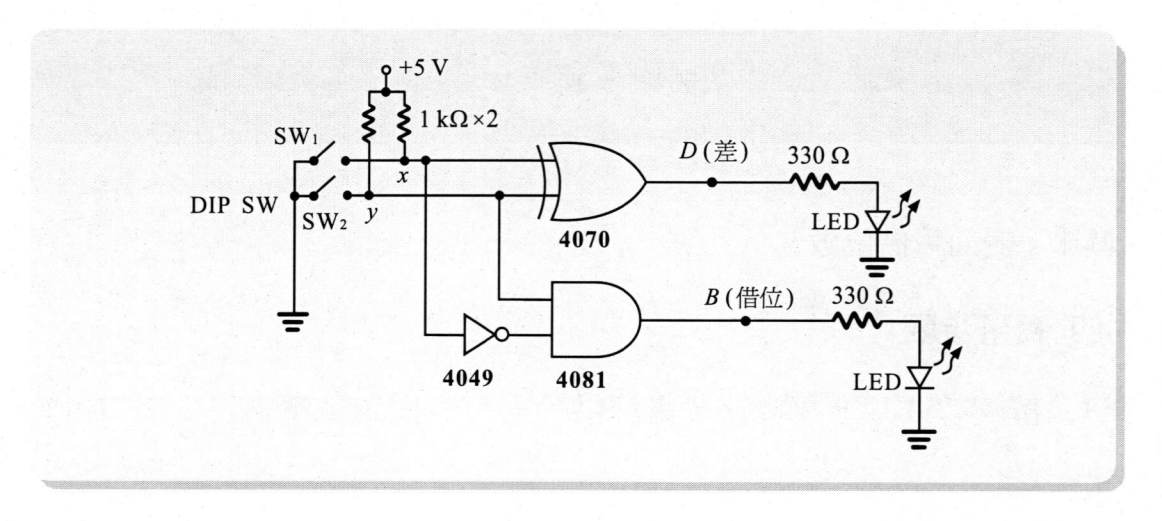

圖 2-4.2

4. 重複步驟 2.,並將結果記錄於 CMOS 之空格中。
5. 按圖 2-4.3 連接電路,電源供給 +5 V 固定電壓。

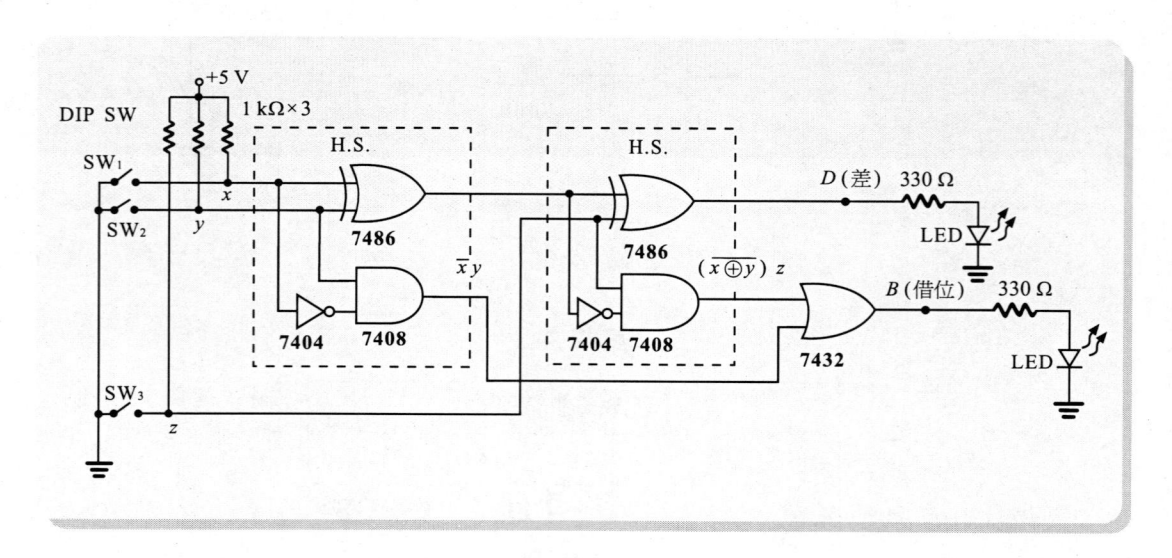

圖 2-4.3

6. 兩輸出端差 (D) 和借位 (B) 各串接一限流電阻及 LED，依照表 2-4.4 所示，加入 Hi 或 Lo 信號，並將結果記錄於 TTL 之空格中。
7. 按圖 2-4.4 連接電路，將電源供給 +5 V。
8. 重複步驟 6.，並將結果記錄於 CMOS 空格中。

表 2-4.4

<table>
<tr><th colspan="7">F.S. 輸出表</th></tr>
<tr><th colspan="3">I/P</th><th colspan="4">O/P</th></tr>
<tr><th rowspan="2">x</th><th rowspan="2">y</th><th rowspan="2">z</th><th colspan="2">TTL</th><th colspan="2">CMOS</th></tr>
<tr><th>B</th><th>D</th><th>B</th><th>D</th></tr>
<tr><td>0</td><td>0</td><td>0</td><td></td><td></td><td></td><td></td></tr>
<tr><td>0</td><td>0</td><td>1</td><td></td><td></td><td></td><td></td></tr>
<tr><td>0</td><td>1</td><td>0</td><td></td><td></td><td></td><td></td></tr>
<tr><td>0</td><td>1</td><td>1</td><td></td><td></td><td></td><td></td></tr>
<tr><td>1</td><td>0</td><td>0</td><td></td><td></td><td></td><td></td></tr>
<tr><td>1</td><td>0</td><td>1</td><td></td><td></td><td></td><td></td></tr>
<tr><td>1</td><td>1</td><td>0</td><td></td><td></td><td></td><td></td></tr>
<tr><td>1</td><td>1</td><td>1</td><td></td><td></td><td></td><td></td></tr>
</table>

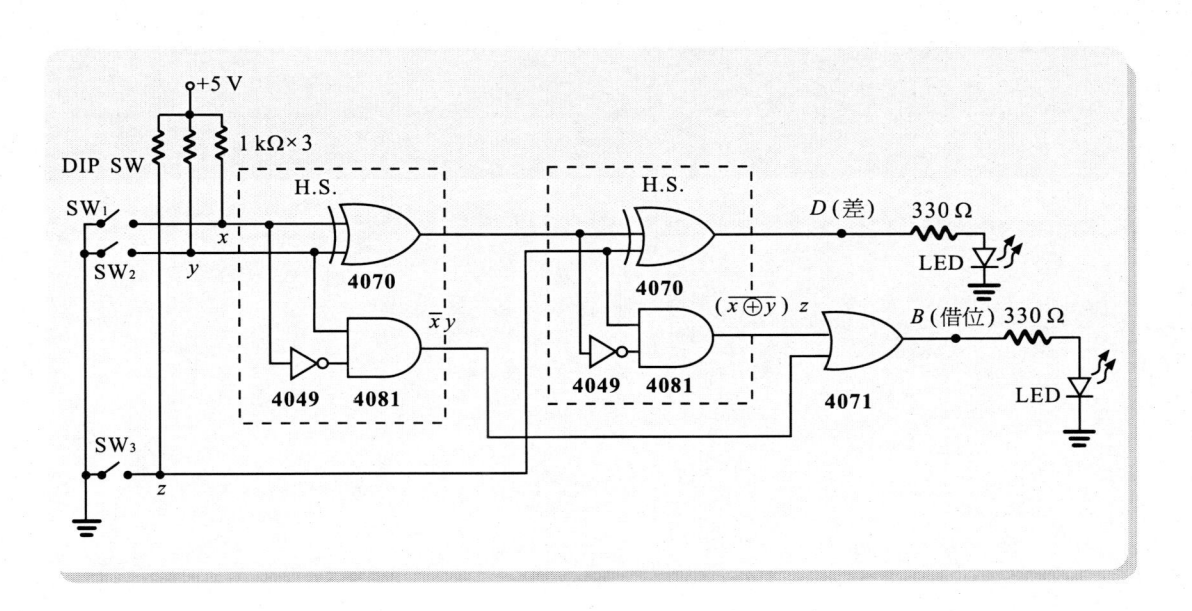

圖 2-4.4

## 五　結果與討論

　　以 $x$、$y$ 為輸入而產生 $B$（借位）、$D$（差）為輸出的閘結構，稱為半減器（Half Subtrator，簡稱 H.S.），其真值表如表 2-4.1 所示，且 $D = x \oplus y$，$B = \bar{x}y$。

　　其中 $D$（差）可由在半加器中產生之和（Sum）相同的閘來產生，但是 $B$（借位）與加法中之 $C$（進位）並不一樣，因此在設計時必須依照真值表之要求來著手。

　　全減器（Full Subtrator，簡稱 F.S.）是以被減數 $x$、減數 $y$ 及前一級的借位 $z$ 作為輸入，它執行了減法運算而產生最後的差與從下一級的借位作為輸出。

　　全減器（F.S.）可由兩個半減器（H.S.）外加一個 OR 閘完成，在半減器執行減法運算時，若任一或兩減法均產生借位，則借位可送到下一級，因此用兩個半減器執行全減器工作時，其兩個別借位輸出必須經由 OR 閘送到下一級，運算結果才正確。

## 2-5 數碼轉換器實習

### 一 實習目的

1. 瞭解數碼轉換器之動作。
2. 瞭解 TTL 中 7442 的使用。
3. 瞭解 CMOS 中 4028 的使用。

### 二 實習器材

電源供應器　　　　　　　TTL IC：　7442 × 1
麵包板　　　　　　　　　CMOS IC：　4028 × 1
導線少許　　　　　　　　發光二極體：　LED × 10
　　　　　　　　　　　　$R$：　300 Ω × 10

### 三 實習說明

　　常使用的眾多數碼中，為了適應每種數碼特殊的好處，常需將某種數碼轉換成另一種數碼。數位電路中，常用到的有二進制（Binary）、八進制（Octal）、十進制（Decimal）、十六進制（Hexadecimal）等，在各進制中常需要相互轉換，因此數碼轉換電路在數位電路應用上十分重要。在本實習中以二進制與十進制相互轉換為代表，說明數碼轉換電路的原理與應用。

### 四 實習步驟

1. 按圖 2-5.1 的 7442 第 16 腳 $V_{cc}$ 外接 +5 V 固定電壓，第 8 腳接地電位（GND）。
2. 將十進位低態輸出（0～9）分別接 LED 及限流電阻，BCD 輸入依表 2-5.1 所示，依次加入 Hi、Lo 信號，並將結果記錄於表中空格處。

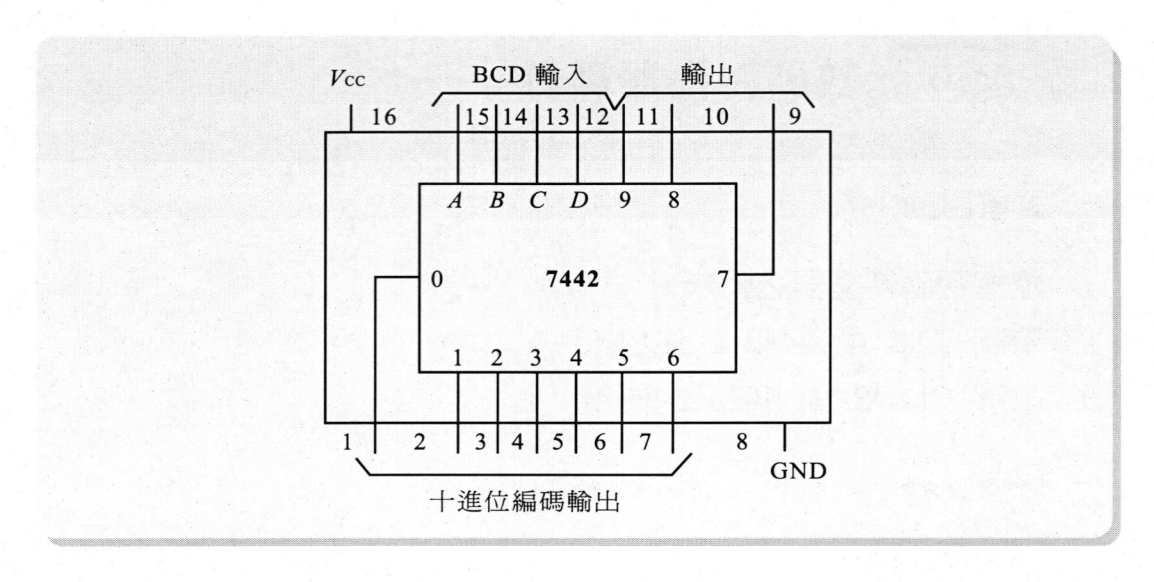

圖 2-5.1

表 2-5.1

| 輸 入 |   |   |   | 輸 出 |   |   |   |   |   |   |   |   |   |
|---|---|---|---|---|---|---|---|---|---|---|---|---|---|
| D | C | B | A | 0 | 1 | 2 | 3 | 4 | 5 | 6 | 7 | 8 | 9 |
| 0 | 0 | 0 | 0 |   |   |   |   |   |   |   |   |   |   |
| 0 | 0 | 0 | 1 |   |   |   |   |   |   |   |   |   |   |
| 0 | 0 | 1 | 0 |   |   |   |   |   |   |   |   |   |   |
| 0 | 0 | 1 | 1 |   |   |   |   |   |   |   |   |   |   |
| 0 | 1 | 0 | 0 |   |   |   |   |   |   |   |   |   |   |
| 0 | 1 | 0 | 1 |   |   |   |   |   |   |   |   |   |   |
| 0 | 1 | 1 | 0 |   |   |   |   |   |   |   |   |   |   |
| 0 | 1 | 1 | 1 |   |   |   |   |   |   |   |   |   |   |
| 1 | 0 | 0 | 0 |   |   |   |   |   |   |   |   |   |   |
| 1 | 0 | 0 | 1 |   |   |   |   |   |   |   |   |   |   |
| 1 | 0 | 1 | 0 |   |   |   |   |   |   |   |   |   |   |
| 1 | 0 | 1 | 1 |   |   |   |   |   |   |   |   |   |   |
| 1 | 1 | 0 | 0 |   |   |   |   |   |   |   |   |   |   |
| 1 | 1 | 0 | 1 |   |   |   |   |   |   |   |   |   |   |
| 1 | 1 | 1 | 0 |   |   |   |   |   |   |   |   |   |   |
| 1 | 1 | 1 | 1 |   |   |   |   |   |   |   |   |   |   |

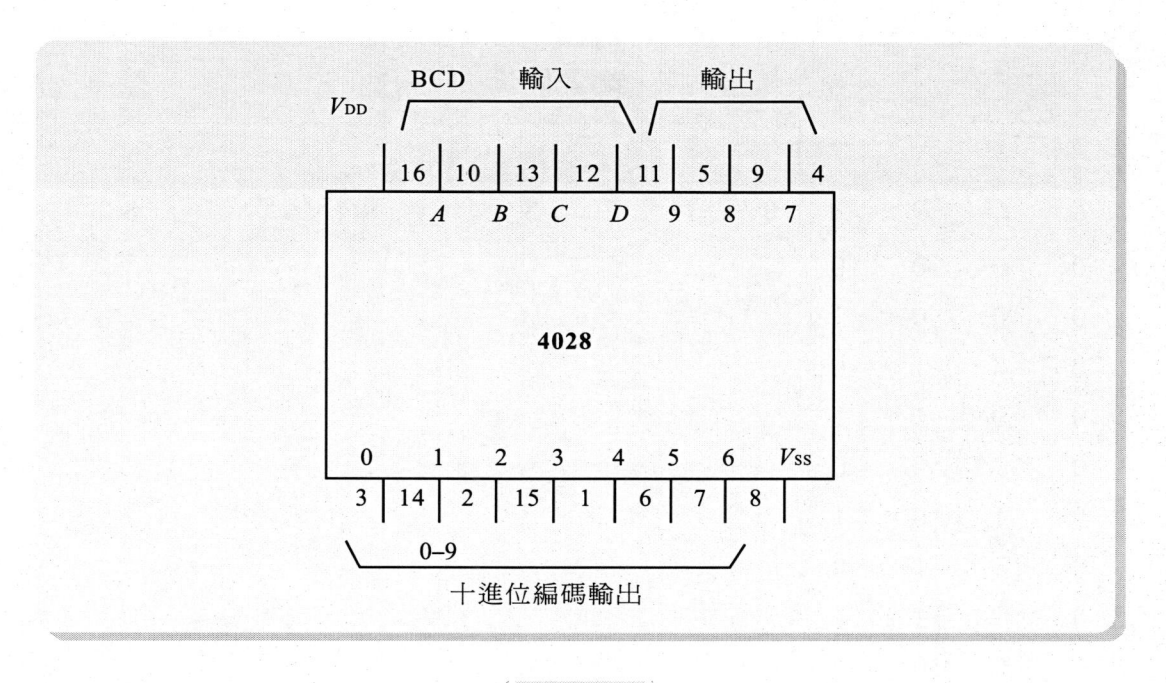

```
                    BCD 輸入      輸出
        V_DD    ┌───┬───┐  ┌───┬───┐
                16  10 13 12  11  5  9  4
              ┌─────────────────────────┐
              │   A   B  C  D   9  8  7 │
              │                         │
              │         4028            │
              │                         │
              │   0   1  2  3   4  5  6  V_SS │
              └─────────────────────────┘
                3  14  2 15   1  6  7  8
                └──────0~9──────┘
                     十進位編碼輸出
```

圖 2-5.2

3. 由表 2-5.1 中，得知 TTL IC 中之 7442 為＿＿對＿＿的解碼器。

4. 按圖 2-5.2 的 4028 第 16 腳 $V_{DD}$ 外接 ＋5 V 固定電壓，第 8 腳 $V_{SS}$ 接地電位。

5. 將十進位高態輸出（0～9）分別接 LED 及限流電阻，BCD 輸入依表 2-5.2 所示，依次加入 Hi、Lo 信號，並將結果記錄在表中空格處。

6. 由表 2-5.1 及表 2-5.2 比較，TTL IC 之 7442 與 CMOS IC 之 4028 其輸出有何不同？

表 2-5.2

| 輸入 | | | | 輸出 | | | | | | | | | |
|---|---|---|---|---|---|---|---|---|---|---|---|---|---|
| D | C | B | A | 0 | 1 | 2 | 3 | 4 | 5 | 6 | 7 | 8 | 9 |
| 0 | 0 | 0 | 0 | | | | | | | | | | |
| 0 | 0 | 0 | 1 | | | | | | | | | | |
| 0 | 0 | 1 | 0 | | | | | | | | | | |
| 0 | 0 | 1 | 1 | | | | | | | | | | |
| 0 | 1 | 0 | 0 | | | | | | | | | | |
| 0 | 1 | 0 | 1 | | | | | | | | | | |
| 0 | 1 | 1 | 0 | | | | | | | | | | |
| 0 | 1 | 1 | 1 | | | | | | | | | | |
| 1 | 0 | 0 | 0 | | | | | | | | | | |
| 1 | 0 | 0 | 1 | | | | | | | | | | |
| 1 | 0 | 1 | 0 | | | | | | | | | | |
| 1 | 0 | 1 | 1 | | | | | | | | | | |
| 1 | 1 | 0 | 0 | | | | | | | | | | |
| 1 | 1 | 0 | 1 | | | | | | | | | | |
| 1 | 1 | 1 | 0 | | | | | | | | | | |
| 1 | 1 | 1 | 1 | | | | | | | | | | |

## 五 結果與討論

實習過程中得知 7442 及 4028 為一 BCD 解碼器，7442 之解碼輸出為十進制輸出，其選到的輸出為低電位（此為 7442 解碼使用 NAND 閘之故），其他保持於高電位，7442 不管 1010 至 1111 六種狀態，因 7442 為一 BCD 解碼器；而 4028 之解碼輸出亦為十進制輸出，其解碼輸出為高電位，其他保持於低電位，4028 亦不管 1010 至 1111 六種狀態。

## 2-6 編碼器與解碼器實習

### 一、實習目的

1. 瞭解編碼器（Encoder）與解碼器（Decoder）之操作及特性。
2. 瞭解 TTL 中 7432、7486 的使用。
3. 瞭解 CMOS 中 4028 的使用。

### 二、實習器材

電源供應器　　TTL IC：　7432 × 1　　發光二極體：LED × 10
麵包板　　　　　　　　　7486 × 1　　$R$：330 Ω × 10
導線少許　　　CMOS IC：4028 × 1

### 三、實習說明

　　編碼器的功能和解碼器正好相反，它能夠接受多個未經編碼的信號，然後輸出可以被其他數位電路接受並加以處理的碼，例如十進制對 BCD 的輸出信號。

　　解碼器可以將各個輸入端的信號加以偵測，然後由輸出端輸出與輸入信號相對應的輸出狀態，例如 BCD 對十進制的輸出信號。

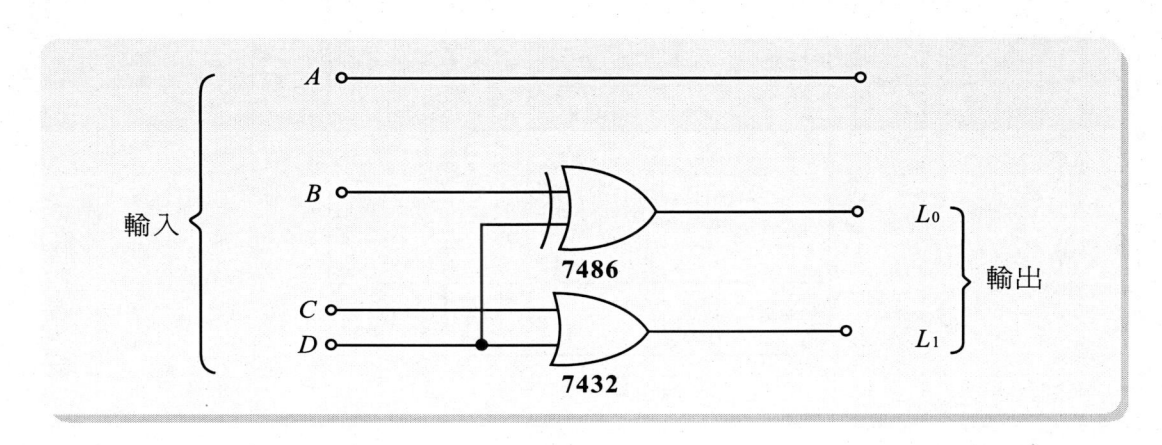

圖 2-6.1

## 四 實習步驟

1. 按圖 2-6.1 連接電路,電源供給 +5 V 固定電壓。
2. 將 $L_0$ 及 $L_1$ 接 LED 及限流電阻,依表 2-6.1 中所示,將 Hi、Lo 信號加到編碼器的輸入端,並根據實習的結果填入表中空格處。

表 2-6.1

| 4 對 2 編碼器真值表 |||||||
|---|---|---|---|---|---|
| 輸　　入 |||| 輸　　出 ||
| D | C | B | A | $L_1$ | $L_0$ |
| 0 | 0 | 0 | 1 |  |  |
| 0 | 0 | 1 | 0 |  |  |
| 0 | 1 | 0 | 0 |  |  |
| 1 | 0 | 0 | 0 |  |  |

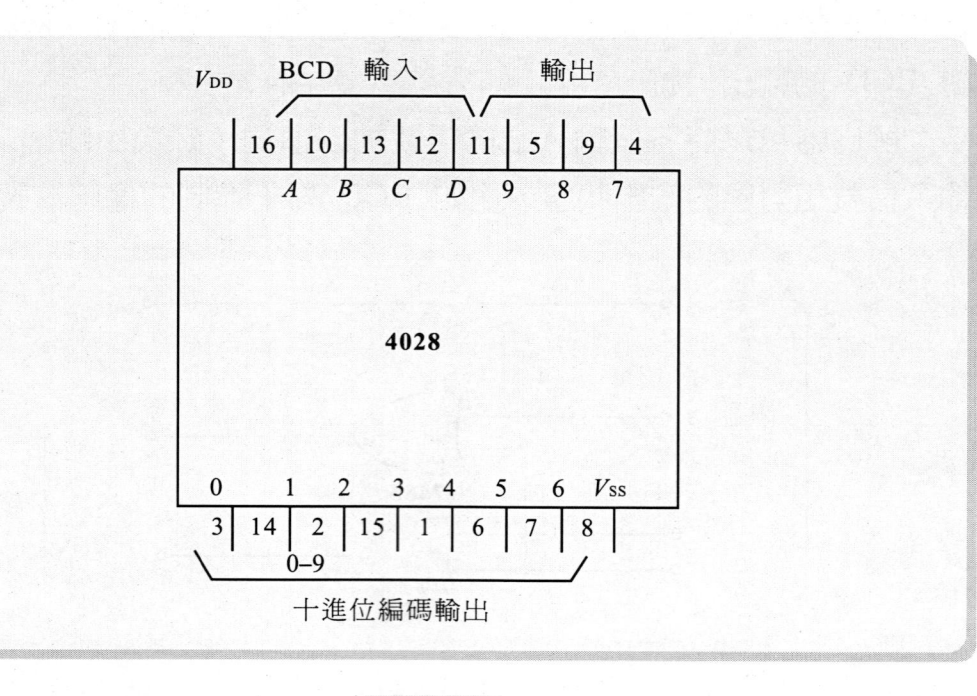

圖 2-6.2

3. 按圖 2-6.2 連接電路，電源供給 +5 V 固定電壓。
4. 將十進位高態輸出（0～9）分別接 LED 及限流電阻，BCD 輸入依表 2-6.2 所示，依次加入 Hi、Lo 信號，並將結果記錄在表中空格處。

表 2-6.2

| 輸入 |   |   |   | 輸出 |   |   |   |   |   |   |   |   |   |
|---|---|---|---|---|---|---|---|---|---|---|---|---|---|
| $D$ | $C$ | $B$ | $A$ | 0 | 1 | 2 | 3 | 4 | 5 | 6 | 7 | 8 | 9 |
| 0 | 0 | 0 | 0 | | | | | | | | | | |
| 0 | 0 | 0 | 1 | | | | | | | | | | |
| 0 | 0 | 1 | 0 | | | | | | | | | | |
| 0 | 0 | 1 | 1 | | | | | | | | | | |
| 0 | 1 | 0 | 0 | | | | | | | | | | |
| 0 | 1 | 0 | 1 | | | | | | | | | | |
| 0 | 1 | 1 | 0 | | | | | | | | | | |
| 0 | 1 | 1 | 1 | | | | | | | | | | |
| 1 | 0 | 0 | 0 | | | | | | | | | | |
| 1 | 0 | 0 | 1 | | | | | | | | | | |
| 1 | 0 | 1 | 0 | | | | | | | | | | |
| 1 | 0 | 1 | 1 | | | | | | | | | | |
| 1 | 1 | 0 | 0 | | | | | | | | | | |
| 1 | 1 | 0 | 1 | | | | | | | | | | |
| 1 | 1 | 1 | 0 | | | | | | | | | | |
| 1 | 1 | 1 | 1 | | | | | | | | | | |

### 五 結果與討論

在編碼器的實習中，我們可由真值表觀察出編碼器的輸入與輸出狀態，發現每一種輸入狀態僅能有一種輸出狀態（即二進制碼）跟它對應。在解碼器的實習中，我們用 4028 將 BCD 碼輸入，解碼成十進制輸出，可由表 2-6.2 看出，其中 4028 不管 1010 至 1111 六種狀態。

## 2-7 多工器與解多工器實習

### 一、實習目的

1. 瞭解資料處理電路中多工器（Multiplexer）與解多工器（Demultiplexer）之操作及功用。
2. 瞭解 TTL 中 74151、74154 的使用。
3. 瞭解 CMOS 中 4051 的使用。

### 二、實習器材

電源供應器　　TTL IC： 74151 × 1　　發光二極體： LED × 16
麵包板　　　　　　　　 74154 × 1　　$R$：330 Ω × 16
導線少許　　　CMOS IC： 4051 × 1

### 三、實習說明

多工器的功用是在 $N$ 個資料中選取一個，再將這個被選中的資料送到單一資料通道上。解多工器的功用和多工器正好相反，它可由一個信號源取得資料，再把這個資料信號分配到預先選定的 $N$ 條輸出線中的一條，至於傳送到哪一條線上，則由控制輸入（或位址）來決定。

### 四、實習步驟

1. 按圖 2-7.1 接線，電源供給 +5 V 固定電壓。
2. 74151 內部含有二進制解碼電路，輸出信號有二，一為正相輸出 $Y$，另一為補數輸出 $W$，閃控（Strobe）輸入端若處於高狀態時，不管其他輸入端的狀態為何，$Y$ 輸出都將被迫進入低狀態。

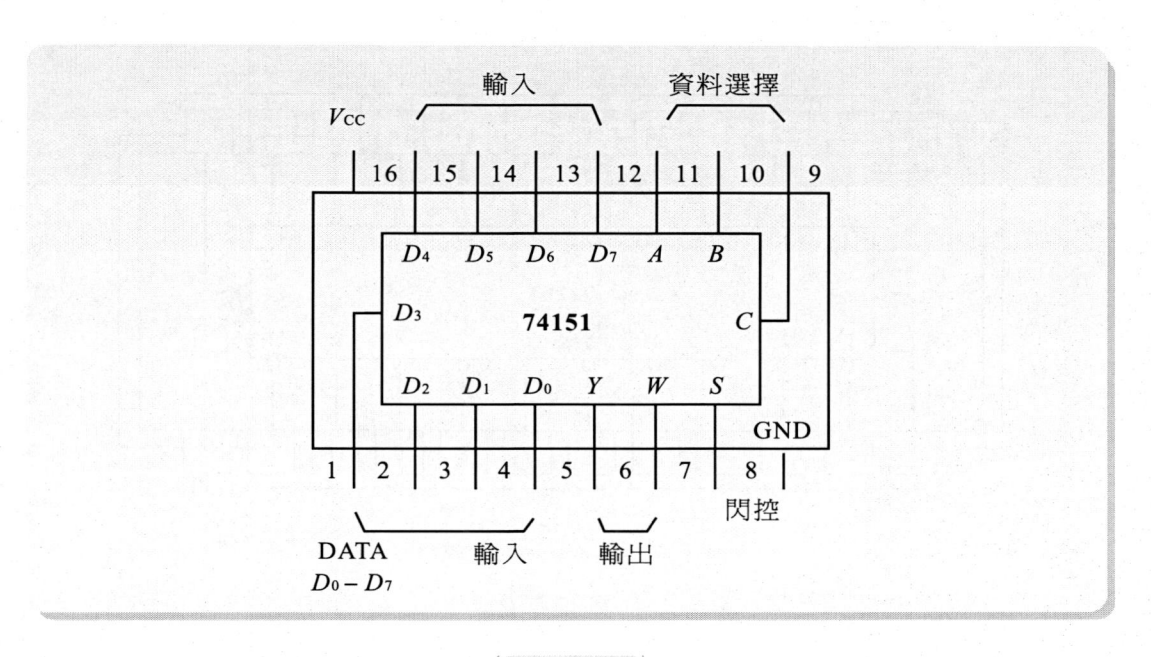

圖 2-7.1

表 2-7.1

| TTL 多工器 ||||||||||||
|---|---|---|---|---|---|---|---|---|---|---|---|
| 輸　入 |||||||| 資料選擇 ||| 輸　出 |
| $D_0$ | $D_1$ | $D_2$ | $D_3$ | $D_4$ | $D_5$ | $D_6$ | $D_7$ | C | B | A | Y |
| 1 | 0 | 1 | 0 | 1 | 0 | 1 | 0 | 0 | 0 | 0 | |
| | | | | | | | | 0 | 0 | 1 | |
| | | | | | | | | 0 | 1 | 0 | |
| | | | | | | | | 0 | 1 | 1 | |
| | | | | | | | | 1 | 0 | 0 | |
| | | | | | | | | 1 | 0 | 1 | |
| | | | | | | | | 1 | 1 | 0 | |
| | | | | | | | | 1 | 1 | 1 | |
| 0 | 1 | 0 | 1 | 0 | 1 | 0 | 1 | 0 | 0 | 0 | |
| | | | | | | | | 0 | 0 | 1 | |
| | | | | | | | | 0 | 1 | 0 | |
| | | | | | | | | 0 | 1 | 1 | |
| | | | | | | | | 1 | 0 | 0 | |
| | | | | | | | | 1 | 0 | 1 | |
| | | | | | | | | 1 | 1 | 0 | |
| | | | | | | | | 1 | 1 | 1 | |

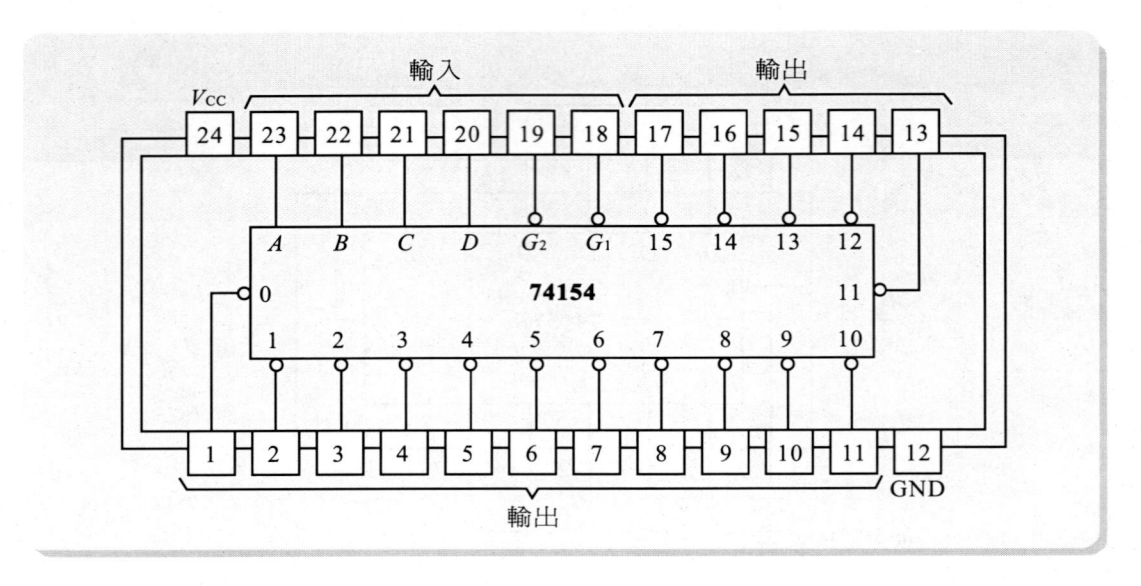

圖 2-7.2

表 2-7.2

| TTL 解多工器 ||||||||||||||||||||||
|---|---|---|---|---|---|---|---|---|---|---|---|---|---|---|---|---|---|---|---|---|---|
| 輸 入 |||||| 輸 出 ||||||||||||||||
| $G_1$ | $G_2$ | D | C | B | A | 0 | 1 | 2 | 3 | 4 | 5 | 6 | 7 | 8 | 9 | 10 | 11 | 12 | 13 | 14 | 15 |
| 0 | 0 | 0 | 0 | 0 | 0 | | | | | | | | | | | | | | | | |
| 0 | 0 | 0 | 0 | 0 | 1 | | | | | | | | | | | | | | | | |
| 0 | 0 | 0 | 0 | 1 | 0 | | | | | | | | | | | | | | | | |
| 0 | 0 | 0 | 0 | 1 | 1 | | | | | | | | | | | | | | | | |
| 0 | 0 | 0 | 1 | 0 | 0 | | | | | | | | | | | | | | | | |
| 0 | 0 | 0 | 1 | 0 | 1 | | | | | | | | | | | | | | | | |
| 0 | 0 | 0 | 1 | 1 | 0 | | | | | | | | | | | | | | | | |
| 0 | 0 | 0 | 1 | 1 | 1 | | | | | | | | | | | | | | | | |
| 0 | 0 | 1 | 0 | 0 | 0 | | | | | | | | | | | | | | | | |
| 0 | 0 | 1 | 0 | 0 | 1 | | | | | | | | | | | | | | | | |
| 0 | 0 | 1 | 0 | 1 | 0 | | | | | | | | | | | | | | | | |
| 0 | 0 | 1 | 0 | 1 | 1 | | | | | | | | | | | | | | | | |
| 0 | 0 | 1 | 1 | 0 | 0 | | | | | | | | | | | | | | | | |
| 0 | 0 | 1 | 1 | 0 | 1 | | | | | | | | | | | | | | | | |
| 0 | 0 | 1 | 1 | 1 | 0 | | | | | | | | | | | | | | | | |
| 0 | 0 | 1 | 1 | 1 | 1 | | | | | | | | | | | | | | | | |
| 0 | 1 | × | × | × | × | | | | | | | | | | | | | | | | |
| 1 | 0 | × | × | × | × | | | | | | | | | | | | | | | | |
| 1 | 1 | × | × | × | × | | | | | | | | | | | | | | | | |

註：×表 0 或 1 均可。

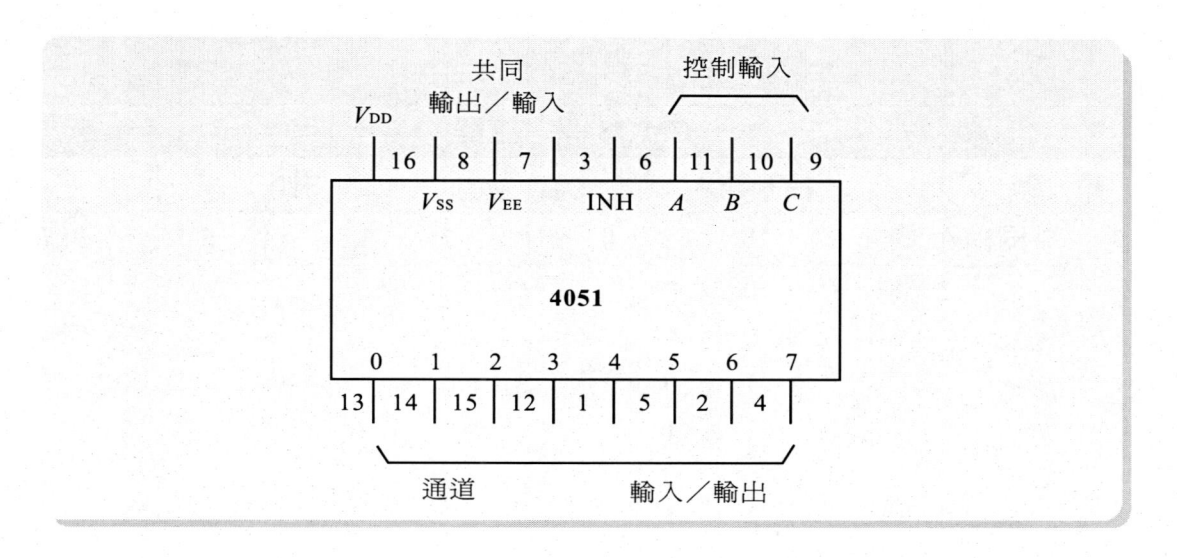

圖 2-7.3

表 2-7.3

| CMOS 多工器 |||||||||||| 輸　出 |
|---|---|---|---|---|---|---|---|---|---|---|---|
| 輸　入 |||||||| 控制輸入 ||||
| 0 | 1 | 2 | 3 | 4 | 5 | 6 | 7 | C | B | A | 共同輸出 |
| 1 | 0 | 1 | 0 | 1 | 0 | 1 | 0 | 0 | 0 | 0 | |
| ^ | ^ | ^ | ^ | ^ | ^ | ^ | ^ | 0 | 0 | 1 | |
| ^ | ^ | ^ | ^ | ^ | ^ | ^ | ^ | 0 | 1 | 0 | |
| ^ | ^ | ^ | ^ | ^ | ^ | ^ | ^ | 0 | 1 | 1 | |
| ^ | ^ | ^ | ^ | ^ | ^ | ^ | ^ | 1 | 0 | 0 | |
| ^ | ^ | ^ | ^ | ^ | ^ | ^ | ^ | 1 | 0 | 1 | |
| ^ | ^ | ^ | ^ | ^ | ^ | ^ | ^ | 1 | 1 | 0 | |
| ^ | ^ | ^ | ^ | ^ | ^ | ^ | ^ | 1 | 1 | 1 | |
| 0 | 1 | 0 | 1 | 0 | 1 | 0 | 1 | 0 | 0 | 0 | |
| ^ | ^ | ^ | ^ | ^ | ^ | ^ | ^ | 0 | 0 | 1 | |
| ^ | ^ | ^ | ^ | ^ | ^ | ^ | ^ | 0 | 1 | 0 | |
| ^ | ^ | ^ | ^ | ^ | ^ | ^ | ^ | 0 | 1 | 1 | |
| ^ | ^ | ^ | ^ | ^ | ^ | ^ | ^ | 1 | 0 | 0 | |
| ^ | ^ | ^ | ^ | ^ | ^ | ^ | ^ | 1 | 0 | 1 | |
| ^ | ^ | ^ | ^ | ^ | ^ | ^ | ^ | 1 | 1 | 0 | |
| ^ | ^ | ^ | ^ | ^ | ^ | ^ | ^ | 1 | 1 | 1 | |

表 2-7.4

| CMOS 解多工器 ||||||||||||
|---|---|---|---|---|---|---|---|---|---|---|---|
| 輸入 | 控制輸入 ||| 輸 出 |||||||||
| 共同輸入 | C | B | A | 0 | 1 | 2 | 3 | 4 | 5 | 6 | 7 |
| 1 | 0 | 0 | 0 | | | | | | | | |
| | 0 | 0 | 1 | | | | | | | | |
| | 0 | 1 | 0 | | | | | | | | |
| | 0 | 1 | 1 | | | | | | | | |
| | 1 | 0 | 0 | | | | | | | | |
| | 1 | 0 | 1 | | | | | | | | |
| | 1 | 1 | 0 | | | | | | | | |
| | 1 | 1 | 1 | | | | | | | | |
| 0 | 0 | 0 | 0 | | | | | | | | |
| | 0 | 0 | 1 | | | | | | | | |
| | 0 | 1 | 0 | | | | | | | | |
| | 0 | 1 | 1 | | | | | | | | |
| | 1 | 0 | 0 | | | | | | | | |
| | 1 | 0 | 1 | | | | | | | | |
| | 1 | 1 | 0 | | | | | | | | |
| | 1 | 1 | 1 | | | | | | | | |

3. 74151 具備由八條資料來源中選取其中一條的能力，首先將閃控置於 Lo 狀態，輸出 Y 接 LED 及限流電阻，將 $D_0 \sim D_7$ 分別設定為 1、0、1、0、1、0、1、0，資料選擇輸入按表 2-7.1 所示，依次輸入，觀察輸出填入表 2-7.1 的空格中。

4. 將 $D_0 \sim D_7$ 分別設定為 0、1、0、1、0、1、0、1，重複步驟 3.。

5. 按圖 2-7.2 接線，電源供給 +5 V 固定電壓。

6. 將輸出 0～15 分別接 LED 及限流電阻，按表 2-7.2 所示，依次輸入，並將結果記錄於空格中。

7. 按圖 2-7.3 接線，電源供給 +5 V 固定電壓。

8. CMOS 4051 為八通道類比多工器／解多工器，首先抑制輸入(INH)端置於 Lo 狀態（若抑制輸入端處於高狀態時，所有的通道都將被關閉），共同輸出（COMMON OUT）接 LED 及限流電阻，將輸入 0～7 分別設定為 1、0、1、0、1、0、1、0，控制輸入按表 2-7.3 所示，依次輸入，觀察輸出填入空格中。
9. 將 0～7 分別設定為 0、1、0、1、0、1、0、1，重複步驟 8.。
10. 將共同輸入（COMMON IN）接 Hi，輸出 0～7 分別接 LED 及限流電阻，按表 2-7.4 所示，依次輸入，並將結果記錄於空格中。
11. 將共同輸入接 Lo，重複步驟 10.。

## 五 結果與討論

　　多工器的功用是在 $N$ 個資料中選取一個，再將這個被選中的資料送到單一資料通道上，而此選取的工作，則由資料選擇（或控制輸入）的 $C$、$B$、$A$ 決定，決定由 $D_0$～$D_7$（TTL），0～7（CMOS）中哪個資料送到輸出端。目前市面之多工器 IC 還有 TTL 的 7497、74167 等與 CMOS 的 4052 等。

　　解多工器的功用是由一個信號源取得資料，再把這個資料信號分配到預定選定的 $N$ 條輸出線中的一條，而此分配的工作，則由控制輸入（或位址）決定。目前市面之解多工器 IC 還有 TTL 的 74155、74156 等與 CMOS 的 4052 等。

## 2-8 比較器實習

### 一 實習目的

1. 瞭解數位積體電路（IC）中比較器的動作。
2. 瞭解 TTL 中 7485 的使用。
3. 瞭解 CMOS 中 4063 的使用。

### 二 實習器材

電源供應器　　　　　　　TTL IC：　　7485 × 1
麵包板　　　　　　　　　CMOS IC：　 4063 × 1
導線少許　　　　　　　　發光二極體：　LED × 14
　　　　　　　　　　　　$R$：330 Ω × 14

### 三 實習說明

數位比較器 IC 中有 TTL 的 7485 與 CMOS 的 4063 等，它們均用於比較兩組四位元（bit）的大小，並且能指示出兩組數相等之情形。第一組數輸入 $A_3 A_2 A_1 A_0$，另一組數輸入 $B_3 B_2 B_1 B_0$，而其比重 $A_3 = 2^3 = 8 = B_3$，$A_2 = 2^2 = 4 = B_2$，$A_1 = 2^1 = 2 = B_1$，$A_0 = 2^0 = 1 = B_0$。若僅有四位元的兩組數相互比較時，"$A = B$" 之串級輸入（Cascade inputs）腳必須接高電位，而 "$A > B$" 和 "$A < B$" 之串級輸入腳必須接地電位。

相互比較時，若兩組數相等，則 "$A = B$" 輸出端腳輸出高電位；若 $A > B$，則 "$A > B$" 輸出端腳輸出高電位；若 $A < B$，則 "$A < B$" 輸出端腳輸出高電位，由前面的敘述知，高電位出現在適當的輸出端，而其他兩輸出端則維持在地電位。

## 四 實習步驟

*1.* 按圖 2-8.1 接線，電源供給 +5 V 固定電壓。

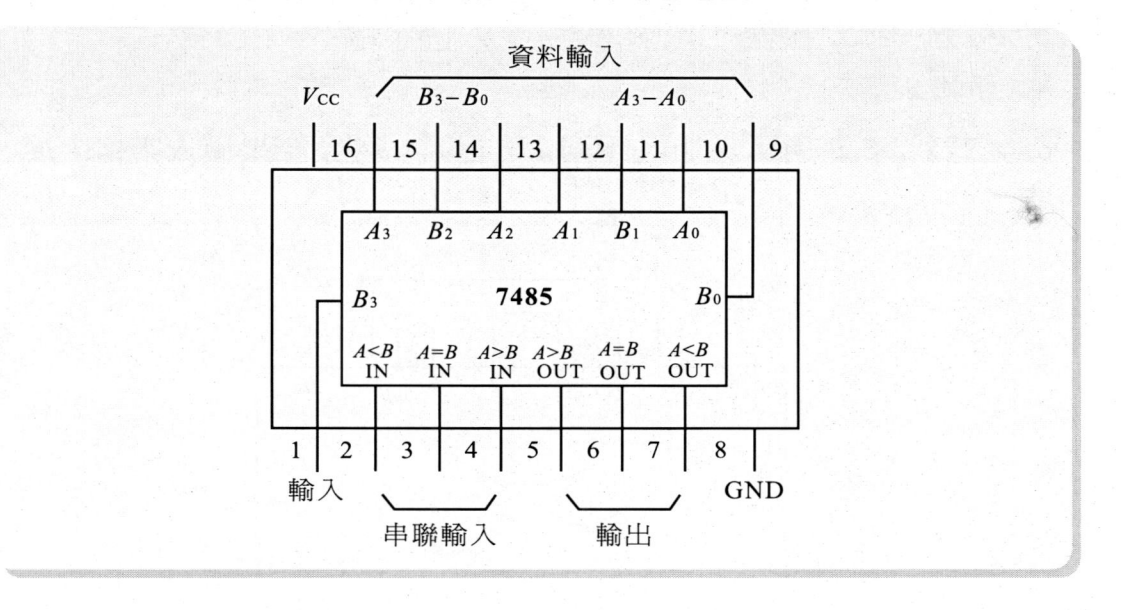

圖 2-8.1

表 2-8.1

| TTL 四位元比較器 |||||||| 輸 出 |||
|---|---|---|---|---|---|---|---|---|---|---|
| 比 較 輸 入 |||||||| | | |
| $A_3$ | $B_3$ | $A_2$ | $B_2$ | $A_1$ | $B_1$ | $A_0$ | $B_0$ | $A>B$ | $A=B$ | $A<B$ |
| 1 | 0 | × | × | × | × | × | × | | | |
| 0 | 1 | × | × | × | × | × | × | | | |
| 1 | 1 | 1 | 0 | × | × | × | × | | | |
| 1 | 1 | 0 | 1 | × | × | × | × | | | |
| 0 | 0 | 0 | 1 | × | × | × | × | | | |
| 1 | 1 | 1 | 1 | 1 | 0 | × | × | | | |
| 0 | 0 | 0 | 0 | 0 | 1 | × | × | | | |
| 1 | 1 | 1 | 1 | 1 | 1 | 1 | 0 | | | |
| 0 | 0 | 0 | 0 | 0 | 0 | 0 | 1 | | | |
| 1 | 1 | 1 | 1 | 1 | 1 | 1 | 1 | | | |

註：× 表 0 或 1 均可。

2. 串級輸入 "$A = B$ IN" 接 Hi，而 "$A < B$ IN" 及 "$A > B$ IN" 接 Lo，而輸入 $A > B$，$A = B$，$A < B$ 分別接 LED 及限流電阻。
3. 依表 2-8.1 所示，加入 Hi、Lo 信號，觀察結果填入空格中。
4. 按圖 2-8.2 接線，電源供給 +5 V 固定電壓。
5. 重複步驟 2.。
6. 依表 2-8.2 所示，加入 Hi、Lo 信號，觀察結果填入空格中。

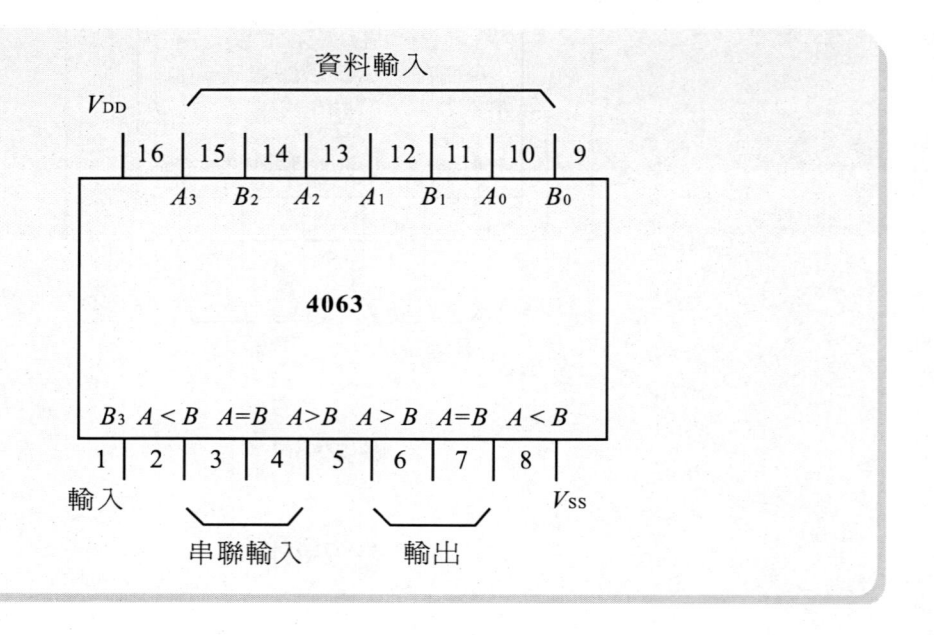

```
                        資料輸入
         V_DD  ┌─────────────────────────┐
          │    │   │   │   │   │   │   │
         16   15  14  13  12  11  10   9
              A3  B2  A2  A1  B1  A0  B0

                      4063

              B3 A<B A=B A>B A>B A=B A<B
              1   2   3   4   5   6   7   8
             輸入                            V_SS
                  └───┬───┘   └───┬───┘
                    串聯輸入        輸出
```

圖 2-8.2

表 2-8.2

| CMOS 四位元比較器 ||||||||||||
|---|---|---|---|---|---|---|---|---|---|---|
| 比　較　輸　入 |||||||| 輸　出 |||
| $A_3$ | $B_3$ | $A_2$ | $B_2$ | $A_1$ | $B_1$ | $A_0$ | $B_0$ | $A>B$ | $A=B$ | $A<B$ |
| 1 | 0 | × | × | × | × | × | × | | | |
| 0 | 1 | × | × | × | × | × | × | | | |
| 1 | 1 | 1 | 0 | × | × | × | × | | | |
| 1 | 1 | 0 | 1 | × | × | × | × | | | |
| 0 | 0 | 0 | 1 | × | × | × | × | | | |
| 1 | 1 | 1 | 1 | 1 | 0 | × | × | | | |
| 0 | 0 | 0 | 0 | 0 | 1 | × | × | | | |
| 1 | 1 | 1 | 1 | 1 | 1 | 1 | 0 | | | |
| 0 | 0 | 0 | 0 | 0 | 0 | 0 | 1 | | | |
| 1 | 1 | 1 | 1 | 1 | 1 | 1 | 1 | | | |

註：× 表 0 或 1 均可。

## 五　結果與討論

　　實習過程中得知兩組數值的比較，其比較順序依位元加權比重而定。如假設 $A_3$ 比 $B_3$ 大，若此兩位元有所不同，即可判定兩數的大小（即 $A>B$），而不必往下比；若此兩位元相等，則繼續往下比，方能求出結果。

## 2-9 七段顯示器實習

### 一 實習目的

1. 瞭解七段顯示器的動作原理。
2. 瞭解 TTL 中 7447 如何推動七段顯示器。

### 二 實習器材

電源供應器　　　　　　　　TTL IC：　　7447 × 1
麵包板　　　　　　　　　　　　　　　　7448 × 1
導線少許　　　　　　　共陽極七段顯示器：DISPLAY × 1
　　　　　　　　　　　共陰極七段顯示器：DISPLAY × 1
　　　　　　　　　　　　$R$：　　330 Ω × 7
　　　　　　　　　　　　　　　　1 kΩ × 4
　　　　　　　　　　　DIP SW：　　4 PINS × 1

### 三 實習說明

七段顯示器是用來顯示單一的十進制或十六進制的數字，它的內部架構是八個發光二極體（含小數點）組合而成，如圖 2-9.1。

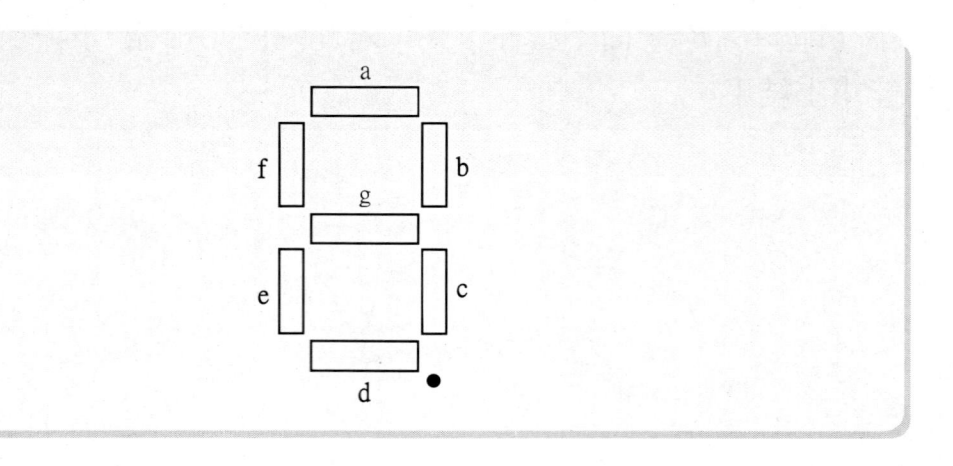

圖 2-9.1

七段顯示器的種類有兩種：一是共陽極的七段顯示器，另一個是共陰極的七段顯示器，我們知道 LED 只有在順向偏壓的條件下才會亮，因此七段顯示器依照需要，有低電位與高電位兩種型態，如圖 2-9.2 和圖 2-9.3。

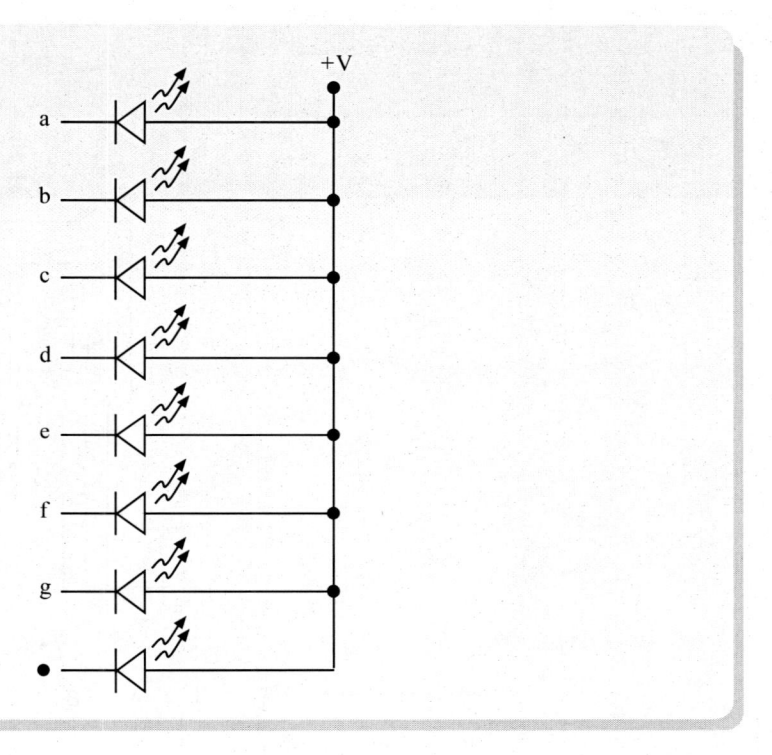

| 圖 2-9.2 | 低電位動作（共陽極）

| 圖 2-9.3 | 高電位動作（共陰極）

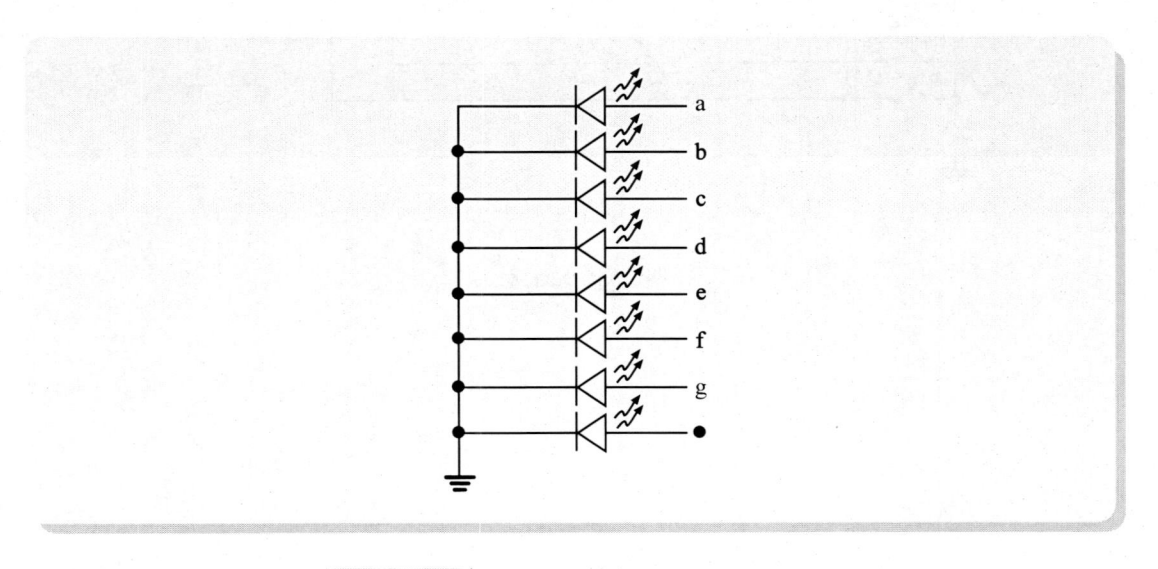

### 四 實習步驟

1. 按圖 2-9.4 將電路接在麵包板上。
2. 按照表 2-9.1 分別改變 SW$_1$、SW$_2$、SW$_3$ 與 SW$_4$ 的輸入高低電位，記錄七段顯示器上的數字。

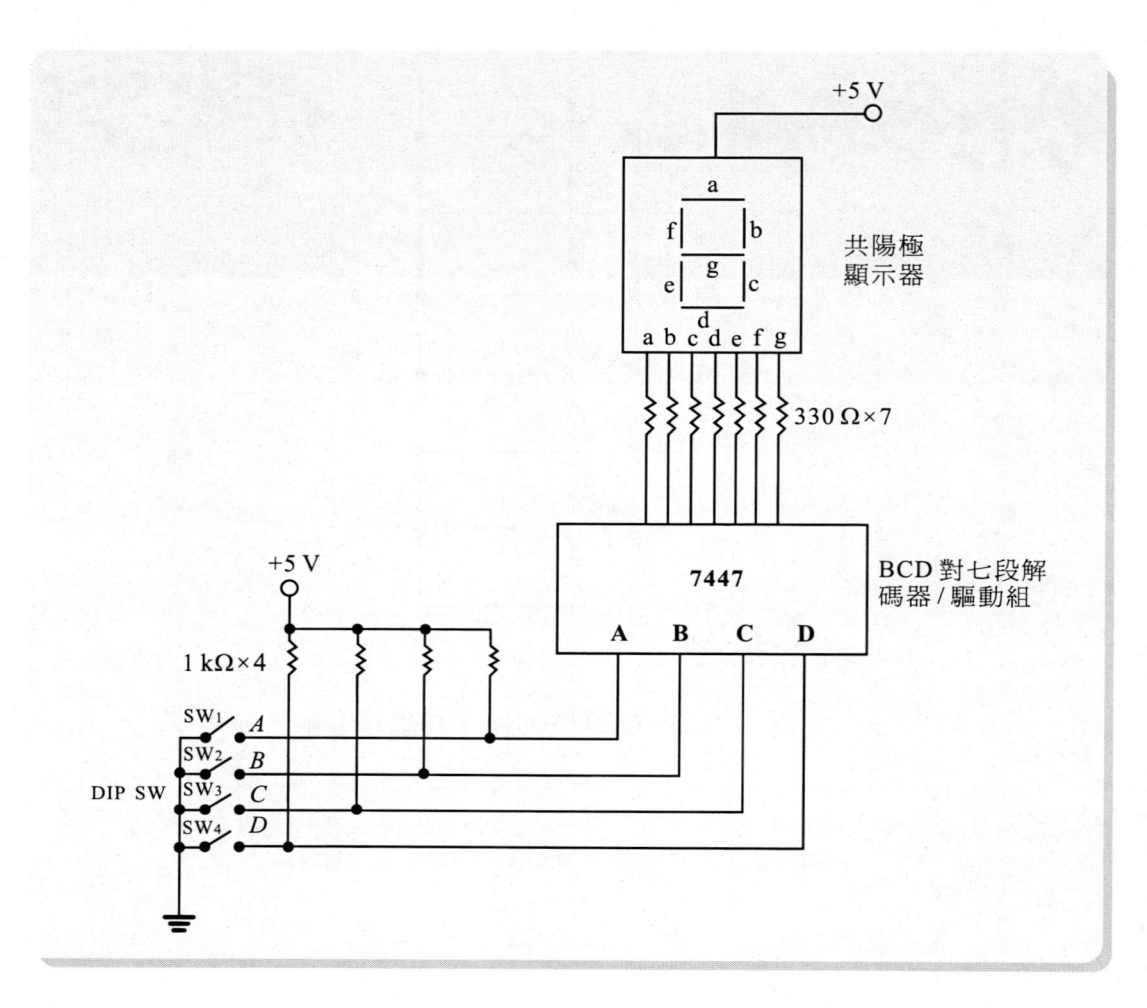

圖 2-9.4

表 2-9.1

| D (SW₄) | C (SW₃) | B (SW₂) | A (SW₁) | 顯示的數字 |
|---|---|---|---|---|
| 0 | 0 | 0 | 0 | |
| 0 | 0 | 0 | 1 | |
| 0 | 0 | 1 | 0 | |
| 0 | 0 | 1 | 1 | |
| 0 | 1 | 0 | 0 | |
| 0 | 1 | 0 | 1 | |
| 0 | 1 | 1 | 0 | |
| 0 | 1 | 1 | 1 | |
| 1 | 0 | 0 | 0 | |
| 1 | 0 | 0 | 1 | |

## 五 結果與討論

　　如果採用共陰極的七段顯示器，則圖 2-9.4 中 TTL IC 7447 要改為 7448。

　　在使用七段顯示器時，請用三用電表量測，以確定 a、b、c、d、e、f 及 g 各接腳的位置。

## 2-10 問題討論

1. 以加法器電路設計一個減法器電路。
2. 設計一個兩位元的加法器。
3. 以減法器電路設計一個比較電路，如果 $A \geq B$ 則輸出為 1，如果 $A < B$ 則輸出為 0。
4. 利用一個 $3 \times 8$ 的解碼器，製作一個全加器。

# 第三章 定時與脈波電路實習

3-1　555 電路實習　*92*

3-2　脈波電路實習　*98*

3-3　單擊電路實習　*101*

　　3-3-1　不可連續觸發單擊電路實習　*101*

　　3-3-2　可連續觸發單擊電路實習　*104*

3-4　石英晶體振盪器電路實習　*107*

3-5　樞密特觸發電路實習　*110*

3-6　問題討論　*114*

# 3-1　555 電路實習

## 一、實習目的

1. 瞭解以 555 IC 構成之非穩態多諧振盪電路原理。
2. 瞭解以 555 IC 構成之單穩態多諧振盪電路原理。

## 二、實習器材

| | |
|---|---|
| 示波器 | IC： NE 555 × 1 |
| 電源供應器 | $R$： 5.1 kΩ × 2 |
| 麵包板 | $C$： 0.1 μF × 1 |
| 導線少許 | 0.01 μF × 1 |

## 三、實習說明

555 計時器的功能方塊圖，如圖 3-1.1 所示

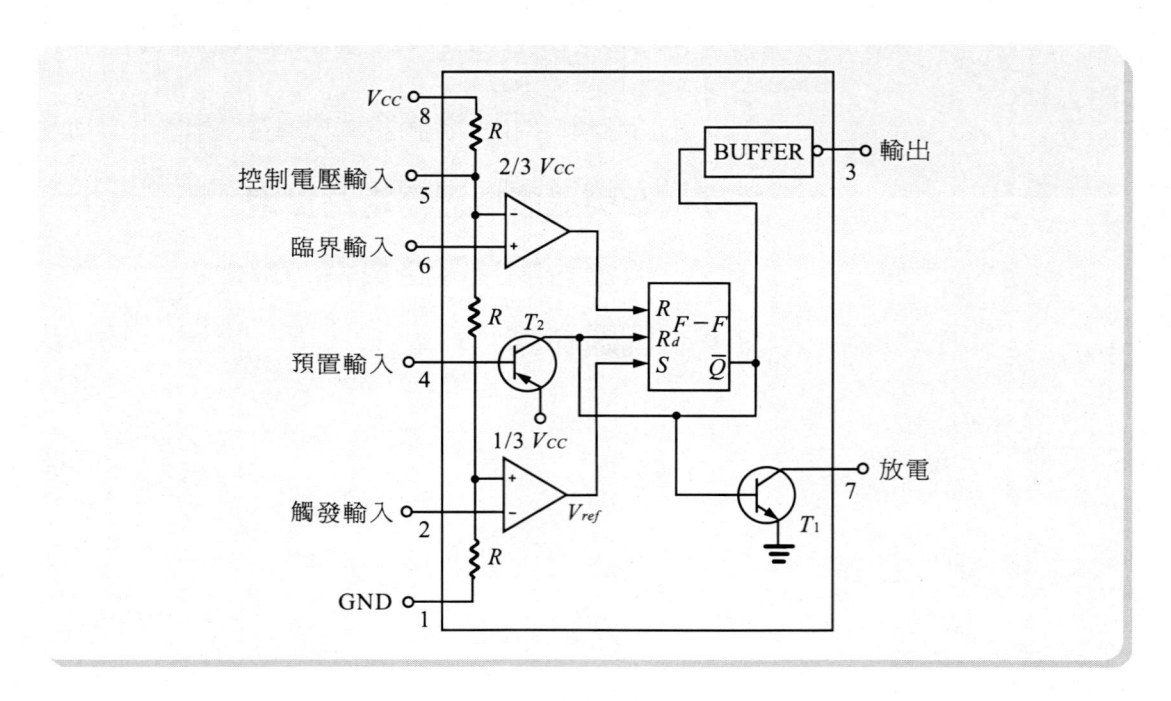

圖 3-1.1

555 計時器各接腳之功用說明如下：

第 1 腳：接地（GND）。

第 2 腳：觸發（Trigger），當此接腳電壓低於 1/3 $V_{cc}$ 時，觸發比較器（S-R）正反器之 $S=1$，而得 $\overline{Q}=0$，則第 3 腳輸出為高電位"Hi"。

第 3 腳：輸出（Output）。

第 4 腳：預置輸入（Reset input），此腳為"Hi"時，555 正常工作，反之為"Lo"時，第 3 腳輸出設定為"Hi"。

第 5 腳：控制電壓輸入（Control voltage input），該腳不用時接 0.01 $\mu$F 電容接地，以避免外部雜訊干擾，而該腳是用作調變脈波使用。

第 6 腳：臨界輸入（Threshold input），在臨界輸入電壓之正緣升至 2/3 $V_{cc}$ 時，臨界比較器輸出則重置正反器。

第 7 腳：放電（Discharge），外接電容 C 至地。
當正反器為重置狀態時 $\overline{Q}=1$，電晶體 $T_1$ 飽和，電容 C 為放電狀態。
當正反器為預置狀態時 $\overline{Q}=0$，電晶體 $T_1$ 截止，電容 C 經外加電阻充電。

第 8 腳：電源（$V_{cc}$），一般可加 5 V～15 V。

由圖 3-1.2 中為一 555 非穩態多諧振盪器所示，當 $C_1$ 未充電時，輸出端（$V_o$）為高電位。

電路時間由 $R_1$、$R_2$、$C_1$ 所構成，$C_2$ 為旁路電容，作消除雜訊用，當 $V_{cc}$ ON 時，$C_1$ 開始由 $V_{cc}$ 經 $R_1$、$R_2$ 充電到 2/3 $V_{cc}$ 時，使得 555 內部臨界比較器可測知此狀況，而經由內部線路改變狀態，使輸出端（$V_o$）變成低電位，此時放電電晶體導通，$C_1$ 開始經 $R_2$ 放電，直到降至 1/3 $V_{cc}$ 時，555 內部一觸發比較器測知此狀況使其恢復開始之狀態，電路重複以上操作形成連續之方波，因此當 $C_1$ 充電

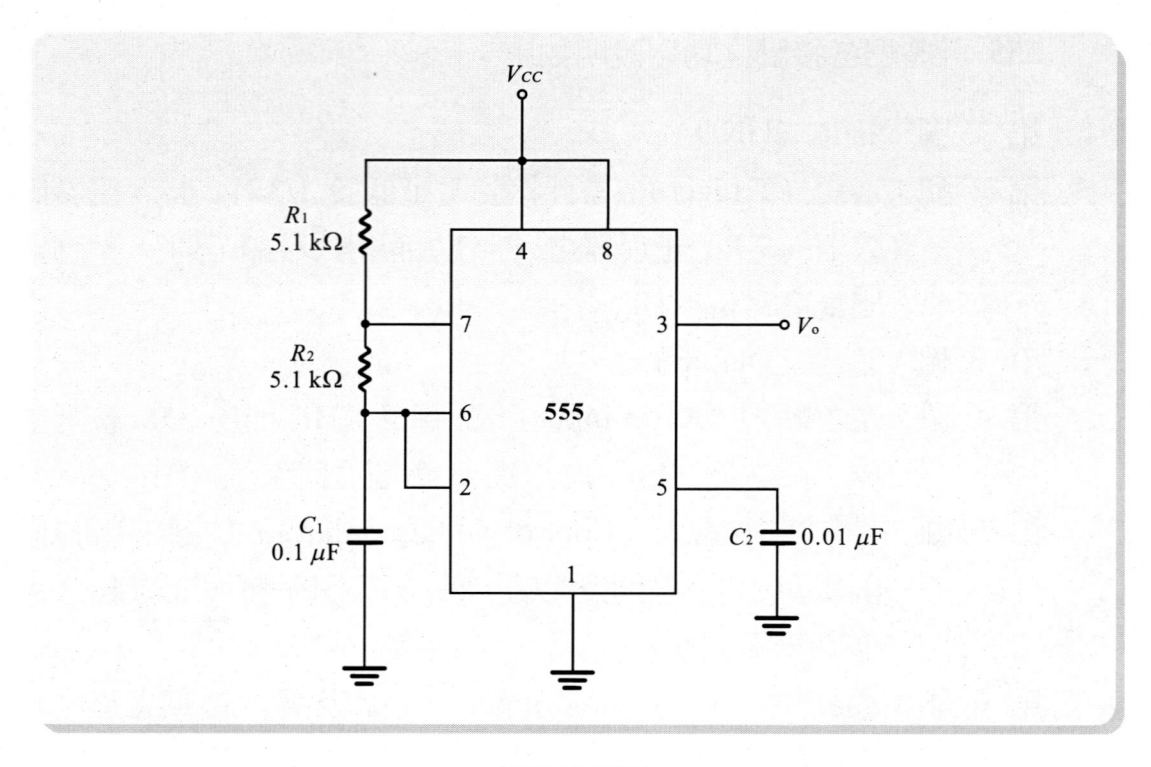

圖 3-1.2

時，輸出端（$V_o$）為"Hi"，放電時，輸出端（$V_o$）為"Lo"，其充電時間與放電時間為：

輸出端（$V_o$）為"Hi"時，$T_1 = 0.693 \ (R_1 + R_2) \cdot C_1$

輸出端（$V_o$）為"Lo"時，$T_2 = 0.693 \ R_2 \cdot C_1$

其振盪週期為：

$$T = T_1 + T_2 = 0.693 \ (R_1 + 2R_2) \cdot C_1$$

其振盪頻率為：

$$\boxed{f = \frac{1}{T} = \frac{1.44}{(R_1 + 2R_2) \cdot C_1}}$$

由圖 3-1.3 中為 555 單穩態多諧振盪器所示，第 2 腳為觸發輸入端，當外加觸發信號觸發第 2 腳，使其輸出端立刻變成高電位，電容 $C_1$

開始充電到 2/3 $V_{CC}$ 時,輸出端變成低電位,則使 $C_1$ 之電壓立刻開始下降至地電壓,其振盪週期 $T = 1.1 \cdot R_1 \cdot C_1$,此時週期並不重複自動產生,必須再有觸發信號輸入時,才可產生一個新的脈波。

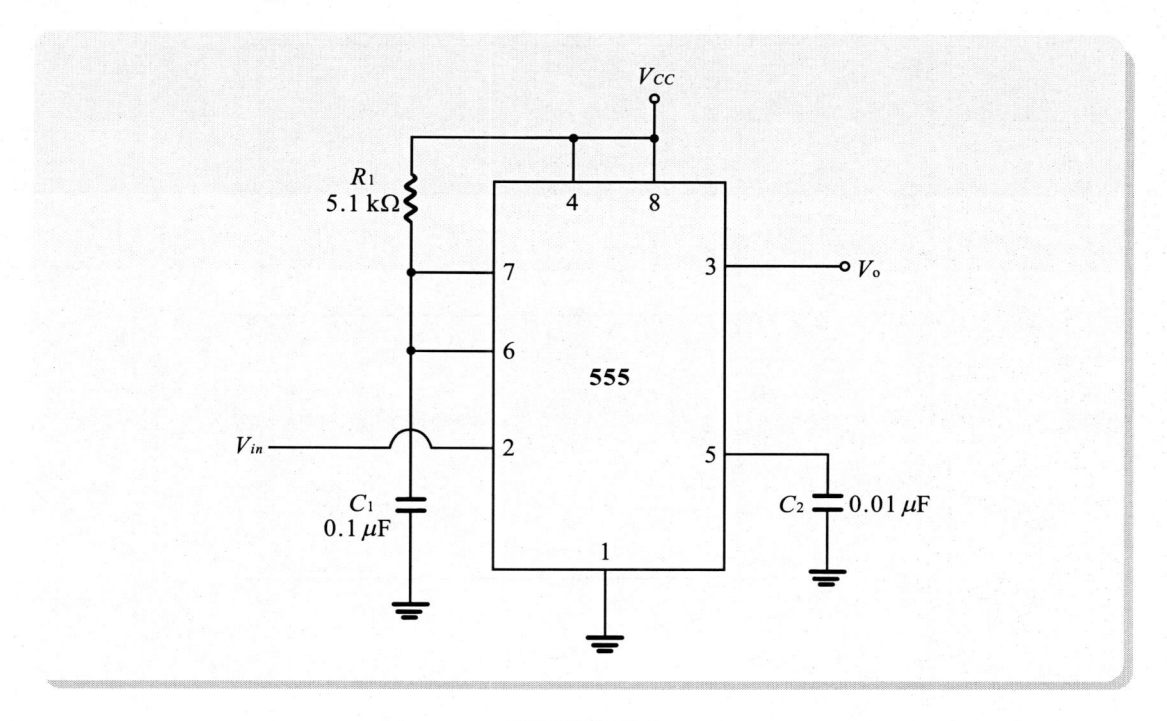

圖 3-1.3

### 四 實習步驟

1. 連接圖 3-1.2。
2. 以示波器觀察 555 之第 3、5、6、7 腳之波形,並記錄之。

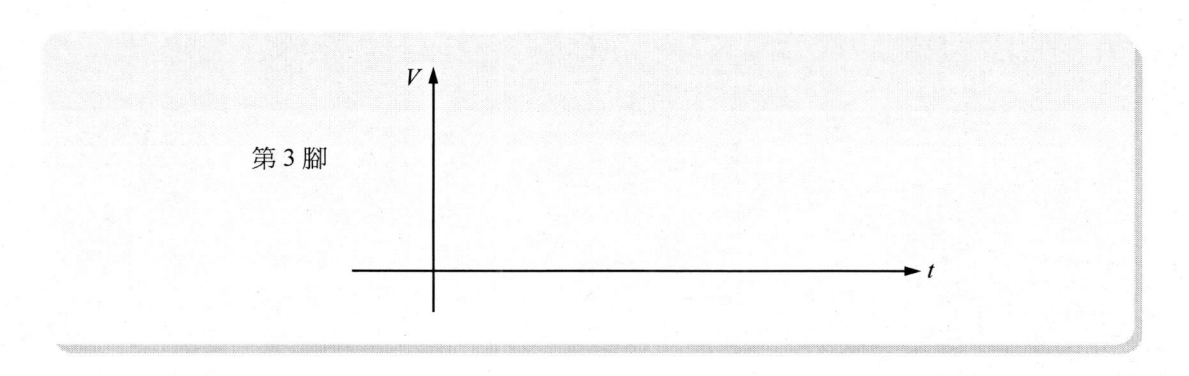

第 3 腳

第 5 腳

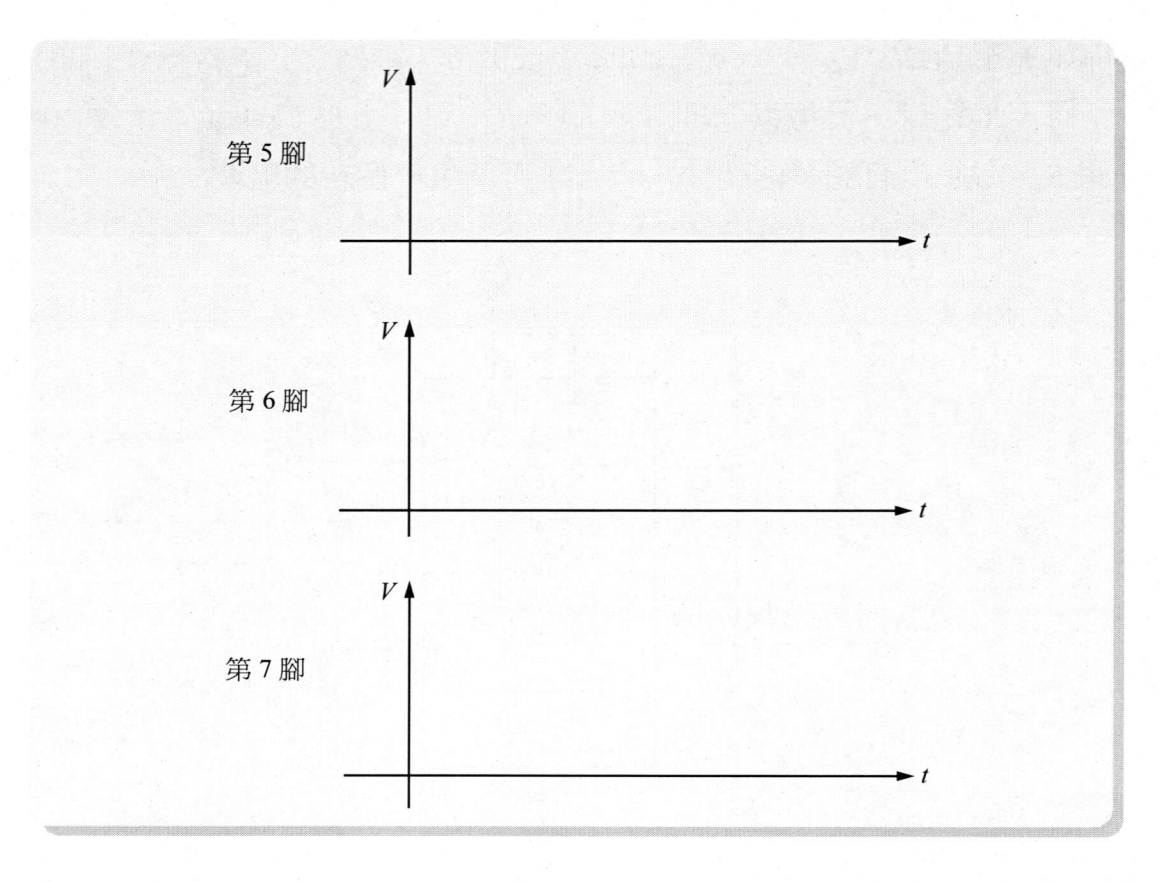

第 6 腳

第 7 腳

3. 利用公式計算其 $T_1$、$T_2$ 之值,並求出振盪頻率。

$$T_1 = \underline{\hspace{4cm}}$$
$$T_2 = \underline{\hspace{4cm}}$$
$$f = \underline{\hspace{4cm}}$$

4. 連接圖 3-1.3。

5. 1 kHz 脈波連接第 2 腳。

6. 利用示波器觀察第 2、3、5、6 腳之波形,並記錄之。

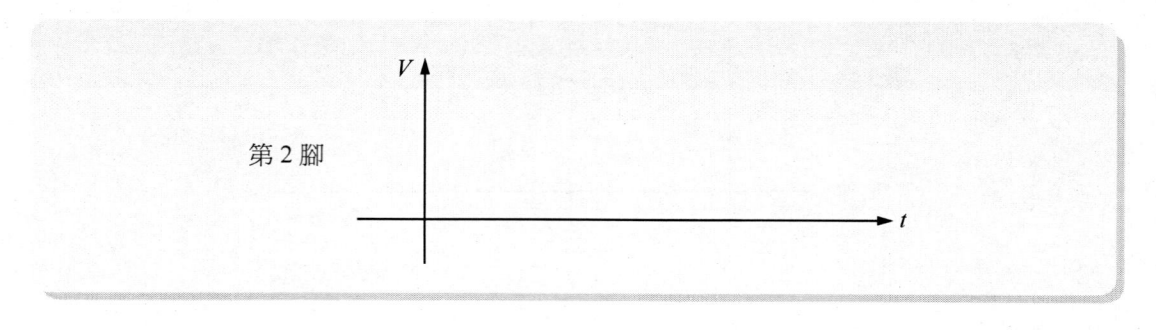

第 2 腳

第 3 腳

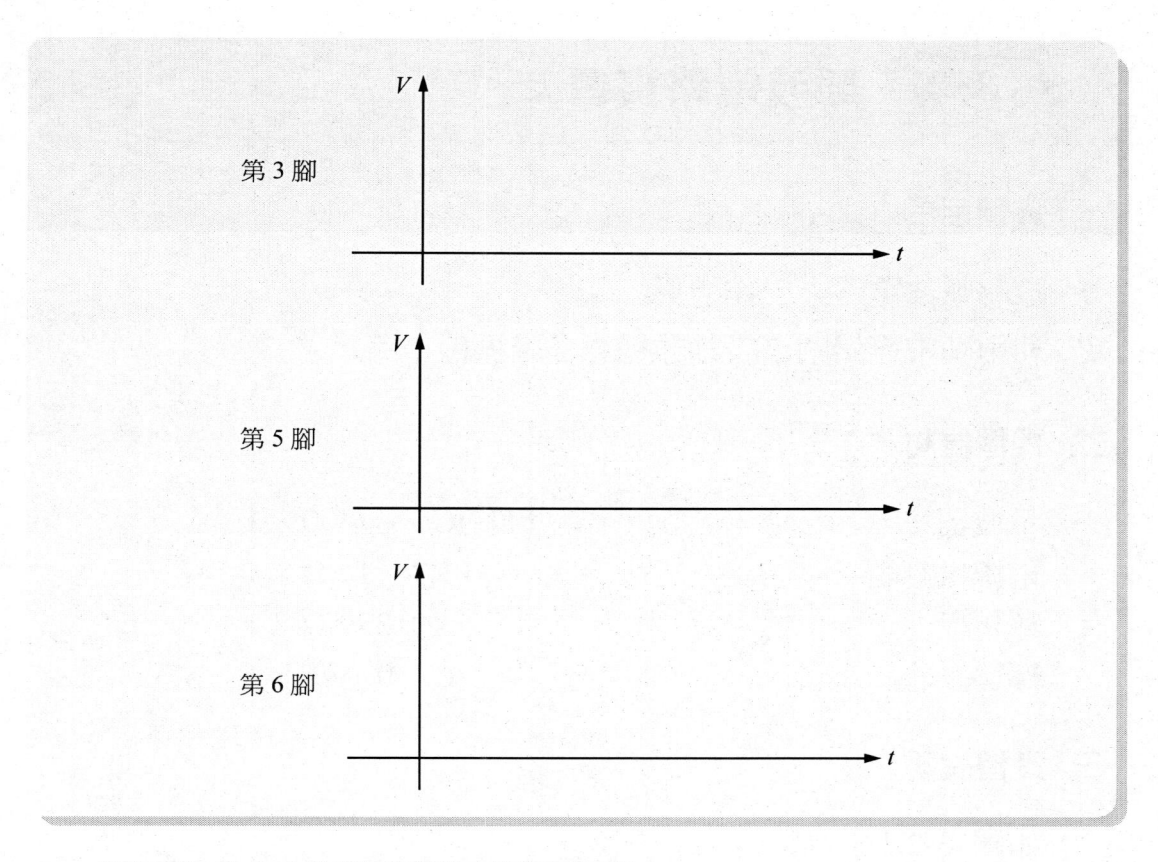

第 5 腳

第 6 腳

7. 利用公式求出振盪週期及振盪頻率。

$T=$ _____

$f=$ _____

## 五 結果與討論

1. 555 IC 可用來作計時振盪器，其電源供給範圍可由 5 V～15 V。
2. 555 IC 構成非穩態多諧振盪器之頻率為

$$f=\frac{1.44}{(R_1+2R_2)\cdot C_1}$$

3. 555 IC 構成單穩態多諧振盪器之週期為

$$T=1.1\cdot R_1\cdot C_1$$

## 3-2　脈波電路實習

### 一　實習目的

1. 瞭解脈波電路之工作情形。
2. 利用基本邏輯閘來設計非穩態多諧振盪電路。

### 二　實習器材

示波器　　　　　　　　TTL IC：　7400×1
電源供應器　　　　　　VR：　1 kΩ×1
麵包板　　　　　　　　R：330 Ω×1
導線少許　　　　　　　C：0.1 μF×1

### 三　實習說明

如圖 3-2.1 所示。

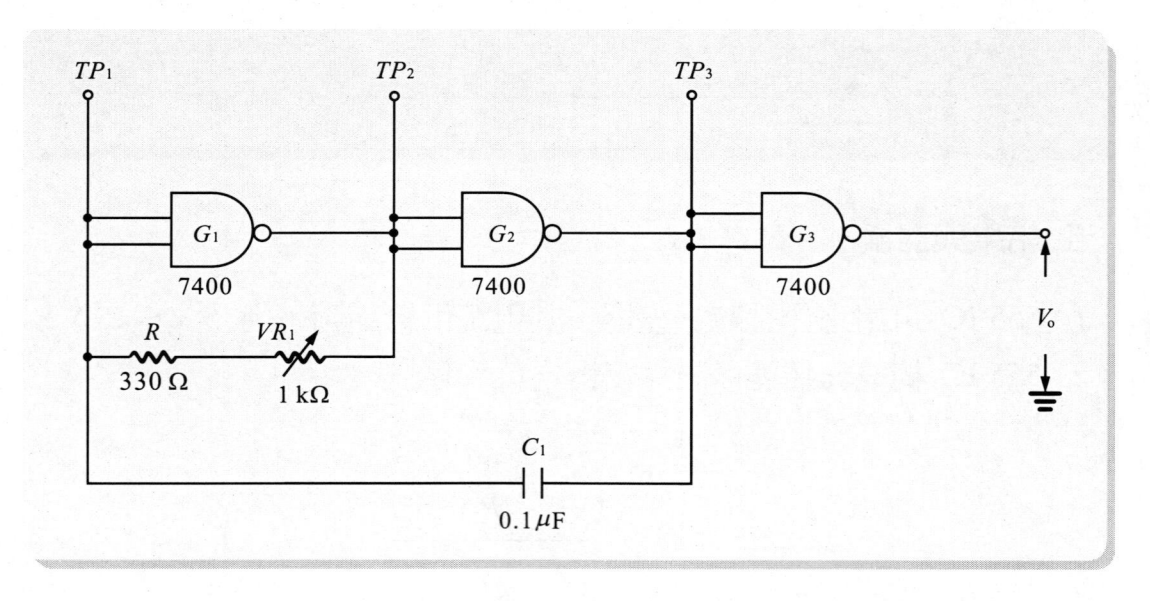

圖 3-2.1

利用 TTL IC 7400 所組成的非穩態多諧振盪器，在 NOT GATE（$G_1$）輸入與輸出間加電阻（$VR_1+R$），使 NOT GATE（$G_1$）工作於臨界電壓 $V_T$ 附近之動作區，由 $C_1$ 連接（$G_1$）輸入端與（$G_3$）輸入端，而構成一個非穩態多諧振盪器。

### 四 實習步驟

1. 連接圖 3-2.1。
2. 利用示波器觀察下列各點波形。

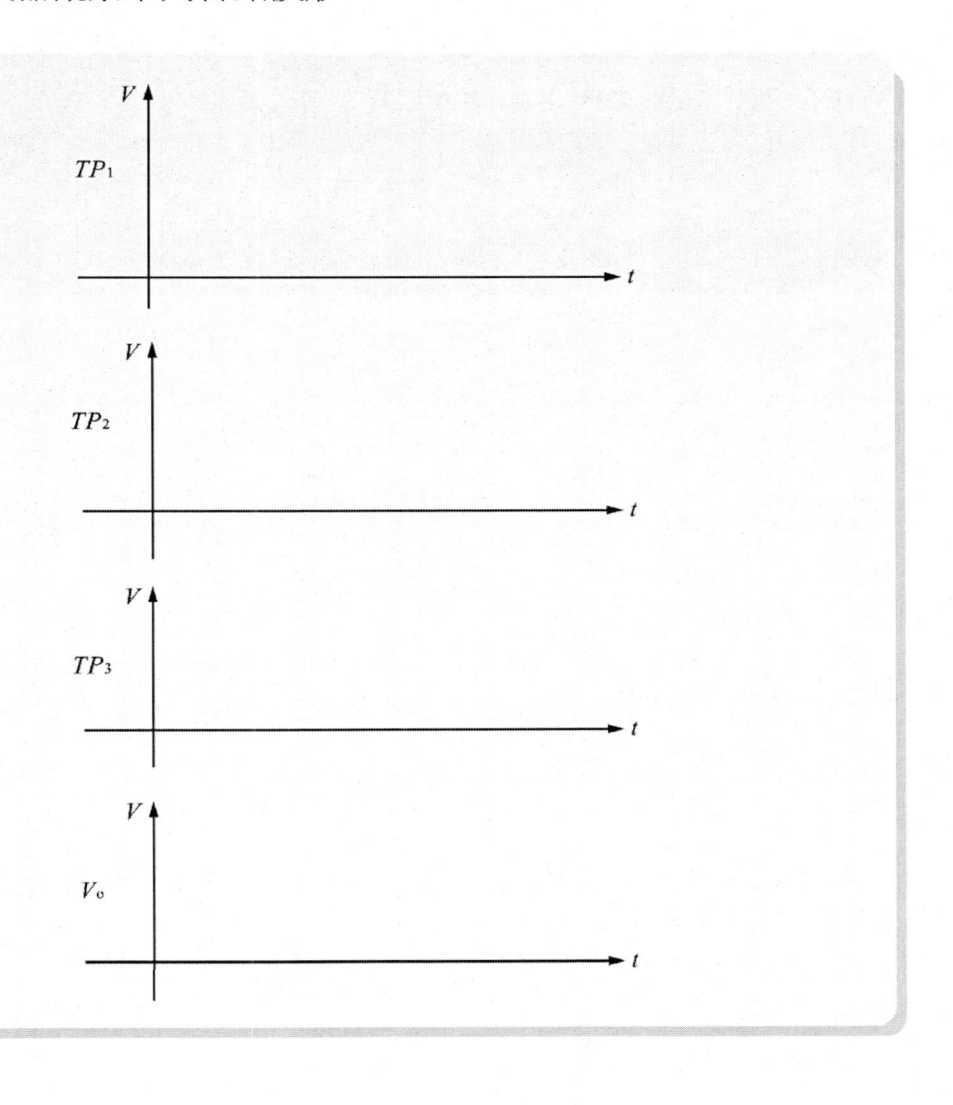

3. 調整 $VR_1$ 至最小，求其輸出波形之週期、頻率。

   $T=$ _____

   $f=$ _____

4. 調整 $VR_1$ 至最大，求其輸出波形之週期、頻率。

   $T=$ _____

   $f=$ _____

## 五 結果與討論

由實習得知，當 $VR_1$ 調至最小，其輸出頻率約 10.8 kHz，當 $VR_1$ 調至最大，其輸出頻率約 2.8 kHz。

## 3-3　單擊電路實習

### 3-3-1　不可連續觸發單擊電路實習

#### 一　實習目的

1. 瞭解不可連續觸發單擊之工作情形。
2. 利用基本邏輯閘組合一單穩態多諧振盪器。

#### 二　實習器材

示波器　　　　　　　　　　TTL IC：　7400×1
電源供應器　　　　　　　　$VR$：　1 kΩ×1
麵包板　　　　　　　　　　$R$：330 Ω×1
導線少許　　　　　　　　　$C$：0.1 μF×1

#### 三　實習說明

如圖 3-3-1.1 所示。

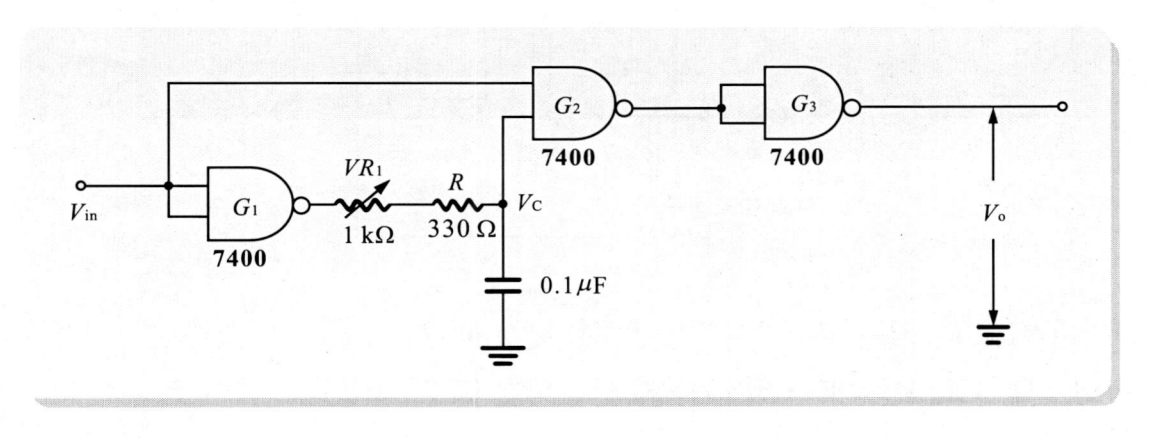

| 圖 3-3-1.1 |

利用 TTL IC 7400 與 $(VR_1 + R)C$ 線路連接組成一單穩態多諧振盪器。$G_2$ 與 $G_3$ 連接一起，相當於一個 AND GATE，此時信號從 $V_{in}$ 由 "Lo" 變 "Hi" 時，經 $G_1$ 反相後由 "Hi" 變成 "Lo"，此時信號經

過 $(VR_1+R)C$ 積分器，因此在 $G_2$ 的兩輸入端中，其一為 "Hi"，另一為 "Hi" 向 "Lo" 放電的信號，一開始輸出為 "Hi"，當電容 $C$ 放電至 "Lo" 時，輸出馬上變為 "Lo"，所以輸出就產生一個脈衝，脈衝的寬度則由 $(VR_1+R)$ 與 $C$ 充放電來決定。

## 四 實習步驟

1. 連接圖 3-3-1.1。
2. 1 kHz 頻率輸入，利用示波器來觀察電容器 $V_C$ 與輸出端（$V_o$）之波形。

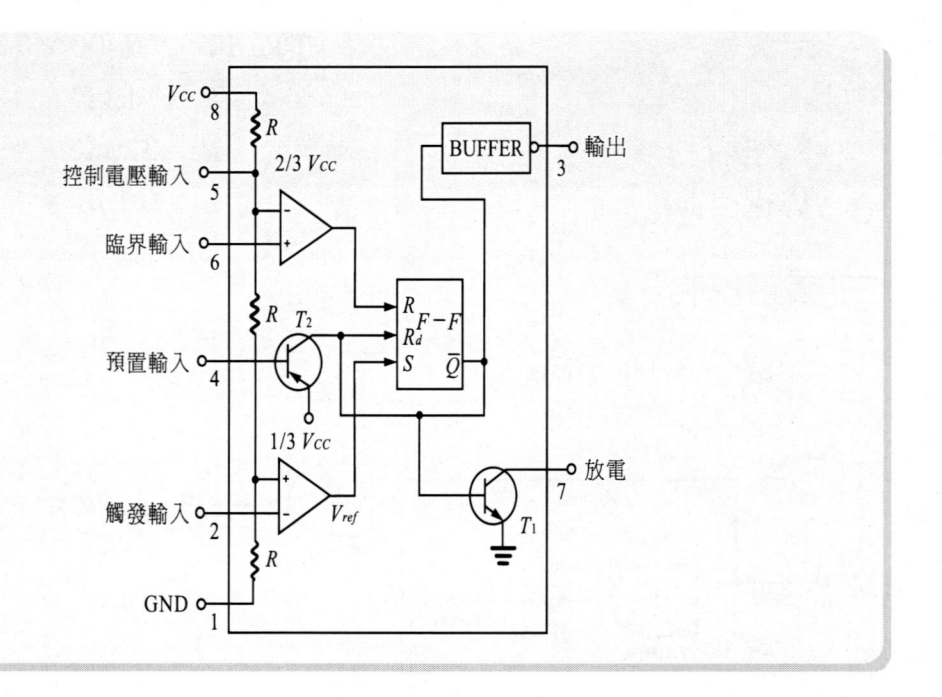

3. 當 $VR_1$ 調小時，其輸出脈衝寬度如何？
4. 當 $VR_1$ 調大時，其輸出脈衝寬度如何？

## 五 結果與討論

由以上實習結果，在 TTL IC 7400 中可得到 $50\,\mu S$ 至 $200\,\mu S$ 之間的脈衝，可由 $(VR_1+R)\cdot C$ 充放電來控制脈衝寬度。

$VR_1$ 調小時，因電容 $C$ 放電較快，所以脈衝寬度較窄；$VR_1$ 調大時，因電容 $C$ 放電較慢，所以脈衝寬度較寬。

### 3-3-2　可連續觸發單擊電路實習

#### 一　實習目的

1. 瞭解可連續觸發單擊電路之工作情形。
2. 利用 NOT GATE 來組成一可連續觸發單擊電路。

#### 二　實習器材

| | |
|---|---|
| 示波器 | TTL IC：　7405×1 |
| 電源供應器 | $VR$：　10 kΩ×1 |
| 麵包板 | $R$：　1 kΩ×1 |
| 導線少許 | 　　　2.2 kΩ×2 |
| | $C$：0.047 μF×1 |
| | 　　0.1 μF×1 |

#### 三　實習說明

由圖 3-3-2.1 所示。

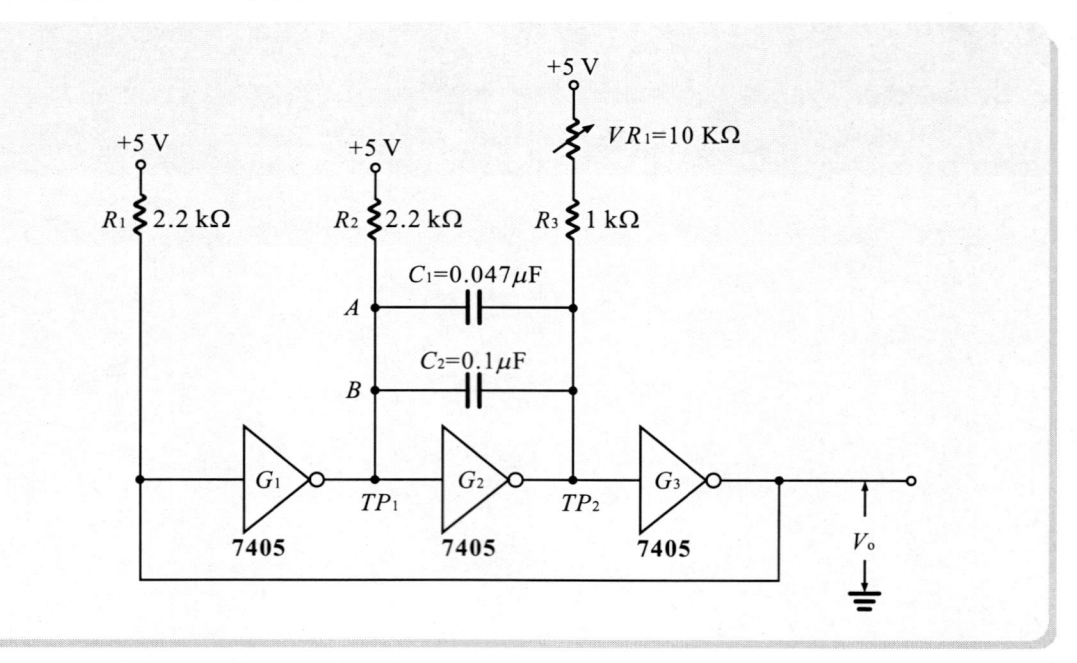

圖 3-3-2.1

此電路為一環狀振盪電路,因為其輸出端($V_o$)也接至輸入端,利用電容器充放電之故,使整個電路產生振盪,而可變電阻 $VR_1$ 之調整可使輸出($V_o$)為方波。

## 四 實習步驟

1. 連接圖 3-3-2.1。
2. 利用示波器來觀察 $TP_1$ 與 $TP_2$ 及 $V_o$ 之波形,並調整 $VR_1$,使輸出成為方波,並記錄各點之波形、週期、頻率。

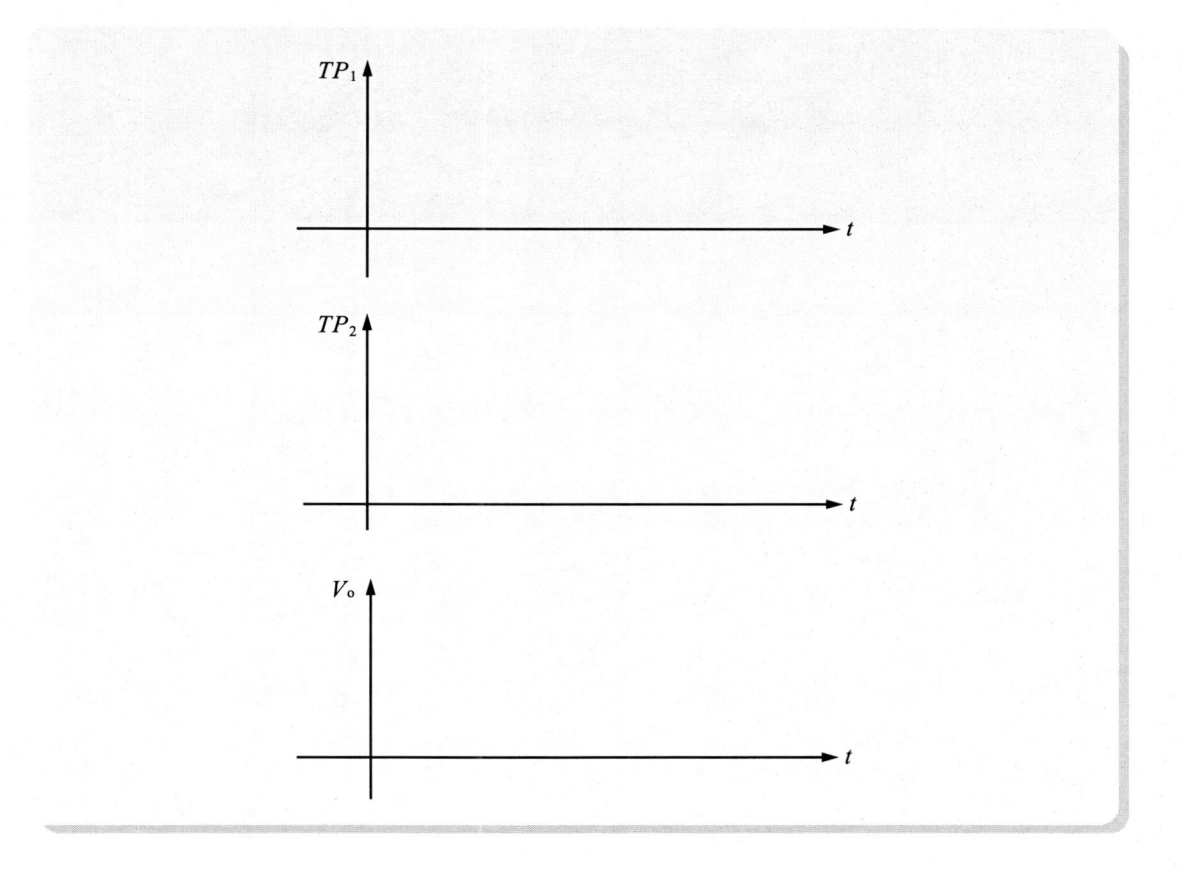

$T = \underline{\hspace{3cm}}$

$f = \underline{\hspace{3cm}}$

3. 將 A 點 0.047 $\mu$F 拔起。
4. 重複步驟 2.,並記錄之。

5. 將 A 點 0.047 μF 插上，B 點 0.1 μF 拔起。
6. 重複步驟2.，並記錄之。

## 五 結果與討論

　　由實習結果得知，電容值為 0.1 μF 時可以得到 8.8 kHz 之方波；電容值變成 0.047 μF 時可以得到 19 kHz 之方波。

## 3-4 石英晶體振盪器電路實習

### 一 實習目的

1. 瞭解如何利用石英晶體來產生精確的振盪頻率。
2. 利用 NAND GATE 配合石英晶體來組成一方波產生器。

### 二 實習器材

| | |
|---|---|
| 示波器 | TTL IC： 7400×1 |
| 電源供應器 | 石英晶體：3.58 MHz×1 |
| 麵包板 | $R$： 3.6 kΩ×2 |
| 導線少許 | $C$： 0.0022 μF×1 |

### 三 實習說明

圖 3-4.1 所示為一石英晶體振盪器電路。

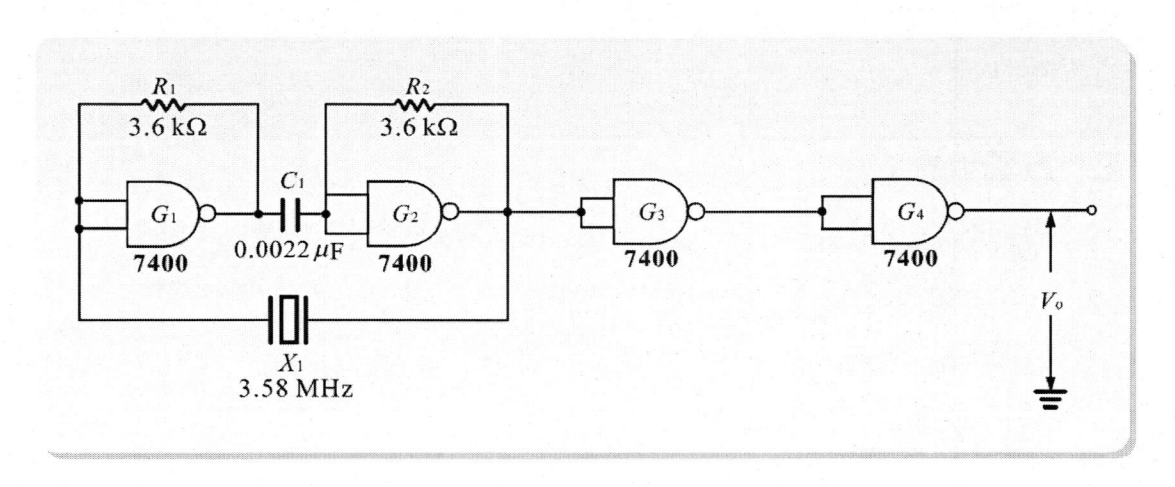

圖 3-4.1

由圖 3-4.2 所示為石英振盪晶體之等效電路。

由晶體等效電路可知有兩種諧振頻率，一種是 RLC 支路的 $X_C = X_L$，稱為低阻抗（$R$）串聯諧振，另一種為 RLC 之電抗等於 $C_M$ 之

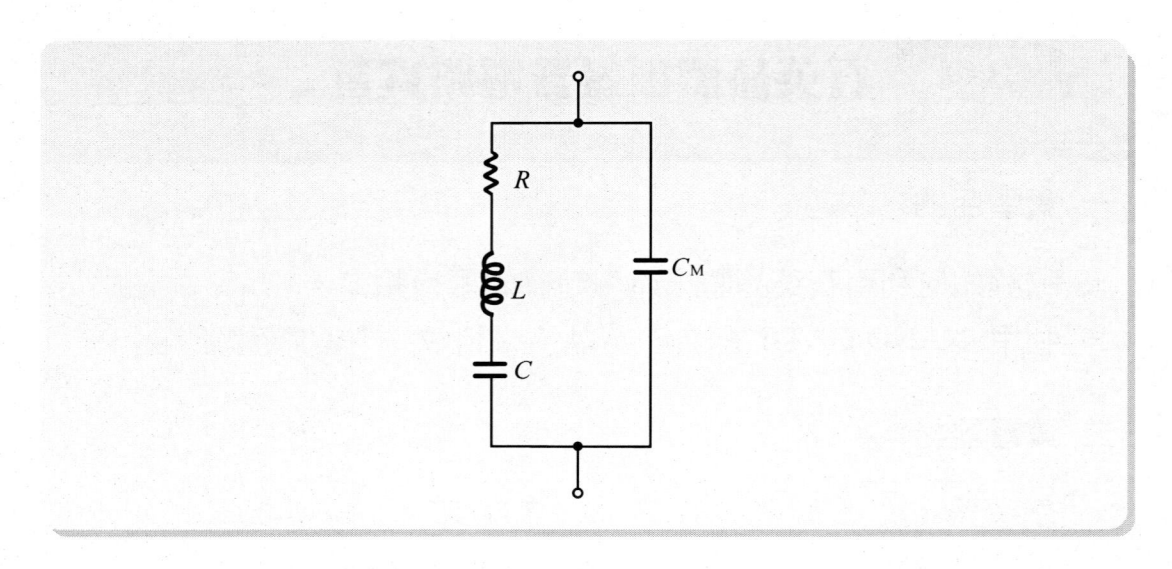

圖 3-4.2

電抗，稱為並聯諧振。

　　圖 3-4.1 為石英晶體振盪器，而 NAND GATE 之輸入與輸出特性是以臨界電壓為中心，具有"Hi"與"Lo"位階之非線性元件，若將 NAND GATE 之輸入與輸出之間連接電阻，則可形成極線性元件，而且速度快，可作為振盪器回授用，石英晶體振盪器之頻率是以晶體本身振盪決定。

## 四 實習步驟

1. 連接圖 3-4.1。
2. 利用示波器觀察輸出波形，並記錄之。
3. 如果示波器看不出其精確頻率，請用計頻器測量輸出（$V_o$），其值是否接近 3.58 MHz？

$V_o$ vs $t$ 座標圖

## 五 結果與討論

　　由圖 3-4.1 所接的振盪電路，其測得極為接近 3.58 MHz 之頻率。如果用計頻器來測量之，其振盪頻率誤差僅十幾 Hz，所以可用石英振盪電路來作數位電路之計時脈波。

## 3-5 樞密特觸發電路實習

### 一 實習目的

1. 瞭解如何利用邏輯閘來組成樞密特觸發電路之工作情形。
2. 瞭解樞密特觸發電路之功能。

### 二 實習器材

| | |
|---|---|
| 示波器 | TTL IC： 7400×1 |
| 信號產生器 | $D$： 1N4148×1 |
| 電源供應器 | $VR$： 1 kΩ×1 |
| 麵包板 | $R$： 330 Ω×1 |
| 導線少許 | 620 Ω×1 |
| | 2.7 kΩ×1 |

### 三 實習說明

圖 3-5.1 所示為一樞密特觸發電路。

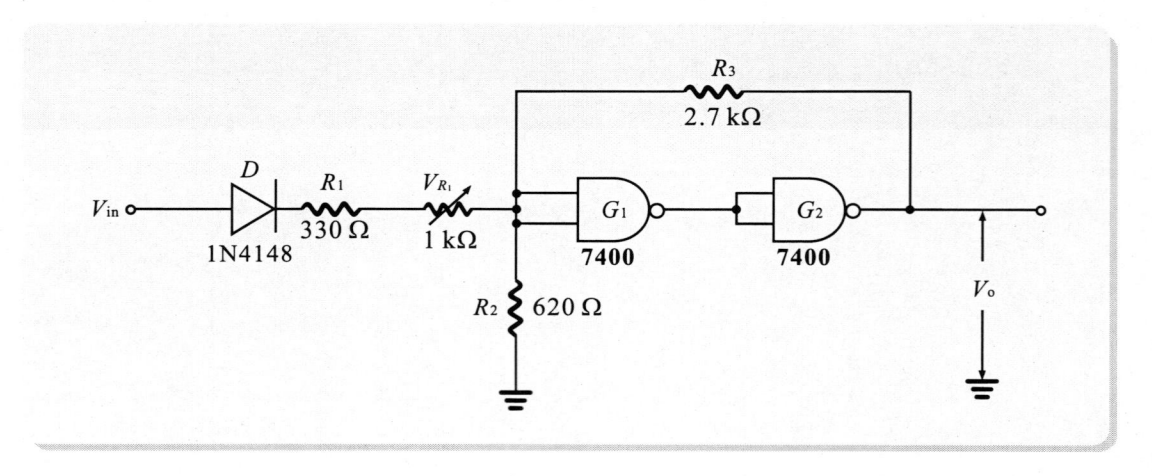

圖 3-5.1

由邏輯閘組成的樞密特觸發電路，其主要就是將在電路中之信號波形急劇升高或降低，在傳送時會發生失真波，所以需要樞密特觸發電路加以整形。

如圖 3-5.1 的輸入信號要先經檢波二極體，將負壓除去再送入樞密特觸發電路的輸入端，當輸入端由低電壓慢慢升高時，而達到某一點使 $G_1$ 之輸出端變 "Lo"，$G_2$ 之輸出端變 "Hi"，經由 $R_3$ 電阻，而使 $G_1$ 輸入端變為更 "Hi"，如果此時輸入信號開始降低，並不會使該電路發生變化，除非降低到使 $G_1$ 之輸出端變 "Hi"，因此可使得 $G_1$ 之輸入更低於輸入信號。

由上述之輸入信號有兩個轉換點，一個稱為上轉換電壓 $V_U$（U：Upper），另一個稱為下轉換電壓 $V_L$（L：Lower），而兩點之間稱為磁滯電壓 $V_H$，如圖 3-5.2 所示。

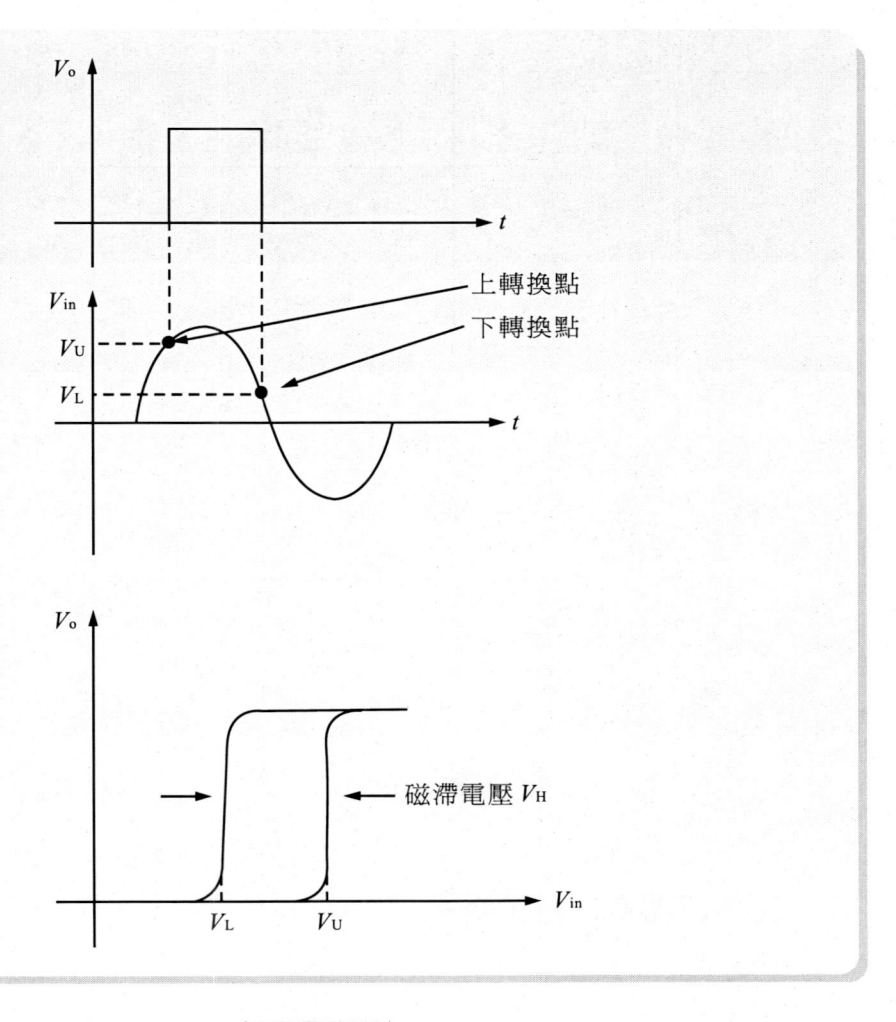

圖 3-5.2

我們可利用公式來計算磁滯電壓的寬度

$$V_H\,(磁滯電壓) = \frac{R_1 + V_{R_1}}{R_3} \cdot V_{CC}$$
$$= V_U - V_L$$

### 四 實習步驟

1. 連接圖 3-5.1。
2. 利用信號產生器 ±10 $V_{p-p}$ 之正弦波,其頻率為 1 kHz。
3. 利用示波器觀察輸入信號與輸出信號之波形,並將之繪出。

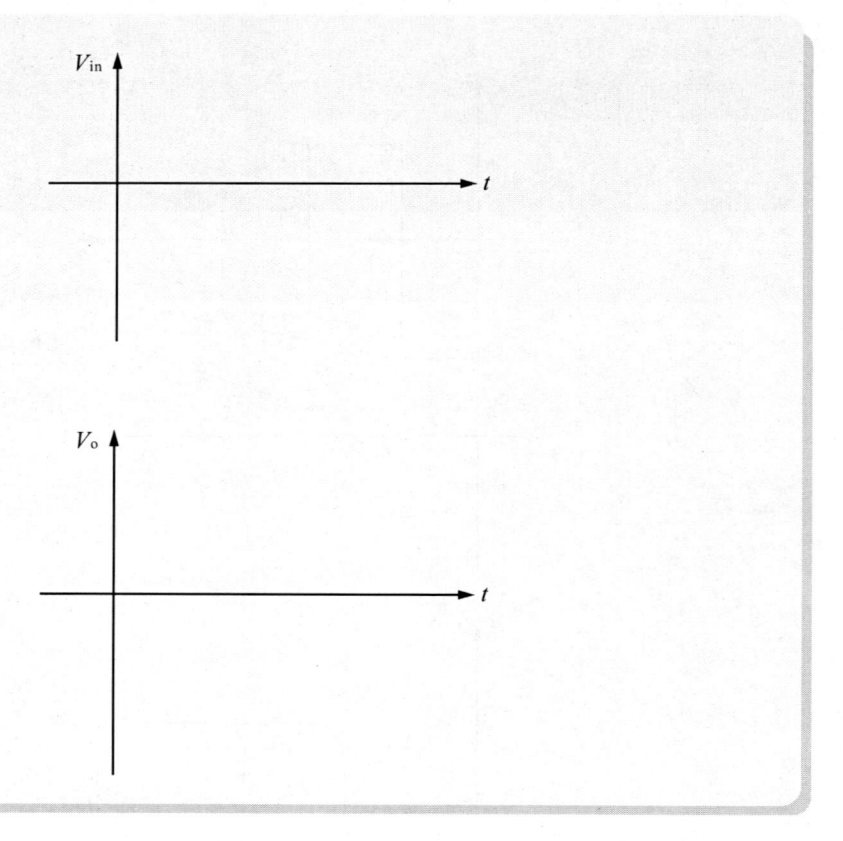

4. 將 $VR_1$ 調至最小,若定 $V_U$ 為上轉換電壓,$V_L$ 為下轉換電壓,利用示波器看出其值為多少?

$V_U = $ _____

$V_L = $ _____

$$V_H = V_U - V_L = \underline{\qquad\qquad}$$

5. 將 $VR_1$ 調至最大，重複步驟 4.。

$$V_U = \underline{\qquad\qquad}$$
$$V_L = \underline{\qquad\qquad}$$
$$V_H = V_U - V_L = \underline{\qquad\qquad}$$

6. 將 $VR_1$ 調至中心值，重複步驟 4.。

$$V_U = \underline{\qquad\qquad}$$
$$V_L = \underline{\qquad\qquad}$$
$$V_H = V_U - V_L = \underline{\qquad\qquad}$$

## 五 結果與討論

由此實習，可發現所測得之 $V_H$ 值與理論值很接近。

## 3-6 問題討論

1. 試設計一電路，當按下定時開關之後，即有 30 秒之時間，定時器輸出維持在 Low，而此週期過後輸出即維持在 High，不再改變。

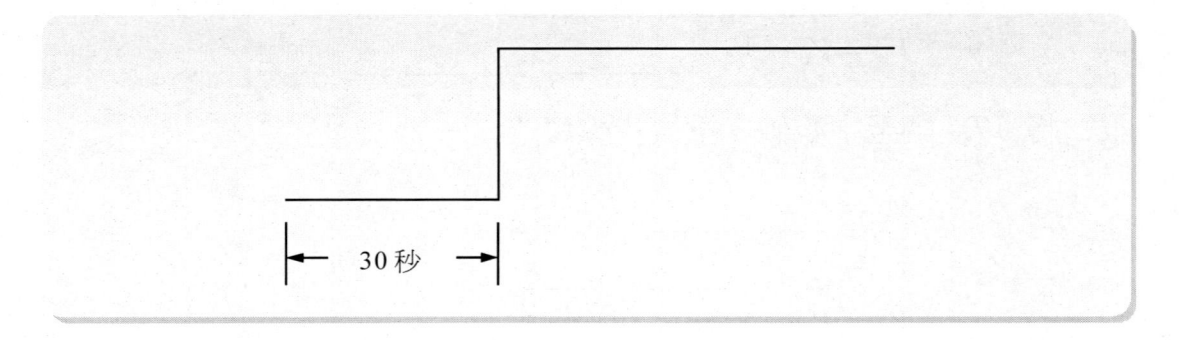

|← 30 秒 →|

2. 試設計利用兩個單穩態觸發電路，構成兩個觸發週期 30 秒的電路。

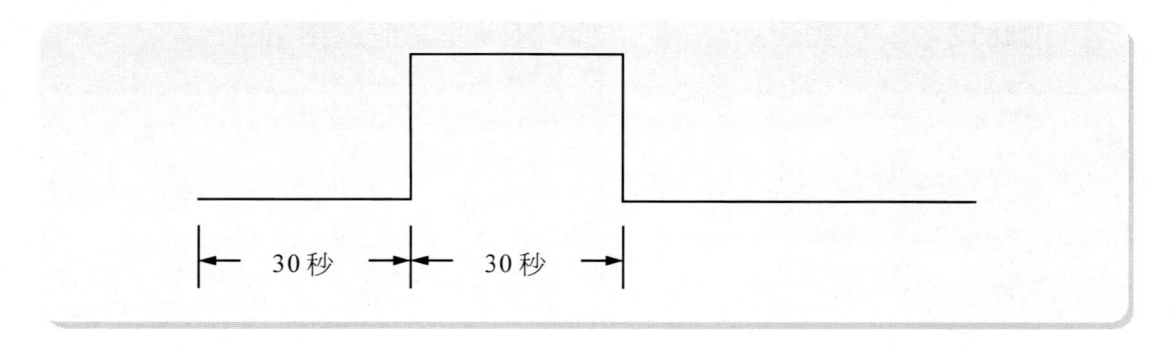

|← 30 秒 →|← 30 秒 →|

3. 試設計一電路，利用一個光電晶體，當光照射時，其電路輸出為 Low，當未被光照射時，其輸出為 High。

# 第四章 序向邏輯實習

4-1　基本正反器實習　116

　　4-1-1　S-R 正反器實習　116
　　4-1-2　J-K 正反器實習　120
　　4-1-3　D 型正反器實習　124
　　4-1-4　T 型正反器實習　128

4-2　主奴式 J-K 正反器實習　131

4-3　邊緣觸發式 J-K 正反器實習　136

4-4　非同步二進制計數器實習　140

4-5　同步二進制計數器實習　146

4-6　BCD 計數器實習　149

4-7　上／下數計數器實習　154

4-8　除 N 計數器實習　159

4-9　時相電路實習　166

　　4-9-1　環計數器實習　166
　　4-9-2　強生計數器實習　170

4-10　序向電路設計　177

4-11　問題討論　187

## 4-1　基本正反器實習

### 4-1-1　S-R 正反器實習

**一　實習目的**

1. 瞭解 S-R 正反器之組成及工作原理。
2. 瞭解 7400 的使用。

**二　實習器材**

電源供應器　　　　　　　　TTL IC： 7400×1
麵包板　　　　　　　　　　發光二極體： LED×2
導線少許　　　　　　　　　$R$： 330 Ω×2

**三　實習說明**

　　正反器（Flip-Flop，簡稱 F-F）是根據輸入狀態來轉換狀態，在接受到另外的操作脈波以前，先將其 S-R 的輸入狀態予以設定，此種具有指令操作的脈波，在數位系統中稱為時序脈波（CLOCK）。

　　圖 4-1-1.1 所示為一有時序脈波的 S-R F-F，它可被分成兩部分，

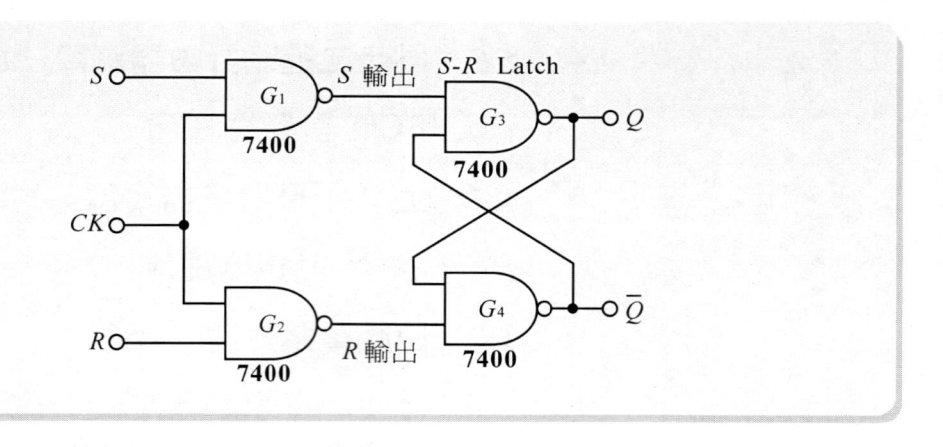

圖 4-1-1.1

一部分由 $G_3$ 與 $G_4$ 組成，另一部分由 $G_1$ 與 $G_2$ 組成，由圖知時序脈波同時輸入至 $G_1$、$G_2$，控制了 S 與 R 的輸出狀態，則可控制 R-S Latch 的輸入狀態。

若 $S=1$、$R=0$ 時，則當 CK（CLOCK 簡稱）為 Hi 時，$G_1$ 與 $G_2$ 將分別輸出 0、1，並作為 S-R Latch 中 S、R 的輸入，最後將導致 $Q=1$，$\overline{Q}=0$。

若 $S=0$、$R=1$ 時，則當 CK 為 Hi 時，$G_1$ 與 $G_2$ 將分別輸出 1、0，並作為 S-R Latch 中 S、R 的輸入，最後將導致 $Q=0$，$\overline{Q}=1$。

若 $S=R=0$ 時，則當 CK 為 Hi 時，$G_1$ 與 $G_2$ 將保持為 Hi 輸出（若 CK 為 Lo 時亦同），使得 S-R Latch 保持原來的狀態；若 $S=R=1$ 時 1，則當 CK 為 Hi 時，$G_1$ 與 $G_2$ 均輸出 Lo 狀態，並作為 S-R Latch 的輸入，此時產生無法預測的狀態，因此 S-R F-F 應避免 S 與 R 同時為 Hi 的情形發生。表 4-1-1.1 為 S-R F-F 的真值表，當 $S=R=0$ 時，則其輸出 $Q_{n+1}$ 經過 CK（CLOCK）後仍為 $Q_n$，與以前的狀態相同。

| 表 4-1-1.1 |

| S-R F-F 真值表 |||
|:---:|:---:|:---:|
| S | R | $Q_{n+1}$ |
| 0 | 0 | $Q_n$ |
| 0 | 1 | 0 |
| 1 | 0 | 1 |
| 1 | 1 | ? |

## 四 實習步驟

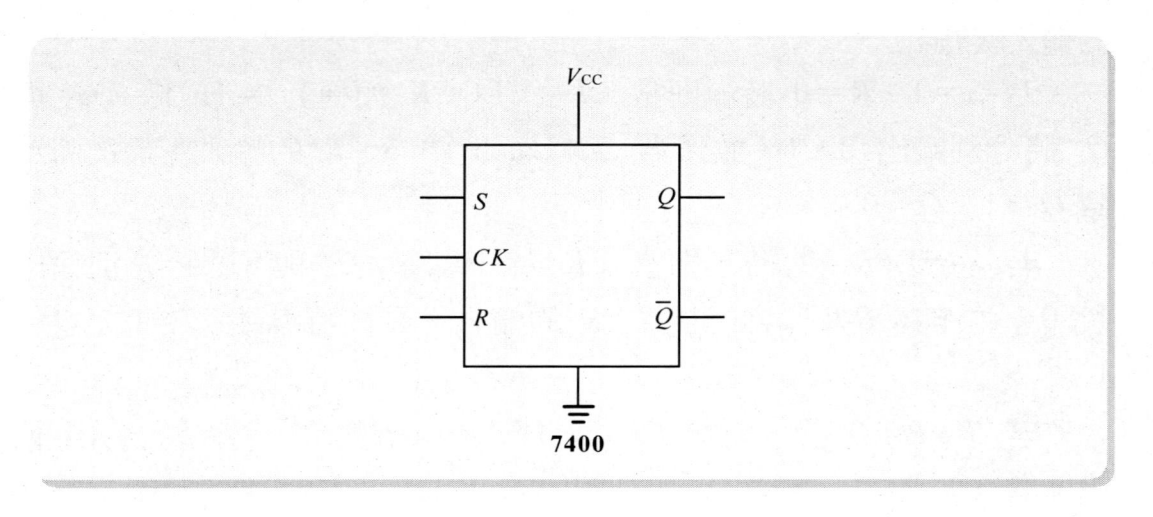

圖 4-1-1.2

1. 按圖 4-1-1.1 連接電路，構成圖 4-1-1.2 之 S-R F-F，並將電源供給 +5 V 固定電壓。
2. 將輸出端 $Q$ 及 $\overline{Q}$ 分別接 LED 及限流電阻。
3. 依表 4-1-1.2 所示，加入 Hi、Lo 信號，觀察結果填入空格中。

表 4-1-1.2

| I/P | | | O/P | |
|---|---|---|---|---|
| *S* | *R* | *CK* | *Q* | $\overline{Q}$ |
| 0 | 0 | 0 | | |
| 0 | 0 | 1 | | |
| 0 | 0 | 0 | | |
| 0 | 1 | 0 | | |
| 0 | 1 | 1 | | |
| 0 | 1 | 0 | | |
| 1 | 0 | 0 | | |
| 1 | 0 | 1 | | |
| 1 | 0 | 0 | | |

## 五 結果與討論

　　由表 4-1-1.2 的實習知，唯有 *CK* 為 Hi 時，*S-R F-F* 中 Latch 的輸出才會改變，且由實習中驗證了 *S-R F-F* 的真值表。

## 4-1-2　*J-K* 正反器實習

### 一　實習目的

1. 瞭解 *J-K* 正反器之工作原理。
2. 瞭解 7476 的使用。

### 二　實習器材

示波器　　　　　　　　　TTL IC： 7476×1
信號產生器　　　　　　　發光二極體： LED×2
電源供應器　　　　　　　$R$：330 $\Omega$×2
麵包板
導線少許

### 三　實習說明

　　*J-K F-F* 與 *S-R F-F* 很類似，僅有一點不同，當兩輸入同時為 Hi，*J-K F-F* 的輸出狀態會反相，可避免 *S-R F-F* 之不確定狀態。

　　*J-K F-F* 有兩種基本的觸發型式：

1. **邊緣觸發**（Edge Triggering）式：
在預定的時序脈波轉變時，將輸入信號傳送到輸出。
2. **主奴觸發**（Master/Slave Triggering）式：
在時序脈波為 Hi 時，將輸入資料取樣，等到時序脈波之**負緣**（後緣），才將其傳送到輸出。

　　註：採用主奴觸發式，在時序脈波為 Hi 的期間，輸入信號不能變化。

實習中採用邊緣觸發式，使用的 TTL IC 7476 是以負緣來觸發 *F-F*，表 4-1-2.1 為其真值表。

表 4-1-2.1

| J-K F-F 真值表 |||||||
|---|---|---|---|---|---|---|
| I/P |||||  O/P ||
| PR | CL | CK | J | K | $Q_{n+1}$ | $\overline{Q}_{n+1}$ |
| 0 | 1 | × | × | × | 1 | 0 |
| 1 | 0 | × | × | × | 0 | 1 |
| 0 | 0 | × | × | × | 1 | 1 |
| 1 | 1 | ↓ | 0 | 0 | $Q_n$ | $\overline{Q}_n$ |
| 1 | 1 | ↓ | 0 | 1 | 0 | 1 |
| 1 | 1 | ↓ | 1 | 0 | 1 | 0 |
| 1 | 1 | ↓ | 1 | 1 | $\overline{Q}_n$ | $Q_n$ |

J-K F-F 的工作情形如下：

1. 當 $PR=0$、$CL=1$ 時，不管其他輸入為何，則必使 $Q=1$、$\overline{Q}=0$。
2. 當 $PR=1$、$CL=0$ 時，不管其他輸入為何，則必使 $Q=0$、$\overline{Q}=1$。
3. 當 $PR=CL=0$ 時，則 $Q=\overline{Q}=1$。
4. 當 $PR=CL=1$ 且 $J=K=0$ 時，CK 觸發後仍使輸出保持原有狀態（$Q_n$）。
5. 當 $J=0$、$K=1$ 時，經過觸發後使 $Q=0$、$\overline{Q}=1$。
6. 當 $J=1$、$K=0$ 時，經過觸發後使 $Q=1$、$\overline{Q}=0$。
7. 當 $J=K=1$ 時，每經過一次觸發後，輸出便改變狀態（$\overline{Q}_n$）。

### 四 實習步驟

1. 按圖 4-1-2.1 接線，電源供給＋5 V 固定電壓。
2. 依表 4-1-2.2 所示，加入 Hi、Lo 信號，輸出 $Q$ 及 $\overline{Q}$ 分別接 LED 及限流電阻，觀察結果填入空格中。

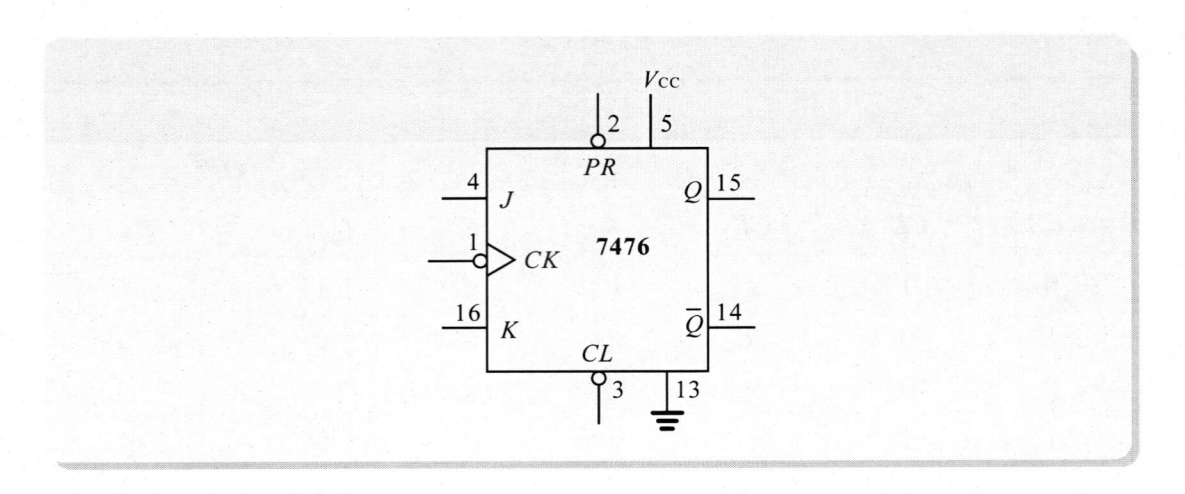

圖 4-1-2.1

表 4-1-2.2

| I/P | | | O/P | |
|---|---|---|---|---|
| J | K | CK | Q | $\overline{Q}$ |
| 0 | 0 | ⎍ | | |
| 0 | 1 | ⎍ | | |
| 1 | 0 | ⎍ | | |
| 1 | 1 | ⎍ | | |

註：CK 以 ⎍ 表示將準位由 Lo 至 Hi，再由 Hi 至 Lo，
且 J-K F-F 在負緣（後緣）觸發。

3. 步驟 2. 中，輸出產生變化是在 CK 的正緣（前緣）或負緣（後緣）？

4. 將 CK 改接至信號產生器（TTL LEVEL）調至 60 Hz 處，並使 $PR=CL=J=K=1$，利用雙軌跡示波器觀察輸出與 CLOCK 之關係，並將其描在下圖。

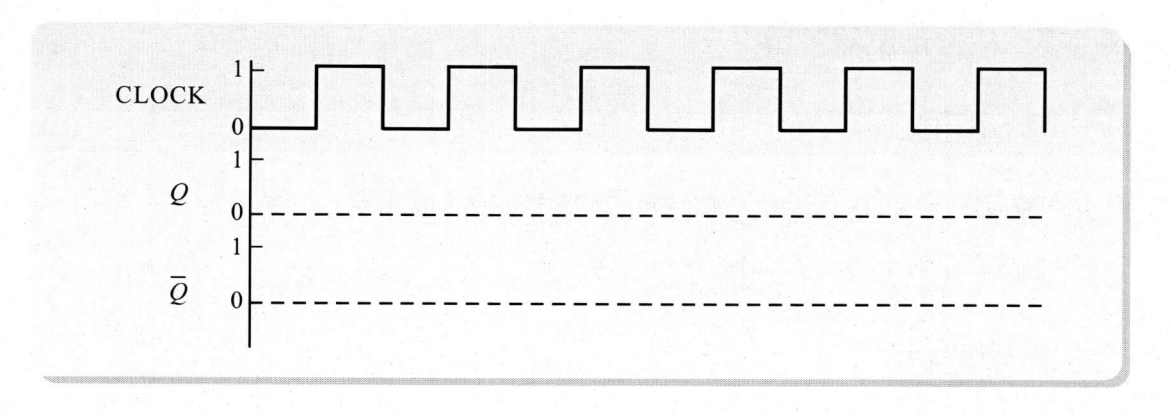

5. 此時 CLOCK 之頻率為 60 Hz，則 $Q$ 與 $\overline{Q}$ 之輸出頻率為何？

## 五 結果與討論

　　由以上的實習，可清楚的瞭解 J-K F-F 的工作情形，及其真值表所代表的意義，在步驟 4. 中將得到 30 Hz 的輸出頻率，因此，J-K F-F 可做為除頻器使用，若串聯 $n$ 級 J-K F-F，則可得到除以 $2^n$ 的除頻器。

### 4-1-3　$D$ 型正反器實習

**一 實習目的**

1. 瞭解 $D$ 型正反器之工作原理及其功能應用。
2. 瞭解 7474 或 74109 的使用。

**二 實習器材**

| | |
|---|---|
| 電源供應器 | TTL IC： 7474×1 或 74109×1 |
| 麵包板 | 發光二極體： LED×2 |
| 導線少許 | $R$：330 Ω×2 |

**三 實習說明**

$D$ 型 $F\text{-}F$（正反器）與 $D$ Latch（栓）均為僅有單一輸入（$D$）之雙穩態記憶電路，常用來做為資料儲存及記錄器之用。此單一輸入可由基本之 $S\text{-}R$ $F\text{-}F$ 輸入加上一個反相器，以確保 $S$ 與 $R$ 為相反之狀態，避免產生競賽的情況。

由單一輸入（$D$）之邏輯位準會傳送到記憶元件的輸出端，然而結果雖然一樣，但傳送的方式卻不相同，而 $D$ 型 $F\text{-}F$ 與 $D$ Latch 傳送的方式區分如下：

1. $F\text{-}F$：當時序脈波輸入邊緣信號（由一邏輯位準轉為另一邏輯位準時），輸入之邏輯位準才會傳送到輸出端。
2. Latch：當適當之邏輯位準加在致能（Enable）時，輸入之任何資料變化均會傳送到輸出端。

$D$ Latch 是一修改過之 $S\text{-}R$ Latch（加一反相器），可避免產生競賽的情況。圖 4-1-3.1 所示為 $D$ 型 $F\text{-}F$ 與 $D$ Latch，而表 4-1-3.1 為 $D$ 型 $F\text{-}F$ 之真值表。

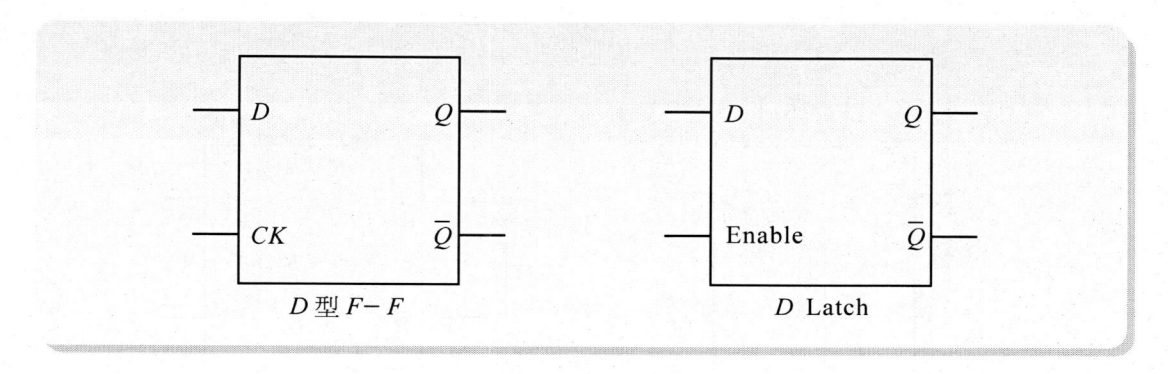

圖 4-1-3.1

表 4-1-3.1

| D 型 F-F 真值表 |||||| 
|---|---|---|---|---|---|
| I/P |||| O/P ||
| PR | CL | CK | D | Q | $\overline{Q}$ |
| 0 | 1 | × | × | 1 | 0 |
| 1 | 0 | × | × | 0 | 1 |
| 0 | 0 | × | × | 1 | 1 |
| 1 | 1 | ↑ | 0 | 0 | 1 |
| 1 | 1 | ↑ | 1 | 1 | 0 |

## 四 實習步驟

1. 按圖 4-1-3.2 (a) 或 (b) 接線，電源供給 +5 V 固定電壓。
2. 將輸出端 $Q$ 及 $\overline{Q}$ 分別接 LED 及限流電阻。
3. 將 PR 接 Lo，CL 接 Hi，此時輸出 $Q$ 為_____；將 PR 接 Hi，CL 接 Lo，此時輸出 $Q$ 為_____。
4. 將 PR 及 CL 均接 Hi，依表 4-1-3.2 所示的輸入情況，記錄其對應的輸出狀態於空格中。

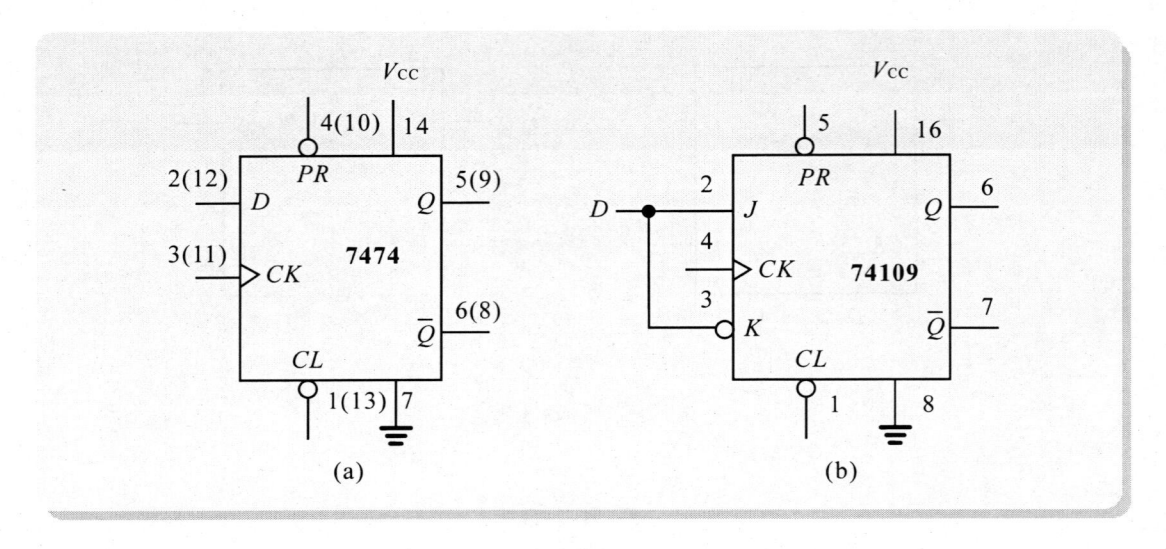

圖 4-1-3.2

表 4-1-3.2

| I/P | | O/P | |
|---|---|---|---|
| **D** | **CK↑** | **Q** | **$\overline{Q}$** |
| 0 | 0 | | |
| 0 | 0→1 | | |
| 0 | 1 | | |
| 1 | 1 | | |
| 1 | 1→0 | | |
| 1 | 0 | | |
| 1 | 0→1 | | |
| 1 | 1 | | |
| 0 | 1 | | |
| 0 | 1→0 | | |
| 0 | 0 | | |
| 0 | 0→1 | | |
| 0 | 1 | | |

5. 依表 4-1-3.2 畫出時序波形圖於圖 4-1-3.3。

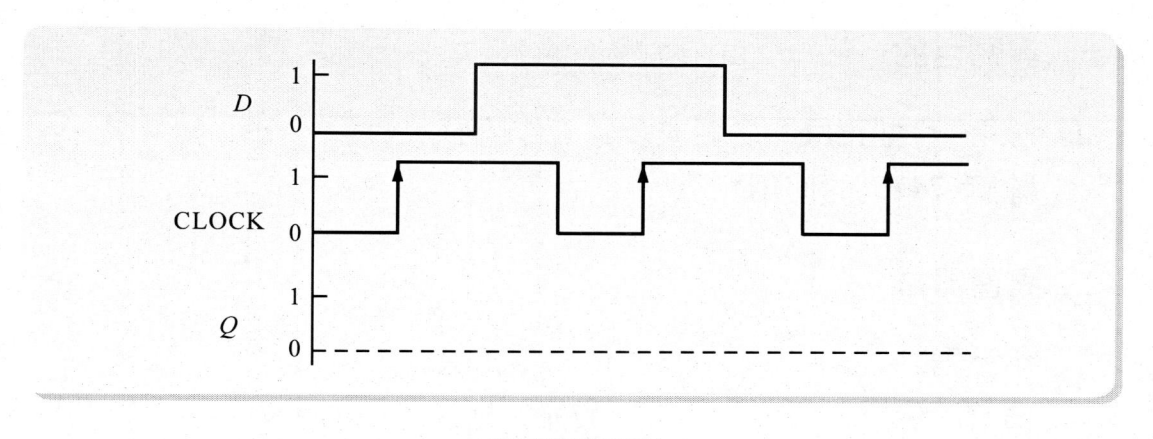

圖 4-1-3.3

## 五 結果與討論

　　TTL 中之 7474 是一個"正緣觸發的 D 型正反器"，每個包裝都具有兩個相同的正反器，並具有各別的預設、清除及時脈的功能。

　　TTL 中之 74109 是一個"正緣觸發的 J-$\overline{K}$ 型正反器"（參考圖 4-1-3.2(b) 的輸入），每個包裝都具有兩個相同的正反器，並具有各別的預設、清除及時脈的功能。

　　由圖 4-1-3.3 中可知：若 D 輸入為"0"時，當第一個 CLOCK 進來後，輸出仍為"0"；若 D 輸入為"1"時，當第二個 CLOCK 進來後，輸出則由"0"轉變為"1"；若 D 輸入為"0"時，當第三個 CLOCK 進來後，輸出則由"1"轉變為"0"。由上面的實習可知，D 型正反器就如同記錄輸入狀態 D（Data：資料），因此 D 型正反器常用來做資料儲存及記錄器之用。

### 4-1-4　T型正反器實習

#### 一　實習目的

1. 瞭解 T 型正反器之組成及其工作情形。
2. 瞭解 7476 的使用。

#### 二　實習器材

示波器　　　　　　　　　TTL IC：　7476×1
信號產生器　　　　　　　發光二極體：　LED×2
電源供應器　　　　　　　$R$：330 Ω×2
麵包板
導線少許

#### 三　實習說明

　　T 型 F-F 實際上是 J-K F-F 之一特殊用法，它利用當 $J=K=$Hi 時，J-K F-F 的輸出會隨著時序脈波轉態的此一特性。事實上並沒有 T 型 F-F 的 IC，實際上是利用 J-K F-F 接成，在實驗中利用 TTL 的 7476。

　　表 4-1-4.1 所示為 T 型 F-F 的真值表，當 T 輸入為 Lo 時，不管正反器如何被觸發，輸出維持不變；當 T 輸入為 Hi 時，則正反器的輸出隨時序脈波（CK）的觸發而改變狀態。

表 4-1-4.1

<table>
<tr><th colspan="5">T 型 F-F 真值表</th></tr>
<tr><th colspan="4">I/P</th><th>O/P</th></tr>
<tr><th>PR</th><th>CL</th><th>CK</th><th>T</th><th>$Q_{n+1}$</th></tr>
<tr><td>0</td><td>1</td><td>×</td><td>×</td><td>1</td></tr>
<tr><td>1</td><td>0</td><td>×</td><td>×</td><td>0</td></tr>
<tr><td>0</td><td>0</td><td>×</td><td>×</td><td>1</td></tr>
<tr><td>1</td><td>1</td><td>↓</td><td>0</td><td>$Q_n$</td></tr>
<tr><td>1</td><td>1</td><td>↓</td><td>1</td><td>$\overline{Q_n}$</td></tr>
</table>

### 四 實習步驟

1. 按圖 4-1-4.1 接線，電源供給 +5 V 固定電壓。

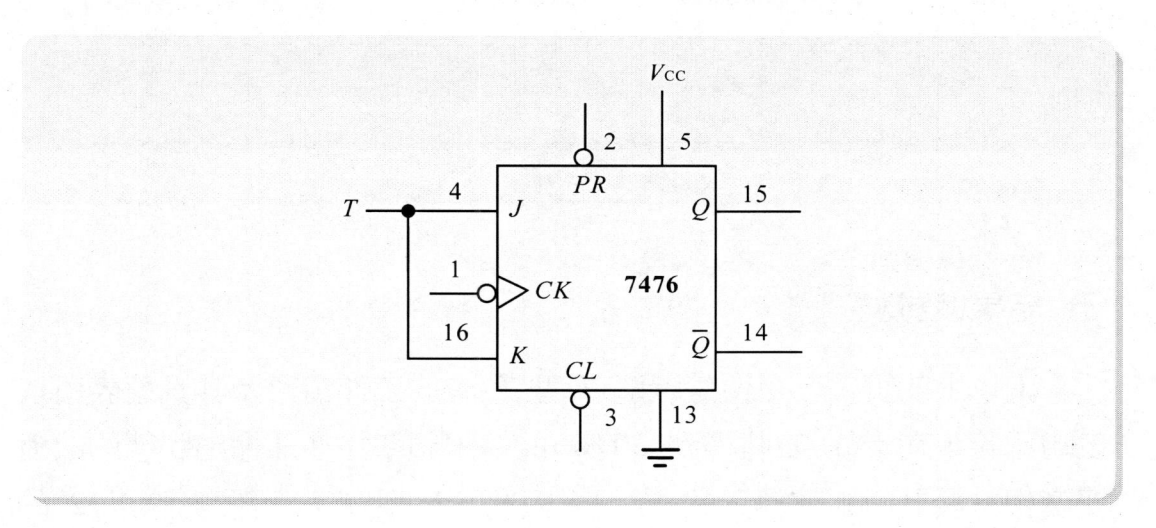

圖 4-1-4.1

2. 將輸出端 $Q$ 及 $\overline{Q}$ 分別接 LED 及限流電阻。
3. 當 $PR=0$、$CL=1$，則 $Q=$＿＿＿＿、$\overline{Q}=$＿＿＿＿。
4. 當 $PR=1$、$CL=0$，則 $Q=$＿＿＿＿、$\overline{Q}=$＿＿＿＿。
5. 當 $PR=CL=0$，則 $Q=$＿＿＿＿、$\overline{Q}=$＿＿＿＿。

6. 當 $PR=CL=T=1$，並使 $CK$ 由 0 變 1 再變回 0 數次，看輸出的變化情形並記錄下來。
7. 當 $PR=CL=1$、$T=0$，並使 $CK$ 由 0 變 1 再變回 0 數次，看輸出有何變化發生？
8. 時脈（$CK$）端用信號產生器以脈波輸入，重複步驟 6.、7.，是否得到相同的結果？
9. 當 $PR=CL=T=1$，並使 $CK$ 接信號產生器（TTL LEVEL）調至 60 Hz 處，利用雙軌跡示波器觀察輸出與 CLOCK 之關係，並將其描在下圖。

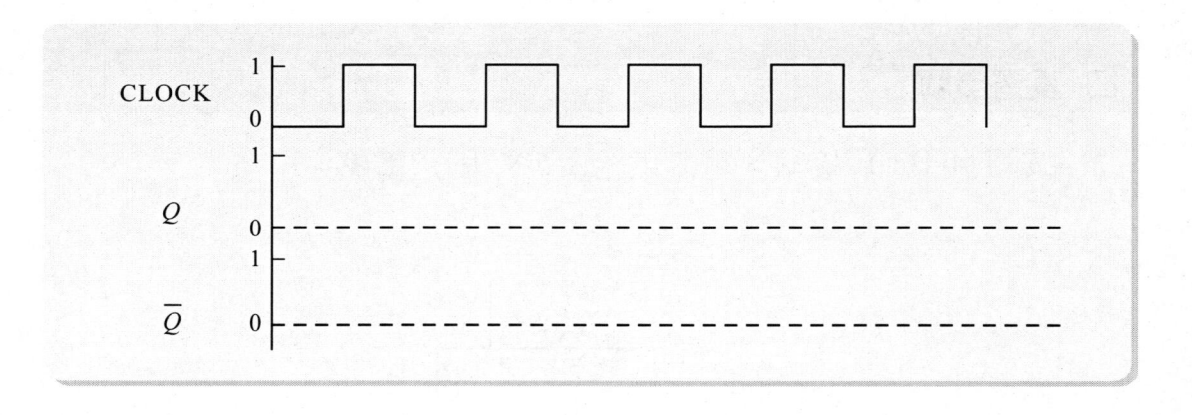

### 五 結果與討論

　　由以上的實習，可清楚瞭解 $T$ 型 F-F 的工作情形及其真值表所代表的意義，在步驟 9. 將得到 30 Hz 的輸出頻率（亦即輸出狀態的改變速度相當於計時脈波輸入的一半），因此，$T$ 型 F-F 可做為除以 2 的除頻器使用，若串聯 $n$ 級 $T$ 型 F-F，則可得到除以 $2^n$ 的除頻器。

## 4-2 主奴式 J-K 正反器實習

### 一 實習目的

1. 瞭解何謂主奴式（Master/Slave）J-K 正反器及其工作情形。
2. 瞭解 7476 的使用。

### 二 實習器材

電源供應器　　　　　　　　TTL IC： 7476×1
麵包板　　　　　　　　　　發光二極體： LED×2
導線少許　　　　　　　　　$R$： 330 Ω×2

### 三 實習說明

　　主奴式（Master/Slave）J-K 正反器（Flip-Flop，簡稱 F-F），可寫成 M/S J-K F-F，它包含兩個內部相連接的閘栓，稱為主閘栓和奴閘栓，簡化後的 M/S J-K F-F 線路如圖 4-2.1，其動作時序如

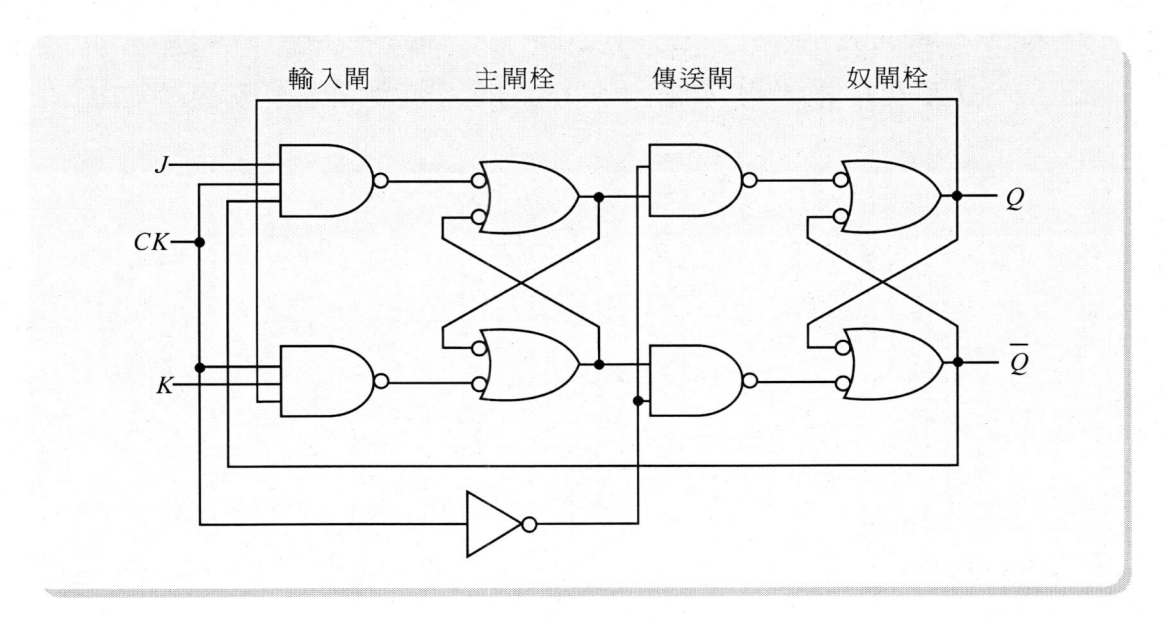

圖 4-2.1

圖 4-2.2（當 $J=K=1$ 時），簡單分析如下：

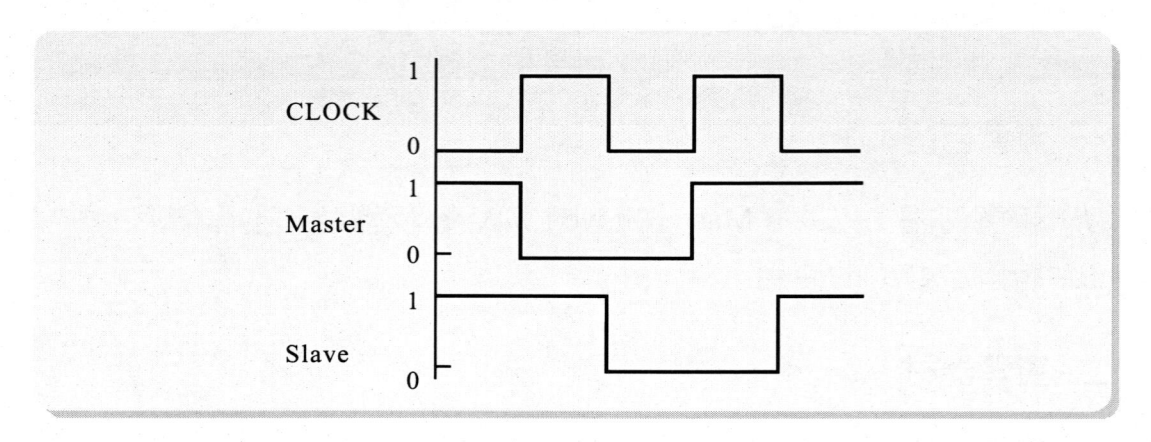

圖 4-2.2

1. 輸入閘只在 CK 為 Hi 時才開啟，同時傳送閘被反相的 CK 脈波關閉，因此主閘栓與奴閘栓彼此隔離。
2. 輸出只在 CK 脈波由 Hi 轉變為 Lo 時，才根據輸入發生轉變。此時隔離了輸入閘，使主閘無法發生改變，同時開啟了傳送閘，而把主閘栓的輸出傳送到奴閘栓的輸出。
3. 輸出轉換發生在 CK 脈波的負緣，因此主閘栓輸出被傳送到奴閘栓，且當 CK 脈波在 Lo 位準時，主閘栓無法發生改變。
M/S J-K F-F 的符號如圖 4-2.3 所示，而表 4-2.1 為其真值表。

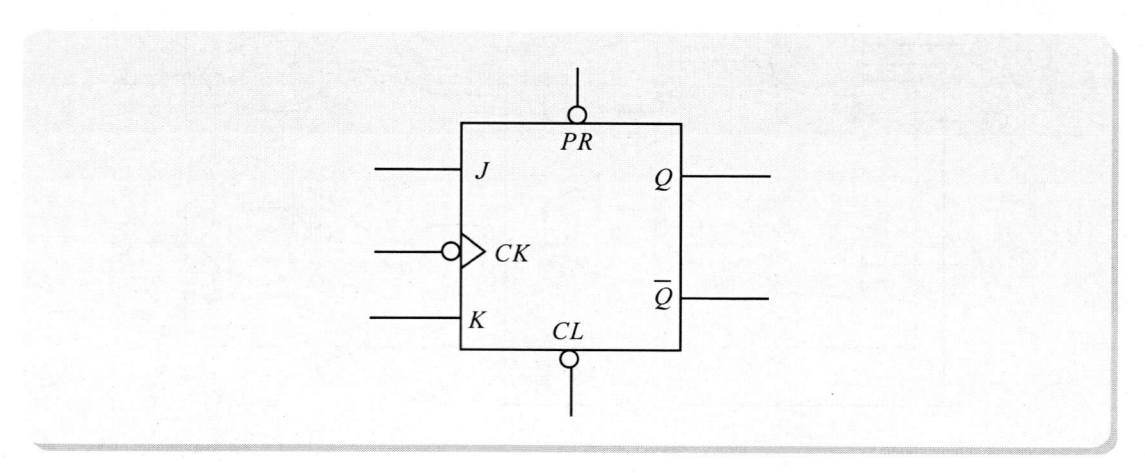

圖 4-2.3

表 4-2.1

### M/S *J-K F-F* 真值表

| I/P | | | | | O/P |
|---|---|---|---|---|---|
| PR | CL | CK | J | K | $Q_{n+1}$ |
| 0 | 1 | × | × | × | 1 |
| 1 | 0 | × | × | × | 0 |
| 0 | 0 | × | × | × | 1 |
| 1 | 1 | ⎍ | 0 | 0 | $Q_n$ |
| 1 | 1 | ⎍ | 0 | 1 | 0 |
| 1 | 1 | ⎍ | 1 | 0 | 1 |
| 1 | 1 | ⎍ | 1 | 1 | $\overline{Q_n}$ |

## 四 實習步驟

1. 按圖 4-2.4 接線，電源供給 +5 V 固定電壓。
2. 輸出 $Q$ 及 $\overline{Q}$ 分別接 LED 及限流電阻。
3. 依表 4-2.2 所示，加入 Hi、Lo 信號，觀察結果填入空格中。

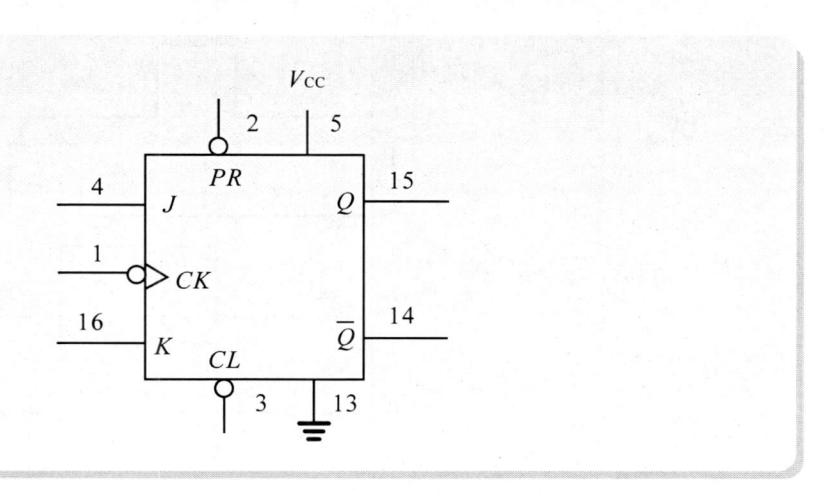

圖 4-2.4

表 4-2.2

| I/P | | | O/P | |
|---|---|---|---|---|
| CK | J | K | Q | $\overline{Q}$ |
| ⎍↓ | 0 | 0 | | |
| ⎍↓ | 1 | 0 | | |
| ⎍↓ | 0 | 0 | | |
| ⎍↓ | 0 | 1 | | |
| ⎍↓ | 0 | 0 | | |
| ⎍↓ | 1 | 1 | | |

## 五 結果與討論

J-K F-F 有兩種基本的觸發型式：

1. **主奴觸發**（Master/Slave Triggering）式：

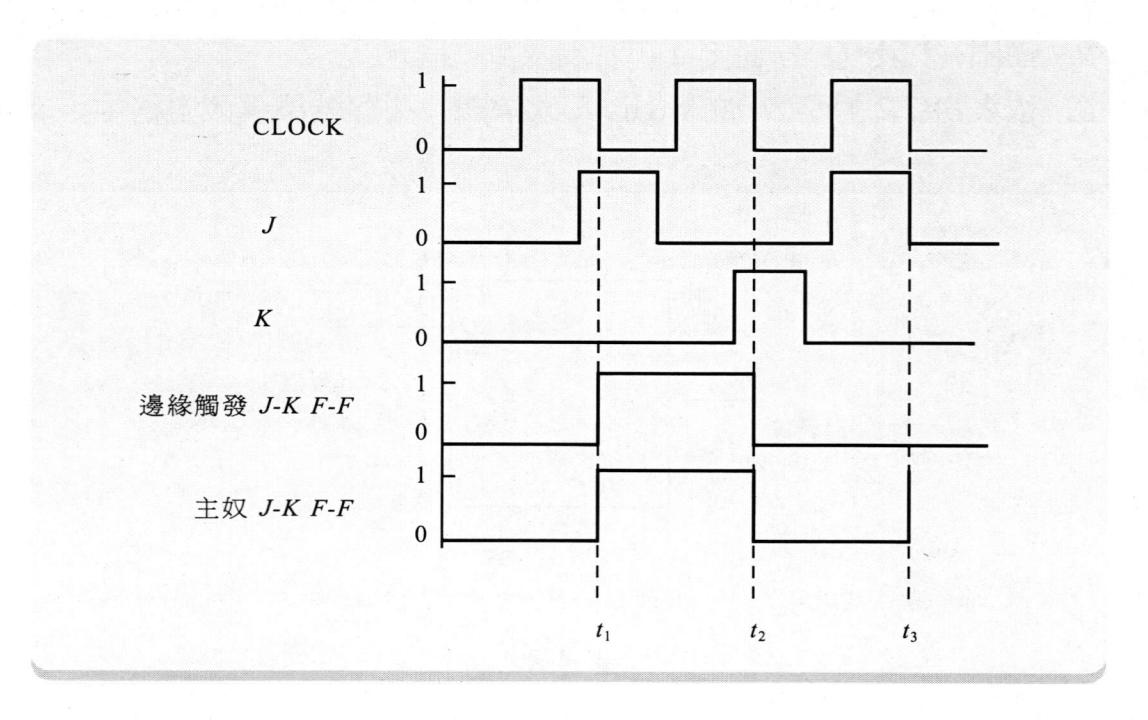

圖 4-2.5

表 4-2.1

| M/S J-K F-F 真值表 |||||| |
|---|---|---|---|---|---|
| I/P ||||| O/P |
| PR | CL | CK | J | K | $Q_{n+1}$ |
| 0 | 1 | × | × | × | 1 |
| 1 | 0 | × | × | × | 0 |
| 0 | 0 | × | × | × | 1 |
| 1 | 1 | ⊓↓ | 0 | 0 | $Q_n$ |
| 1 | 1 | ⊓↓ | 0 | 1 | 0 |
| 1 | 1 | ⊓↓ | 1 | 0 | 1 |
| 1 | 1 | ⊓↓ | 1 | 1 | $\overline{Q_n}$ |

## 四 實習步驟

1. 按圖 4-2.4 接線，電源供給 +5 V 固定電壓。
2. 輸出 $Q$ 及 $\overline{Q}$ 分別接 LED 及限流電阻。
3. 依表 4-2.2 所示，加入 Hi、Lo 信號，觀察結果填入空格中。

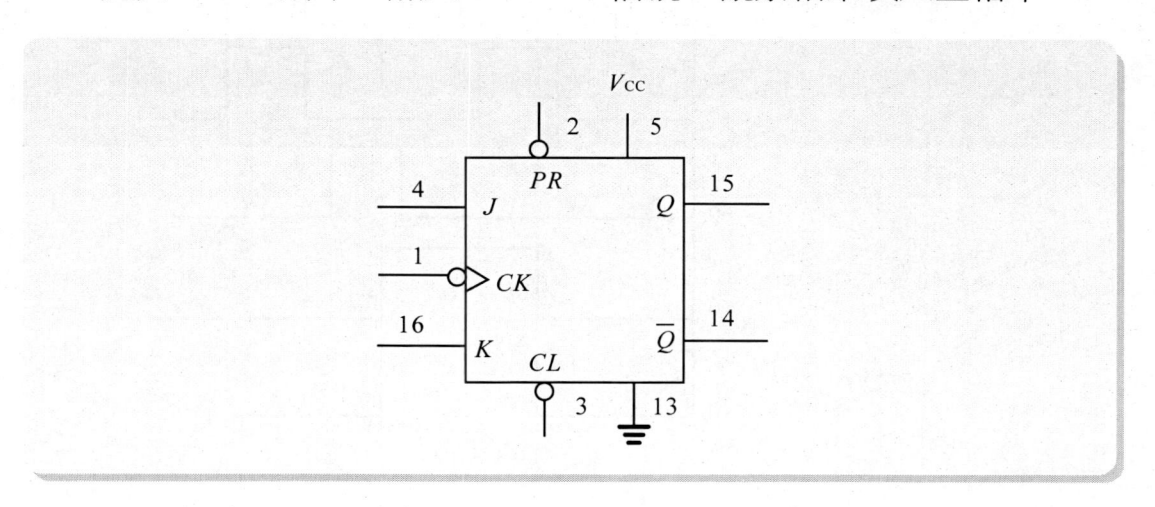

圖 4-2.4

表 4-2.2

| I/P | | | O/P | |
|---|---|---|---|---|
| *CK* | *J* | *K* | *Q* | $\overline{Q}$ |
| ⎍ | 0 | 0 | | |
| ⎍ | 1 | 0 | | |
| ⎍ | 0 | 0 | | |
| ⎍ | 0 | 1 | | |
| ⎍ | 0 | 0 | | |
| ⎍ | 1 | 1 | | |

## 五 結果與討論

J-K F-F 有兩種基本的觸發型式：

1. 主奴觸發（Master/Slave Triggering）式：

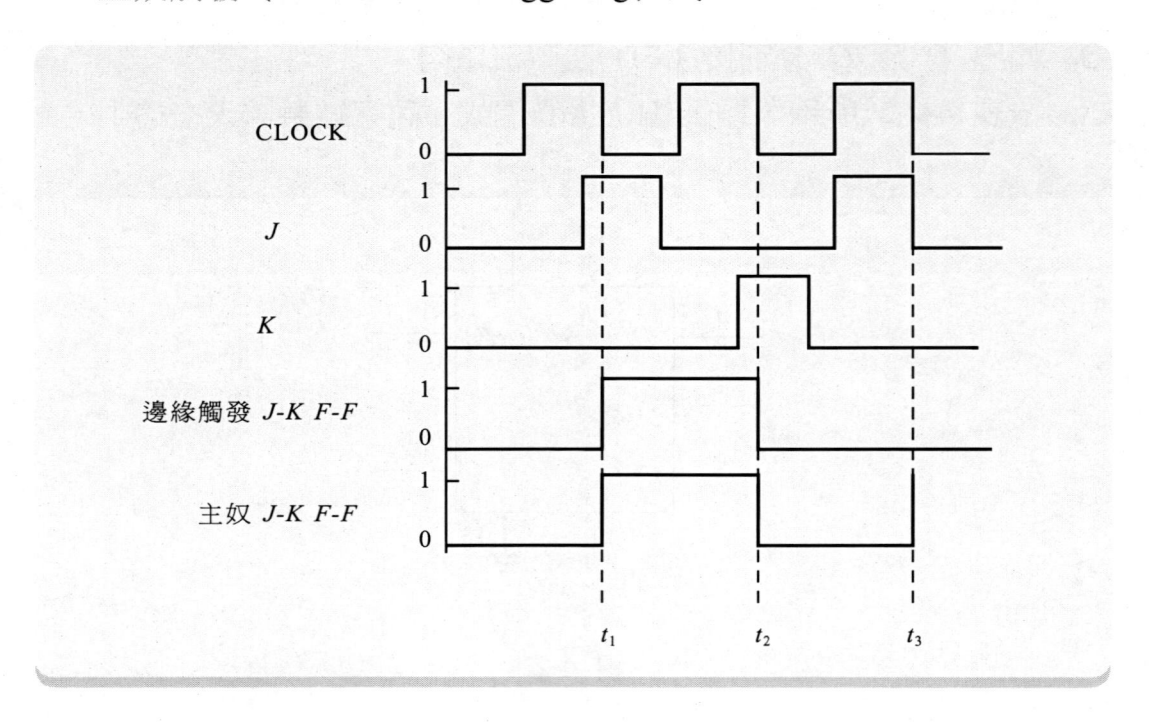

圖 4-2.5

在時序脈波為 Hi 時，將輸入資料取樣，等到時序脈波之負緣，才將其傳送到輸出。

2. **邊緣觸發**（Edge Triggering）式：
在預定的時序脈波轉變時，將輸入信號傳送到輸出。

一般邊緣觸發 J-K F-F 為負緣觸發，在圖 4-2.5 中 $t_3$ 處 CK 之負緣正好是"J"輸入信號之負緣，輸出狀態會不明確，此為邊緣觸發式之缺點；而在主奴 J-K F-F 而言，"J"的輸入信號在 CK 脈波之正緣已將信號存入主 F-F，再由副 F-F 輸出，因此狀態明顯，此為主奴觸發式之優點。

主副 F-F 以主奴觸發的方式，把 J-K F-F 隔離，讓信號先進入主閘栓中，然後再傳到奴閘栓。在 M/S J-K F-F 電路中，CK 脈波的正緣，允許信號輸入到第一個 Latch（主），此時使它和第二個 Latch（副）隔離，到 CK 脈波下降時（即負緣），信號傳到奴閘栓而輸出，同時隔離輸入端，避免輸出回授再次傳入，造成回跳的現象。

## 4-3 邊緣觸發式 J-K 正反器實習

### 一 實習目的

1. 瞭解邊緣觸發式（簡稱邊觸式）J-K 正反器之工作情形。
2. 瞭解 74109 的使用。

### 二 實習器材

電源供應器　　　　　　　　TTL IC：74109×1
麵包板　　　　　　　　　　發光二極體： LED×2
導線少許　　　　　　　　　$R：330\,\Omega \times 2$

### 三 實習說明

　　邊觸式 J-K F-F 是用的較多、也富變化的 F-F，圖 4-3.1 為邊觸式（正緣觸發）J-K F-F 的符號，表 4-3.1 為其真值表。J-K F-F 和 S-R F-F 一樣有兩個資料輸入端，但沒有 S-R F-F 的缺點（S-R F-F 有不確定的輸出），而其 Latch 也不容易產生競賽現象。邊觸式 J-K F-F 受 CLOCK（時序脈波）的控制，也受 CLOCK 邊緣的觸發，大部分的 IC 觸發由 CLOCK 的負緣控制而非正緣。

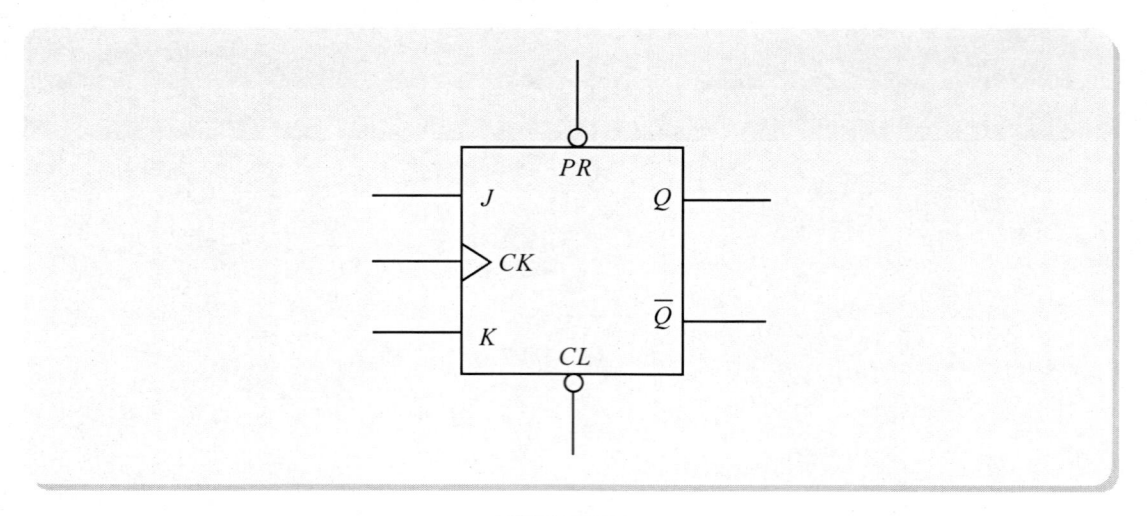

圖 4-3.1

在此我們將 CLOCK 邊緣前後的輸出狀態各用一符號表示，在 CLOCK 邊緣前的時間用 $t_n$ 表示，而其後的時間用 $t_{n+1}$ 表示。因此，CLOCK 邊緣前的 Q 輸出狀態用 $Q_n$ 表示，而其後的狀態用 $Q_{n+1}$ 表示。

表 4-3.1

<table>
<tr><th colspan="7">邊觸式 J-K F-F 真值表</th></tr>
<tr><th colspan="5">I/P</th><th colspan="2">O/P</th></tr>
<tr><th>PR</th><th>CL</th><th>CK</th><th>J</th><th>K</th><th>$Q_{n+1}$</th><th>$Q_n$</th></tr>
<tr><td>0</td><td>1</td><td>×</td><td>×</td><td>×</td><td>1</td><td>0</td></tr>
<tr><td>1</td><td>0</td><td>×</td><td>×</td><td>×</td><td>0</td><td>1</td></tr>
<tr><td>0</td><td>0</td><td>×</td><td>×</td><td>×</td><td>1</td><td>1</td></tr>
<tr><td>1</td><td>1</td><td>↑</td><td>0</td><td>0</td><td>0</td><td>1</td></tr>
<tr><td>1</td><td>1</td><td>↑</td><td>0</td><td>1</td><td>$Q_n$</td><td>$\overline{Q_n}$</td></tr>
<tr><td>1</td><td>1</td><td>↑</td><td>1</td><td>0</td><td>$\overline{Q_n}$</td><td>$Q_n$</td></tr>
<tr><td>1</td><td>1</td><td>↑</td><td>1</td><td>1</td><td>1</td><td>0</td></tr>
<tr><td>1</td><td>1</td><td>0</td><td>×</td><td>×</td><td>$Q_n$</td><td>$\overline{Q_n}$</td></tr>
</table>

註：下表為 TTL 中之 74109 "正緣觸發的 J-$\overline{K}$ 型 F-F" 之真值表，當 $\overline{K}$ ＝1 時，即表 K＝0。

假使在 CLOCK 邊緣前的 J 和 K 輸入都是邏輯 0，則其輸出 $Q_{n+1}$ 經過 CLOCK 後仍為 $Q_n$，與以前的狀態（$Q_n$）相同；若 J 和 K 輸入都是邏輯 1，則其輸出 $Q_{n+1}$ 經過 CLOCK 後就成為 $\overline{Q_n}$，與以前的狀態（$Q_n$）相反。

以上以 CLOCK 邊緣加入的時間為基準，將其前、後的時間用 $t_n$ 及 $t_{n+1}$ 表示之方法，適用於各種使用 CLOCK 的正反器。

## 四 實習步驟

1. 按圖 4-3.2 接線,供給 +5 V 固定電壓。

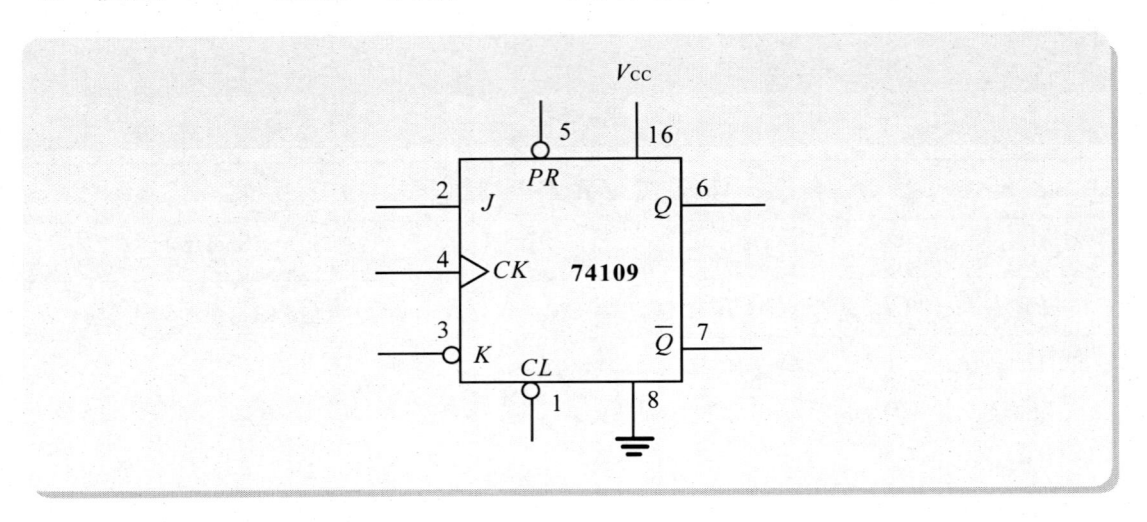

圖 4-3.2

2. 將輸出端 $Q$ 及 $\overline{Q}$ 分別接 LED 及限流電阻。
3. 依表 4-3.2 所示,加入 Hi、Lo 信號,觀察結果填入空格中。

表 4-3.2

| \multicolumn{5}{c|}{I/P} | \multicolumn{2}{c}{O/P} |
|---|---|---|---|---|---|---|
| PR | CL | CK | J | $\overline{K}$ | Q | $\overline{Q}$ |
| 0 | 1 | × | × | × | | |
| 1 | 0 | × | × | × | | |
| 1 | 1 | ↑ | 0 | 0 | | |
| 1 | 1 | ↑ | 1 | 1 | | |
| 1 | 1 | ↑ | 1 | 0 | | |
| 1 | 1 | ↑ | 0 | 1 | | |
| 1 | 1 | 0 | × | × | | |

## 五 結果與討論

　　邊緣觸發式分為正緣觸發與負緣觸發兩種，正反器在 CLOCK 由 Lo 變至 Hi 變化瞬間被觸發者，稱為正緣觸發；若正反器由 Hi 變至 Lo 變化瞬間被觸發者，稱為負緣觸發。邊觸式 J-K 正反器只有在觸發邊緣 J、K 輸入才有效，而在脈波期間 J、K 改變則不會影響輸出。

## 4-4 非同步二進制計數器實習

### 一 實習目的

1. 瞭解非同步計數器的工作原理。
2. 瞭解 7473 的使用。

### 二 實習器材

| | |
|---|---|
| 信號產生器 | TTL IC：7473×2 |
| 電源供應器 | 發光二極體：LED×4 |
| 麵包板 | $R$：330 Ω×4 |
| 導線少許 | |

### 三 實習說明

在數位系統中，計數器是用來計算時序脈波（CLOCK）的數目，以產生時間的控制觸發。計數器可依據操作的方式分為兩大類：同步計數器（Synchronous Counter）與非同步計數器（Asynchronous Counter）。

非同步計數器又稱為漣波計數器（Ripple Counter），其電路是由一組正反器（通常用 J-K 正反器）組成，每一個正反器的輸出接到下一級脈波（CK）輸入端，而時序脈波信號加到第一級的 CK 輸入。當正確的脈波信號（正緣或負緣）加入，則第一級的輸出會改變狀態，然後此輸出在適當的邊緣再觸發下一級，即必須等前一級的輸出改變狀態後，後一級才會有動作。

若連續加脈波信號到第一個正反器的 CK 輸入端，則會驅動非同步計數器做計數的工作，$n$ 個正反器的非同步計數器，可計數由 0 到 $2^n-1$ 的二進制數目，例如四位元非同步計數器，可計數 0 到 15（$=2^4-1$）共 16 個數目。

圖 4-4.1 為一四位元非同步計數器的電路，圖 4-4.2 為其**時序圖**（Timing Diagram）。在序向電路中畫出時序圖，常可幫助我們瞭解電路的動作情形。

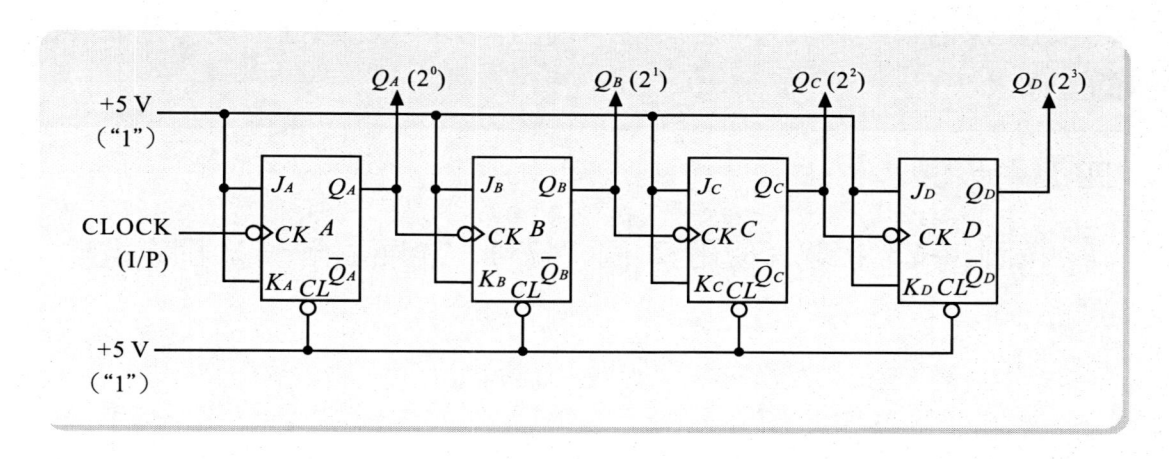

圖 4-4.1

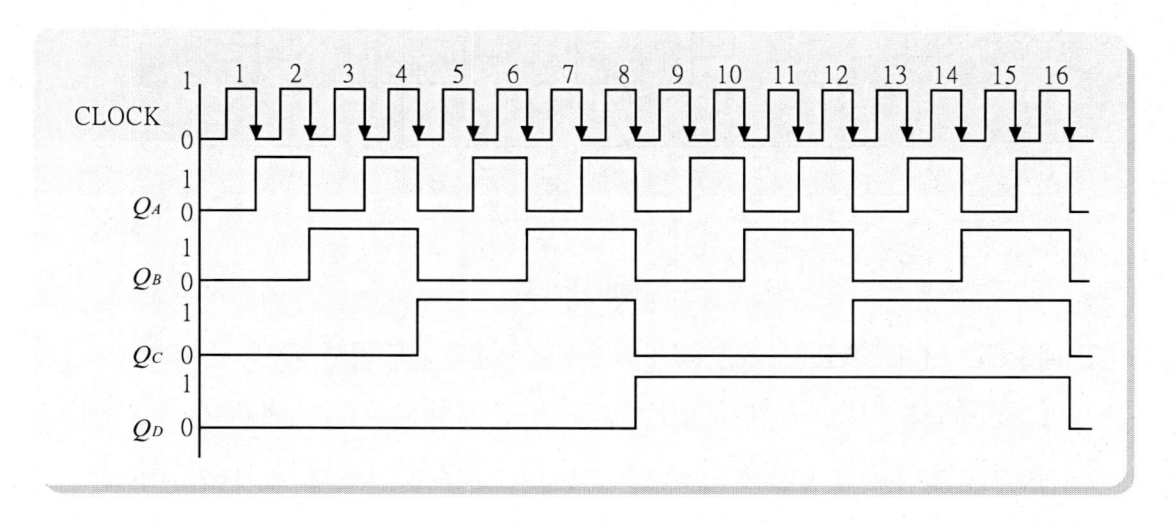

圖 4-4.2

圖 4-4.1 所採用的正反器均為 J-K F-F，正反器均在時序脈波下降（負緣）時才會動作。注意：在時序脈波 CK 輸入端加上一小圓圈及箭號，代表正反器在脈波負緣（⎡⎣）時動作；若未加小圓圈，只加箭號則代表正反器在脈波正緣（⎣⎡）時動作。在圖 4-4.1 中

各正反器 $J$、$K$ 均接 +5 V（即邏輯 "1"），因此當 $CK$ 由 1 變至 0（負緣）時，J-K F-F 的輸出狀態成為原狀態的互補狀態。由圖 4-4.2 的時序圖可見，CLOCK 的負緣信號去觸發 $A$ 正反器的輸出 $Q_A$，而 $Q_A$ 的負緣信號則觸發 $B$ 正反器的輸出 $Q_B$，依此類推，便可完成計數的工作。

### 四 實習步驟

1. 按圖 4-4.3 接線（使用 2 個 7473），電源供給 +5 V 固定電壓。

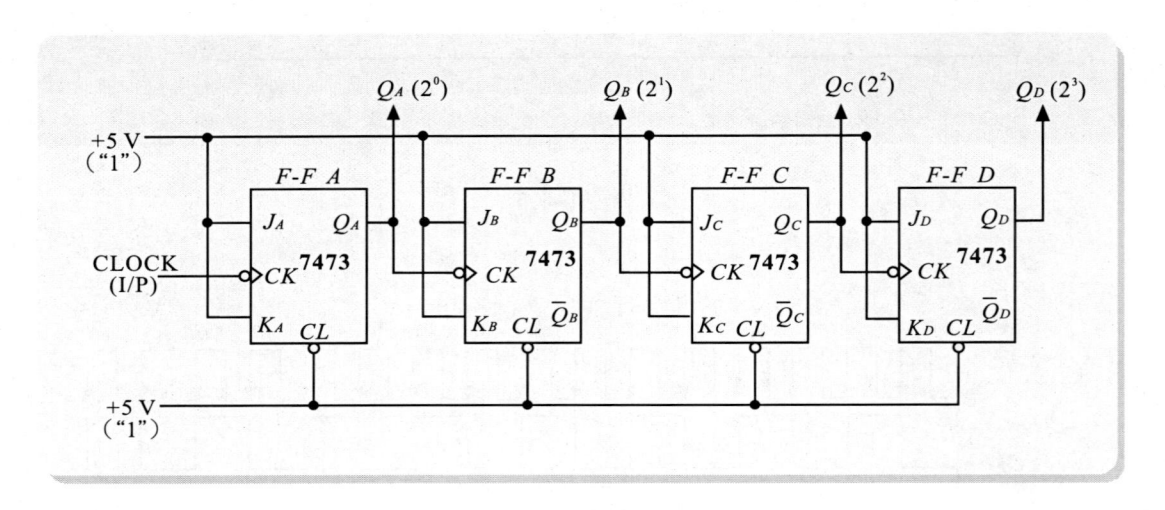

圖 4-4.3

2. 將 CL（CLEAR）端先接地，清除所有正反器的輸出，再接 +5 V（即邏輯 "1"），恢復正反器正常工作。
3. 將正反器輸出（$Q_A$、$Q_B$、$Q_C$、$Q_D$）分別接 LED 及限流電阻。
4. 將 $A$ 正反器時序脈波端（$CK$）送入手動脈波信號（每來回扳動一次有一脈波產生），將結果填入表 4-4.1 中，並計算每個二進制數目所對應之十進制值。
5. 依據表 4-4.1，畫出其時序圖，觀察與圖 4-4.2 之時序圖是否相同？＿＿＿（相同或不相同）
6. 表 4-4.1 為上數或下數計數器？＿＿＿計數器。

表 4-4.1

| I/P | O/P | | | | |
|---|---|---|---|---|---|
| CK↓ | $Q_D$ (8) | $Q_C$ (4) | $Q_B$ (2) | $Q_A$ (1) | 十進制 |
| 0 | 0 | 0 | 0 | 0 | 0 |
| 1 | | | | | |
| 2 | | | | | |
| 3 | | | | | |
| 4 | | | | | |
| 5 | | | | | |
| 6 | | | | | |
| 7 | | | | | |
| 8 | | | | | |
| 9 | | | | | |
| 10 | | | | | |
| 11 | | | | | |
| 12 | | | | | |
| 13 | | | | | |
| 14 | | | | | |
| 15 | | | | | |
| 16 | | | | | |

7. 將 CK 改接頻率 1 Hz，當做脈波的輸入，觀察結果是否與表 4-4.1 相同？

8. 將圖 4-4.3 中之 B 正反器 CK 輸入端，由 $Q_A$ 改由 $\overline{Q_A}$ 輸入；C 正反器 CK 輸入端，由 $Q_B$ 改由 $\overline{Q_B}$ 輸入；D 正反器 CK 輸入端，由 $Q_C$ 改由 $\overline{Q_C}$ 輸入，畫成如圖 4-4.4 所示，並按圖接線。

9. 重複步驟 2.、3.、4.，並將結果填入表 4-4.2 中。

10. 依據表 4-4.2，畫出其時序圖於圖 4-4.5。

11. 表 4-4.2 為上數或下數計數器？_____計數器。

12. 將 CK 改接頻率 1 Hz（由信號產生器提供），當做脈波的輸入，觀察結果是否與表 4-4.2 相同？

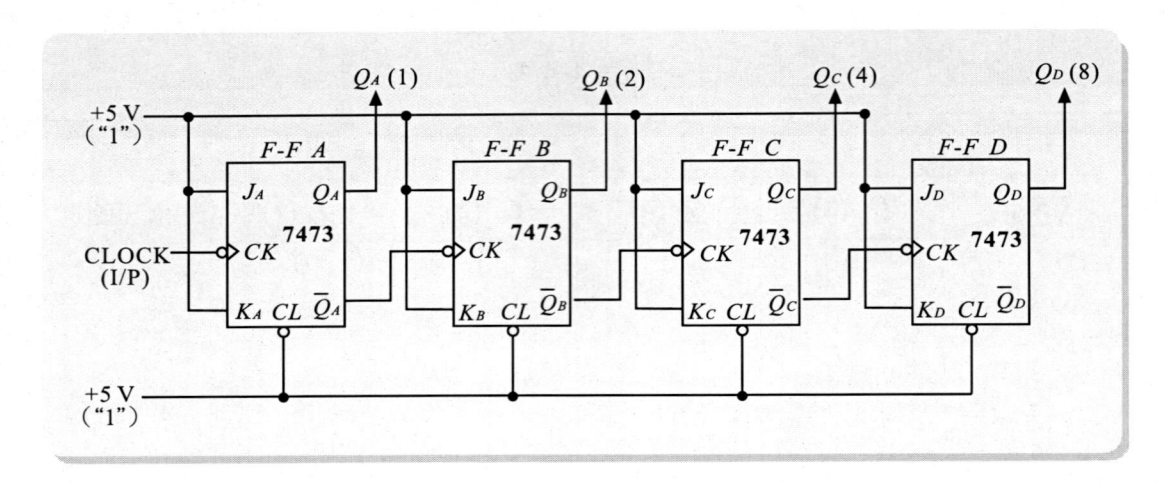

圖 4-4.4

表 4-4.2

| I/P | O/P | | | | |
|---|---|---|---|---|---|
| $CK\downarrow$ | $Q_D$ (8) | $Q_C$ (4) | $Q_B$ (2) | $Q_A$ (1) | 十進制 |
| 0 | 0 | 0 | 0 | 0 | 0 |
| 1 | | | | | |
| 2 | | | | | |
| 3 | | | | | |
| 4 | | | | | |
| 5 | | | | | |
| 6 | | | | | |
| 7 | | | | | |
| 8 | | | | | |
| 9 | | | | | |
| 10 | | | | | |
| 11 | | | | | |
| 12 | | | | | |
| 13 | | | | | |
| 14 | | | | | |
| 15 | | | | | |
| 16 | | | | | |

圖 4-4.5

## 五 結果與討論

　　一個 $n$ 位元（bit）計數器是由 $n$ 個正反器組成，而有 $2^n$ 個不同的輸出狀態，本實習是一個四位元計數器，有 $2^4=16$ 種輸出狀態，可計數到 16 的輸入脈波。四位元計數器亦可設計成 10 個計數狀態（依其狀態表、正反器激勵表及利用卡諾圖化簡，求出各正反器輸入的布林代數）。計數器的**模數**（Mode Number）乃指它所具有的計數狀態，例如：MOD-10 計數器有 10 個計數狀態。計數器能出現的最大值永遠比模數小 1，例如：MOD-16 計數器能顯現的最大值為 15（即由 0 計數到 15），而 16 出現在計數器卻為 0；MOD-32 計數器能顯現的最大值為 31（即由 0 計數到 31）。

## 4-5 同步二進制計數器實習

### 一 實習目的

1. 瞭解同步計數器的工作情形。
2. 瞭解 7408、7473 的使用。

### 二 實習器材

示波器　　　　　　　　　　TTL IC： 7408×1
信號產生器　　　　　　　　　　　　 7473×2
電源供應器　　　　　　　發光二極體： LED×4
麵包板　　　　　　　　　　$R$： 330 Ω×4
導線少許

### 三 實習說明

　　**同步計數器**（Synchronous Counter）其組成方式為正反器的輸出經邏輯閘接到更大位元的輸入，每個**閘**（Gate）會適切地控制，使得每一較大位元正反器在下一脈波轉變時，會適切地改變其狀態。因此同步計數器需一共同的時序脈波，使資料的傳送同步（亦即須將時序脈波並接至各正反器的 CK 端），而使所有正反器同時改變狀態。

　　前一實習中的非同步計數器（或漣波計數器）有一個大缺點，即後一級正反器的動作受前一級的控制，再加上每個正反器都有**傳輸延遲時間**（Propagation Delay Time），當正反器的級數增加，而輸入的時序脈波頻率很高時，常會發生後面的正反器狀態還沒改變，輸入的時序脈波又再度送入第一級，因而引起錯誤的計數。為了要改善非同步計數器傳輸延遲所造成的影響，同步計數器也就應運而生了。同步計數器設法讓每一個正反器在同一瞬間同時動作，因此必須將每個正反器的 CK 端共接一個時序脈波信號。

## 四 實習步驟

1. 按圖 4-5.1 接線（使用 2 個 7473），電源供給 +5 V 固定電壓。

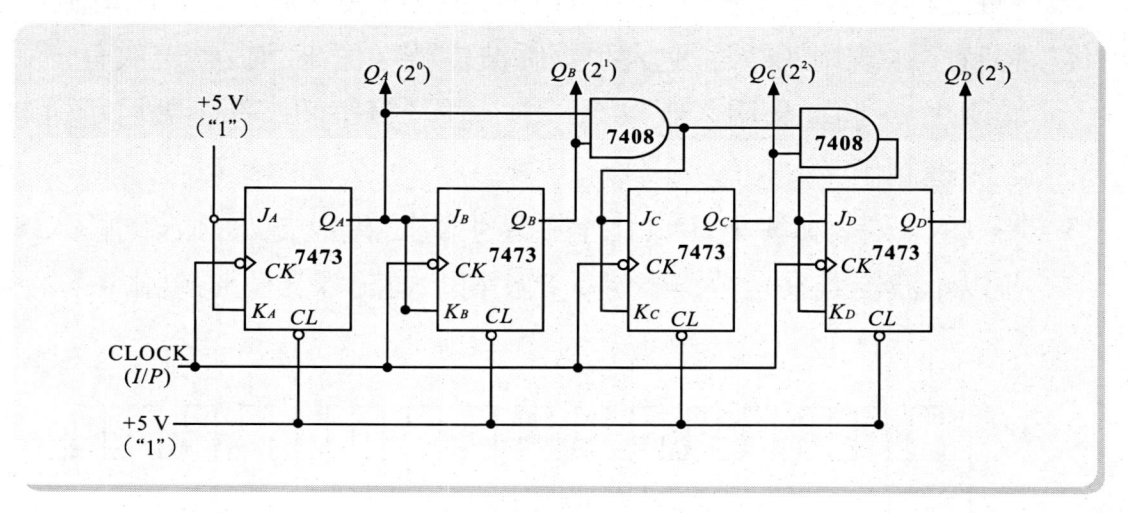

圖 4-5.1

表 4-5.1

| I/P | O/P | | | | |
|---|---|---|---|---|---|
| CK↓ | $Q_D$ (8) | $Q_C$ (4) | $Q_B$ (2) | $Q_A$ (1) | 十進制 |
| 0 | 0 | 0 | 0 | 0 | 0 |
| 1 | | | | | |
| 2 | | | | | |
| 3 | | | | | |
| 4 | | | | | |
| 5 | | | | | |
| 6 | | | | | |
| 7 | | | | | |
| 8 | | | | | |
| 9 | | | | | |
| 10 | | | | | |
| 11 | | | | | |
| 12 | | | | | |
| 13 | | | | | |
| 14 | | | | | |
| 15 | | | | | |
| 16 | | | | | |

2. 將 CL（CLEAR）端先接地，清除所有正反器的輸出，再接 +5 V（即邏輯"1"），恢復正反器正常工作。
3. 將正反器輸出端（$Q_A$、$Q_B$、$Q_C$、$Q_D$）分別接 LED 及限流電阻。
4. 將時序脈波端（CK）送入手動脈波信號（每來回扳動一次有一脈波產生），將結果填入表 4-5.1 中，並計算每個二進制數目所對應之十進制值。
5. 將 CK 改接頻率 1 Hz（由信號產生器提供），當做脈波的輸入，並以示波器觀察是否與表 4-5.1 相符？並記錄其波形於圖 4-5.2。

圖 4-5.2

## 五 結果與討論

　　同步計數器每個正反器均受同一個時序脈波控制，且僅受限於一個正反器和控制閘的延遲，然而非同步計數器（或漣波計數器）的延遲時間是所有正反器傳輸延遲時間（Propagation Delay Time）的總和。

　　由以上的敘述可知同步計數器的傳輸延遲時間，比非同步計數器小得多，因此，同步計數器能應用於更高的計數頻率上。同步計數器的另一優點為，所有的正反器均無相位差，解碼時不會產生尖波，因此在正反器的計數電路，不會影響輸入頻率特性，而計數的最高輸入頻率則由一個正反器和控制閘的延遲時間來決定。

## 4-6 BCD 計數器實習

### 一 實習目的

1. 瞭解 BCD 計數器的工作情形。
2. 瞭解 74190 的使用。

### 二 實習器材

信號產生器　　　　　　　TTL IC：74190×1
電源供應器　　　　　　　發光二極體：LED×4
麵包板　　　　　　　　　$R$：330 Ω×4
導線少許

### 三 實習說明

　　正反器（簡稱 F-F）在數位電路中可做計數器（Counter）使用，正反器是一種有記憶的裝置，可以記憶輸出的脈波（CLOCK）數，其儲存的資料（Data）與順序（Sequence）是依照設計者的需要來加以決定。

　　在實習中利用四個主奴式正反器（TTL 74190）所構成的十進制 BCD（Binary Code Decimal）計數器，所有的正反器均在每計數十個脈波狀態改變後重複一次（即此正反器可以計數十個脈波作為一個週期）。

　　圖 4-6.1 為十進制 BCD 計數器的時序圖，由圖中可看出第十個脈波前的輸出與表 4-6.1 相同。在第十個脈波產生後，所有正反器全部置入 0，重新開始計數，此即為十進制計數器之意義。

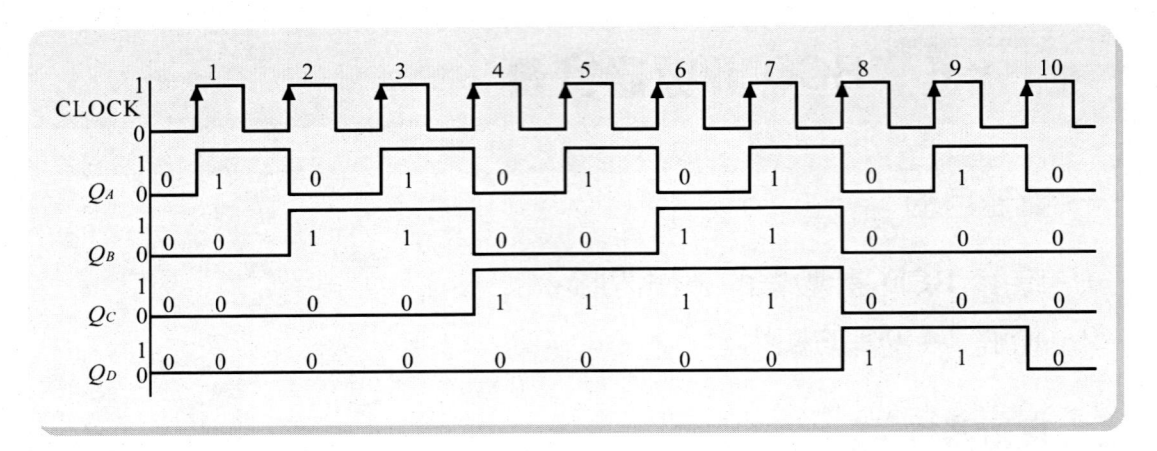

圖 4-6.1

表 4-6.1

| CLOCK | $Q_D$ | $Q_C$ | $Q_B$ | $Q_A$ |
|---|---|---|---|---|
| 0 | 0 | 0 | 0 | 0 |
| 1 | 0 | 0 | 0 | 1 |
| 2 | 0 | 0 | 1 | 0 |
| 3 | 0 | 0 | 1 | 1 |
| 4 | 0 | 1 | 0 | 0 |
| 5 | 0 | 1 | 0 | 1 |
| 6 | 0 | 1 | 1 | 0 |
| 7 | 0 | 1 | 1 | 1 |
| 8 | 1 | 0 | 0 | 0 |
| 9 | 1 | 0 | 0 | 1 |
| 10 | 0 | 0 | 0 | 0 |

## 四 實習步驟

1. 按圖 4-6.2 接線，電源供給 +5 V 固定電壓。
2. 74190 具有非同步並行載入的能力，可將計數器預先設定成任何狀態。當並行載入端 ($\overline{PL}$) 處於 Lo 狀態時，並行輸入端上的資料 (A、B、C、D) 會被載入計數器中，並出現在輸出端上。如表 4-6.2 模式選擇——功能表所示，並行載入動作會迫使計數功能失效。

當計數致能（$\overline{CE}$）處於 Lo 狀態，計數器內部的狀態變化被啟動，其動作與輸入脈波的正緣變化同步；若計數致能（$\overline{CE}$）進入 Hi 狀態時，計數的動作會被迫停止。上／下計數（$\overline{U/D}$）控制信號決定計數的方向，當此控制信號為 Lo 時，執行上數（Up）的功能；當此信號為 Hi 時，執行下數（Down）的功能，其作用如上表模式選擇──功能表中所示。

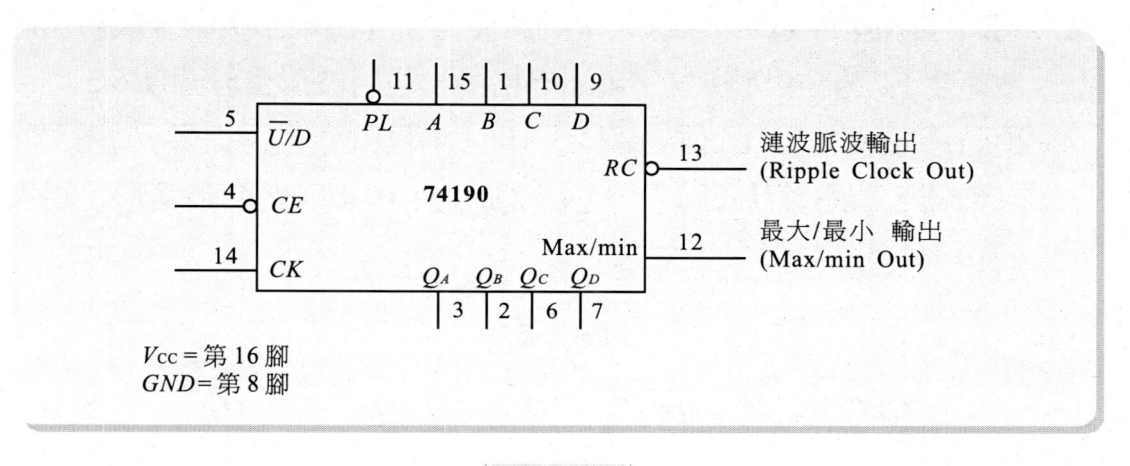

圖 4-6.2

表 4-6.2 模式選擇──功能表

| 工作模式 | $\overline{PL}$ | $\overline{U/D}$ | $\overline{CE}$ | CK | A（或 B、C、D） | $Q_A$（或 $Q_B$、$Q_C$、$Q_D$） |
|---|---|---|---|---|---|---|
| 並行載入 | L | × | × | × | L | L |
|  | L | × | × | × | H | L |
| 上數 | H | L | l | ↑ | × | 上數 |
| 下數 | H | H | l | ↑ | × | 下數 |
| 保持不變 | H | × | H | × | × | 不變 |

H＝高準位穩態電壓
L＝低準位穩態電壓
l＝在脈波正緣變化前的準備時間之外進入 Lo 狀態
×＝任意狀態
↑＝脈波的正緣變化

3. 將致能 ($\overline{CE}$)、上／下計數 ($\overline{U/D}$) 分別接地 (Lo 狀態)，執行上數的功能，並將 A、B、C、D 分別接地。

4. 並行載入端 ($\overline{PL}$) 先接 Lo 狀態，將 A、B、C、D 的 Lo 狀態，載入計數器中，並出現在輸出端 ($Q_A$、$Q_B$、$Q_C$、$Q_D$) 以便清除計數器，再將 $\overline{PL}$ 端接 Hi 狀態，執行原本之上數功能。

5. 將輸出端 ($Q_A$、$Q_B$、$Q_C$、$Q_D$) 分別接 LED 及限流電阻。

6. 將時序脈波端 (CK)，送入手動脈波信號 (每來回扳動一次有一脈波產生)，將結果填入表 4-6.3 空格中，並將波形畫於圖 4-6.3 中。

7. 將時序脈波 (CK) 改接頻率 1 Hz (由信號產生器提供)，先清除計數器，觀察輸出端 ($Q_A$、$Q_B$、$Q_C$、$Q_D$) LED 之明暗情形是否與表 4-6.1 相同。

表 4-6.3

| CLOCK | $Q_D$ | $Q_C$ | $Q_B$ | $Q_A$ |
| --- | --- | --- | --- | --- |
| 0 | 0 | 0 | 0 | 0 |
| 1 | | | | |
| 2 | | | | |
| 3 | | | | |
| 4 | | | | |
| 5 | | | | |
| 6 | | | | |
| 7 | | | | |
| 8 | | | | |
| 9 | | | | |
| 10 | | | | |
| 11 | | | | |
| 12 | | | | |
| 13 | | | | |
| 14 | | | | |
| 15 | | | | |

註：$Q_D$ 為此計數器之最高位元。

圖 4-6.3

### 五 結果與討論

　　一般 TTL 中十進制計數器常用的是 7490，但為了配合實習 4-7，所以本實習採用 74190、74190 除具有十進制計數的能力外，其功用還包含了並行載入、預先設定計數器狀態和上／下數計數器的功能。由實習中可證實十進制計數器，在每十個脈波發生後，所有正反器全部置入 0 重新計數。

## 4-7 上／下數計數器實習

### 一 實習目的

1. 瞭解上／下數計數器的工作原理。
2. 瞭解 74190 的使用。

### 二 實習器材

信號產生器　　　　　　　TTL IC：74190×1
電源供應器　　　　　　　發光二極體： LED×6
麵包板　　　　　　　　　$R$：330 Ω×6
導線少許

### 三 實習說明

上／下數計數器（Up/Down Counter）可依輸入型態（Mode）進行上數或下數。74190 為一個十進制同步式的四位元上／下數計數器，共有六個輸出：四個正反器 $Q_A$、$Q_B$、$Q_C$、$Q_D$ 輸出（$Q_D$ 為此計數器之最高位元）、漣波脈波輸出（Ripple Clock Out，簡稱 $RC$）和最大／最小輸出（Max/min Out），其接腳如圖 4-7.1 所示。

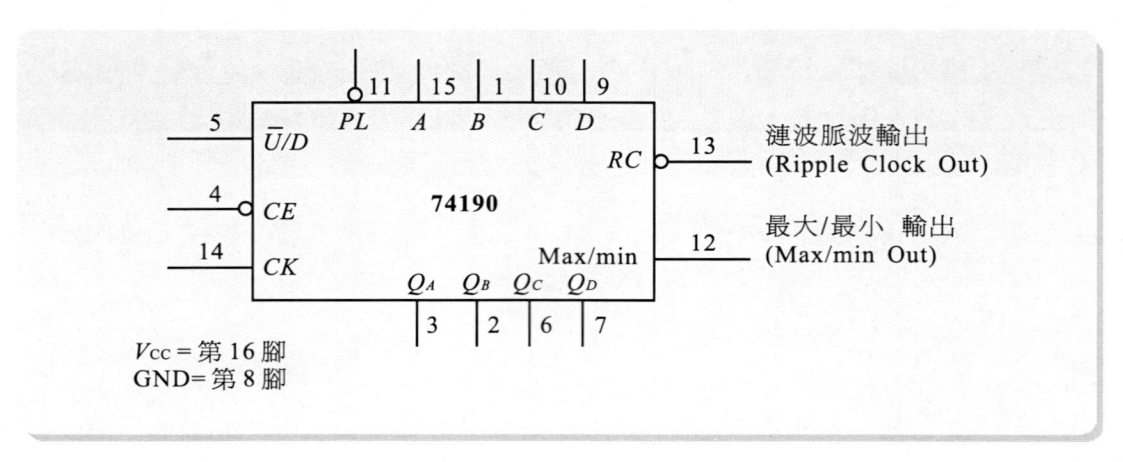

圖 4-7.1

74190 的輸入包括：**並行載入**（Parallel Load）、**致能**（Enable）、**上／下**（Up/Down）計數，**時序脈波**（CLOCK）和四個資料輸入（$A$、$B$、$C$、$D$），其接腳如圖 4-7.1 所示。接下來說明各腳的作用：

1. 並行載入（$\overline{PL}$）：第 11 腳
   當並行載入端處於 Lo 狀態時，將輸入端（$A$、$B$、$C$、$D$）的資料載入相對應的正反器輸出端上。

2. 致能（$\overline{CE}$）：第 4 腳
   必須接 Lo 狀態才能啟動，若接 Hi 狀態則輸出被**禁止**（Inhibit）。

3. 上／下計數（$\overline{U/D}$）：第 5 腳
   上數時此腳接 Lo，下數時接 Hi，請參考表 4-6.2。

4. 時序脈波（$CK$）：第 14 腳
   若從 Lo 變為 Hi 之瞬間，計數器計數一次。

5. 漣波脈波輸出（$RC$）：第 13 腳
   在**溢出**（Overflow）或**溢入**（Underflow）時，產生一個低電位輸出脈波，其脈寬等於脈波輸入的低電位脈寬。在串級使用時，可將輸出接到脈波輸入。

6. 最大／最小輸出（Max/min）：第 12 腳
   當上數到 9（最大）或下數到 0（最小）時，產生一個高電位輸出脈波，可用來完成高速運算的**向前看**（Look-ahead）作用。

## 四 實習步驟

1. 按圖 4-7.1 接線，電源供給 +5 V 固定電壓。
2. 將致能（$\overline{CE}$）上／下計數（$\overline{U/D}$）分別接地（Lo 狀態），執行上數的功能，請參考表 4-6.2。
3. 將輸入 $A$、$B$、$C$、$D$ 分別接地，並行載入端（$\overline{PL}$）先接 Lo 狀態，將輸入端（$A$、$B$、$C$、$D$）的 Lo 狀態載入計數器中，並出現在輸出端（$Q_A$、$Q_B$、$Q_C$、$Q_D$），以便清除計數器，再將 $\overline{PL}$ 端接

Hi 狀態，執行原本之上數功能。

4. 將輸出端（$Q_A$、$Q_B$、$Q_C$、$Q_D$）、漣波脈波輸出（RC）和最大／最小輸出（Max/min）分別接 LED 及限流電阻。
5. 將時序脈波端（CK）送入手動脈波信號（每來回扳動一次有一脈波產生），將結果填入表 4-7.1 中。
6. 表 4-7.1 為上數或下數計數器？_____計數器。
7. 將時序脈波（CK）改接頻率 1 Hz，觀察輸出端 LED 之亮滅情形。
8. 將上／下計數（$\overline{U/D}$）接 Hi（高狀態），其餘保持不變，此時執行下數的功能，請參考表 4-6.2。

表 4-7.1

| I/P | O/P | | | | | |
|---|---|---|---|---|---|---|
| CK ↑ | $Q_D$ | $Q_C$ | $Q_B$ | $Q_A$ | Max/min | RC |
| 0 | | | | | | |
| 1 | | | | | | |
| 2 | | | | | | |
| 3 | | | | | | |
| 4 | | | | | | |
| 5 | | | | | | |
| 6 | | | | | | |
| 7 | | | | | | |
| 8 | | | | | | |
| 9 | | | | | | |
| 10 | | | | | | |
| 11 | | | | | | |
| 12 | | | | | | |
| 13 | | | | | | |
| 14 | | | | | | |
| 15 | | | | | | |
| 16 | | | | | | |

9. 將並行載入端（$\overline{PL}$ 先接 Lo 狀態，將輸入端（A、B、C、D）的 Lo 狀態，載入相對應的輸出端（$Q_A$、$Q_B$、$Q_C$、$Q_D$），以便清除計數器，再將 $\overline{PL}$ 端接 Hi 狀態，執行原本之下數功能。
10. 重複步驟 4.、5.，將結果填入表 4-7.2 中。
11. 表 4-7.2 為上數或下數計數器？＿＿＿＿＿計數器。
12. 將 CK 改接頻率 1 Hz，觀察輸出端 LED 之明暗情形是否與表 4-7.2 相符。

表 4-7.2

| I/P | O/P ||||||
|---|---|---|---|---|---|---|
| CK↑ | $Q_D$ | $Q_C$ | $Q_B$ | $Q_A$ | Max/min | RC |
| 0 | | | | | | |
| 1 | | | | | | |
| 2 | | | | | | |
| 3 | | | | | | |
| 4 | | | | | | |
| 5 | | | | | | |
| 6 | | | | | | |
| 7 | | | | | | |
| 8 | | | | | | |
| 9 | | | | | | |
| 10 | | | | | | |
| 11 | | | | | | |
| 12 | | | | | | |
| 13 | | | | | | |
| 14 | | | | | | |
| 15 | | | | | | |
| 16 | | | | | | |

## 五 結果與討論

由表 4-7.1 可知，當上／下計數（$\overline{U}/D$）為 Lo 時為上數計數器，且看到最大／最小輸出計數到 9 時有高電位輸出，而 $RC$ 則有低電位輸出。同時由表 4-7.2 可知，當上／下計數（$\overline{U}/D$）為 Hi 時為下數計數器，且看到計數到 0 時，最大／最小輸出及 $RC$ 均有改變輸出。

在 TTL 中較常用的四位元上／下數計數器有 74192（十進制），74193（二進制），經由內部邏輯電路的操縱管制，兩元件具備非同步式主重置（Main Reset，簡稱 MR）的功能，此外也具有並行載入和同步式上／下數的能力。

## 4-8 除 N 計數器實習

### 一 實習目的

1. 瞭解除 N 計數器（任意模數計數器）的工作情形。
2. 瞭解 7493、74160 的使用。

### 二 實習器材

信號產生器　　　　　　　　TTL IC： 7493×1
電源供應器　　　　　　　　　　　　74160×1
麵包板　　　　　　　　發光二極體： LED×4
導線少許　　　　　　　　　　　$R$： 330 Ω×4

### 三 實習說明

除 N 計數器分為兩種型式，一為非同步除 N 計數器，另一為同步除 N 計數器。

1. 非同步除 N 計數器（在此以 7493 為例）：

   7493 係使用四個主奴式 J-K F-F 所構成之非同步十六進制計數器，內部連接成為一個除 2 單元與一個除 8 單元。7493 具有閘式的 AND 閘非同步主重置（$MR_1$ 及 $MR_2$）輸入控制信號（可先參考圖 4-8.2），能使時序脈波（CLOCK）失效，並重置（即清除）所有的正反器狀態為 0。

   7493 可以有兩種獨立的計數型態：

   (1) 當做四位元漣波計數器使用時，$\overline{CP_1}$ 輸入端（第 1 腳）必須經由外部接到 $Q_A$ 輸出（第 12 腳），輸入的計數脈波必須加到 $\overline{CP_0}$ 輸入端，則在 $Q_A$、$Q_B$、$Q_C$、$Q_D$ 輸出端上，可分別得到除 2、除 4、除 8、除 16 的輸出信號（註：同時輸出），如表 4-8.1 所示。

表 4-8.1

| I/P | O/P | | | | |
|---|---|---|---|---|---|
| CLOCK 數目 | $Q_D$ | $Q_C$ | $Q_B$ | $Q_A$ | 十進制 |
| 0 | 0 | 0 | 0 | 0 | 0 |
| 1 | 0 | 0 | 0 | 1 | 1 |
| 2 | 0 | 0 | 1 | 0 | 2 |
| 3 | 0 | 0 | 1 | 1 | 3 |
| 4 | 0 | 1 | 0 | 0 | 4 |
| 5 | 0 | 1 | 0 | 1 | 5 |
| 6 | 0 | 1 | 1 | 0 | 6 |
| 7 | 0 | 1 | 1 | 1 | 7 |
| 8 | 1 | 0 | 0 | 0 | 8 |
| 9 | 1 | 0 | 0 | 1 | 9 |
| 10 | 1 | 0 | 1 | 0 | 10 |
| 11 | 1 | 0 | 1 | 1 | 11 |
| 12 | 1 | 1 | 0 | 0 | 12 |
| 13 | 1 | 1 | 0 | 1 | 13 |
| 14 | 1 | 1 | 1 | 0 | 14 |
| 15 | 1 | 1 | 1 | 1 | 15 |

註：$\overline{CP_1}$ 輸入端外接到 $Q_A$ 輸出端。

(2) 當做三位元漣波計數器使用時，由 $\overline{CP_1}$ 輸入時序脈波，則在 $Q_B$、$Q_C$、$Q_D$ 輸出端上，可分別得到除 2、除 4、除 8 的輸出信號。

(3) 利用 7493（為一 MSI）來設計任意模數的非同步計數器時，其設計方式及注意事項如下：

A. 此計數器的控制方法為，當計數達到所需的數值時，由偵測電路送一 Reset 信號輸入端，而令計數清除為 0。此控制方法有一限制，即加入 Reset 的輸入後，應等到輸出狀態穩定後，方能加入時序時脈（CLOCK）。亦即 Reset 端（$MR_1$ 及 $MR_2$）自 Hi 變成 Lo 狀態，至少需 40 ns（n＝

$10^{-9}$）方能輸入次一時序脈波，亦即輸入的時序脈波頻率不可太高。

B. 利用此種方法所構成之計數器，在 Reset 輸入中易產生鬚狀之**尖波**（Spike）；而且，雖送出 Reset 信號到各正反器，但可能發生部分正反器未能即時 Reset 而產生誤動作。為防止這種情形發生，可在各輸出與接地間加上 10～100 pF（$p = 10^{-12}$）之電容，以延遲輸出信號，避免誤動作發生。

C. 此任意模數的非同步計數器有最大的特點，即有時不需外加的閘，請先參考圖 4-8.3 之除 10 計數器。

2. 同步除 N 計數器（在此以 74160 為例）：

(1) 74160 係由四個主奴式 *J-K F-F* 及**進位向前看**（Carry Look-ahead）等電路，構成之高速同步式可預先設定計數值之 BCD 碼十進制計數器，74160 之 IC 接腳圖如圖 4-8.1 所示。假如主重置（$\overline{MR}$）輸入端為 Lo，則不管 CK $\overline{PE}$、CET、CEP 等輸入的狀態為何，所有的四個正反器的輸出都將被清除為 0。

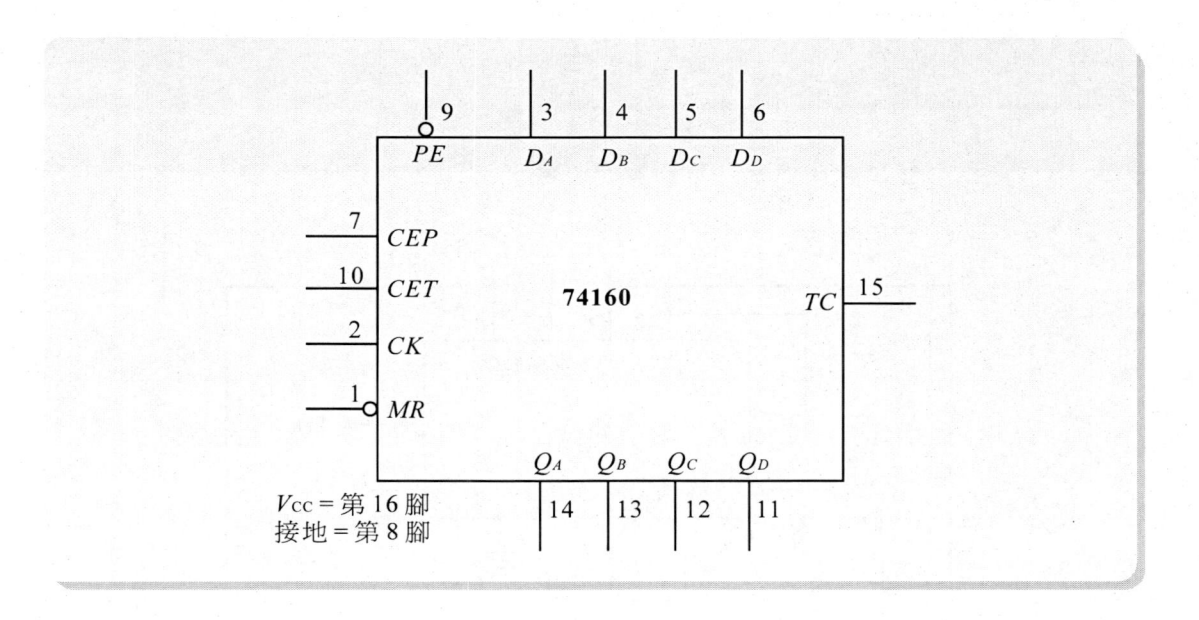

圖 4-8.1

(2) 同步式計數器在計數時，由於所有的正反器同時加時序脈波（CLOCK）信號，因此輸出端之信號同時變化，可避免非同步計數器中鬚狀的尖波產生，當然也就沒有錯誤動作產生。

## 四　實習步驟

1. 非同步除 $N$ 計數器（以 7493 為例）：

   (1) 按圖 4-8.2 接線，電源供給 +5 V 固定電壓。圖 4-8.2 為一除 16 的計數器。

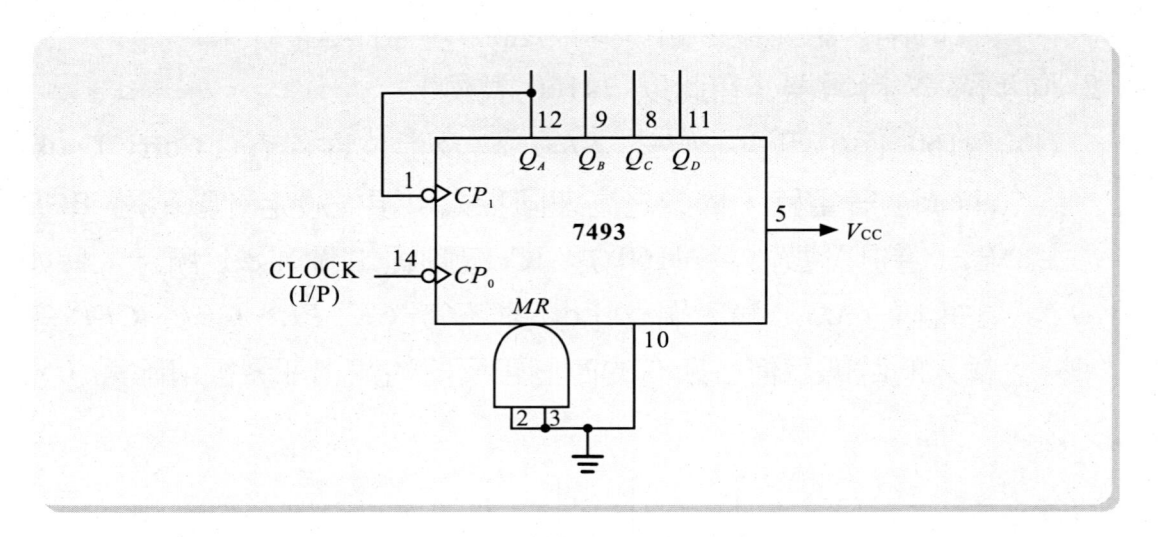

圖 4-8.2

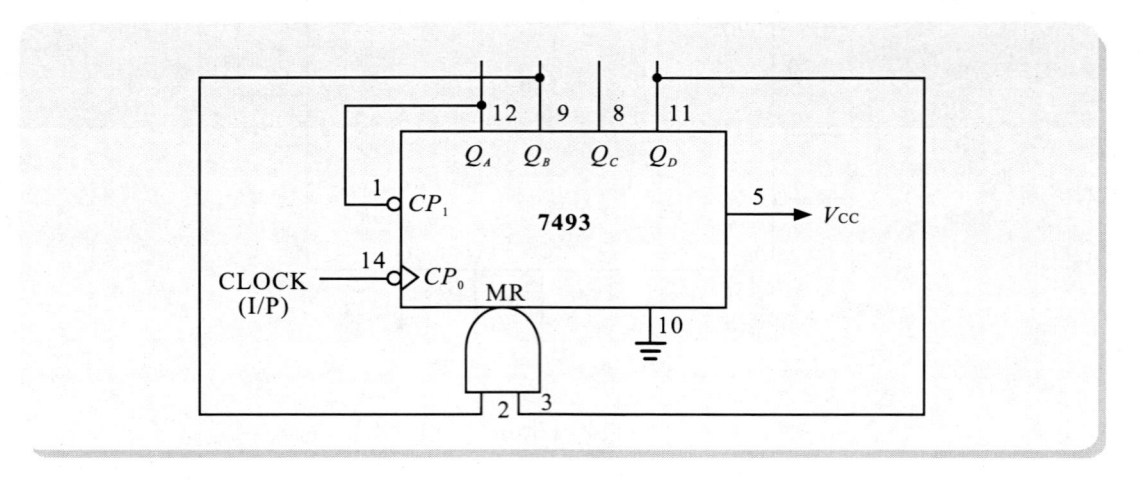

圖 4-8.3

(2) 將輸出端（$Q_A$、$Q_B$、$Q_C$、$Q_D$）分別接 LED 及限流電阻。

(3) 將時序脈波（CLOCK）接頻率 1 Hz 送入 $\overline{CP_0}$ 輸入端，觀察 LED 之亮滅情形，記錄其計數順序與表 4-8.1 作一對照。

(4) 接下來利用回授控制，將 7493 改接成其他模數的計數器，如 4-8.3 之除 10 計數器（10 模的計數器）。

(5) 重複步驟 2.、3.，記錄其計數順序於表 4-8.2，並觀察此計數器是否為一 BCD 計數器？_____（是或否）

表 4-8.2

| I/P | O/P | | | | |
|---|---|---|---|---|---|
| CLOCK 數目 | $Q_D$ | $Q_C$ | $Q_B$ | $Q_A$ | 十進制 |
| 0 | 0 | 0 | 0 | 0 | 0 |
| 1 | | | | | |
| 2 | | | | | |
| 3 | | | | | |
| 4 | | | | | |
| 5 | | | | | |
| 6 | | | | | |
| 7 | | | | | |
| 8 | | | | | |
| 9 | | | | | |
| 10 | | | | | |

2. 同步除 N 計數器（以 74160 為例）：

(1) 按圖 4-8.4 接線，電源供給 +5 V 固定電壓。

(2) 將輸出端（$Q_A$、$Q_B$、$Q_C$、$Q_D$）分別接 LED 及限流電阻。

(3) 第 7 腳和第 10 腳為致能輸入，Hi 狀態致能故均接 +5 V（即邏輯 "1"）。

(4) 第 15 腳為漣波進位輸出，當計數器計數到 9 時，即在第 15 腳輸出一個高電位；當 9 變成 0 時，又變為低電位，可作為幾級計數器串接時之進位信號。

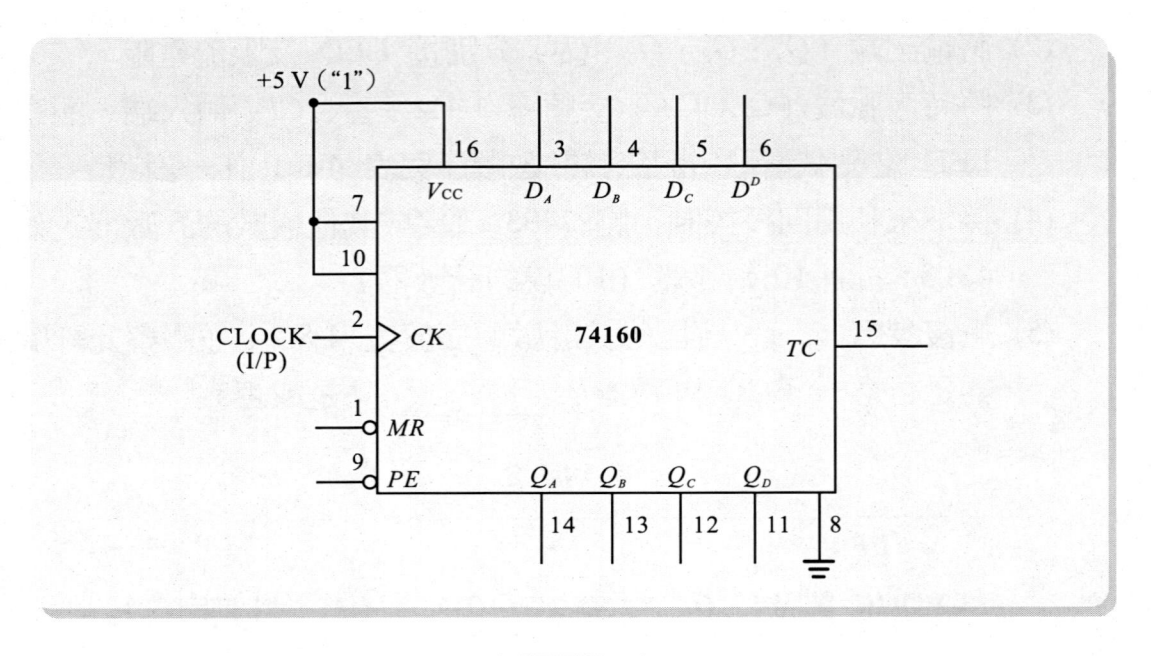

圖 4-8.4

(5) 將輸出端（$Q_A$、$Q_B$、$Q_C$、$Q_D$）分別接 LED 及限流電阻。

(6) 第 2 腳為 CLOCK 輸入端（74160 為正緣觸發），接頻率 1 Hz（由信號產生器提供）。將第 1 腳（$\overline{MR}$）由 Lo 切至 Hi，並將第 9 腳（$\overline{PE}$）接 Hi，觀察輸出的情形，記錄於表 4-8.3。

表 4-8.3

| I/P | O/P ||||| 
|---|---|---|---|---|---|
| CK ↑ | $Q_D$ | $Q_C$ | $Q_B$ | $Q_A$ | TC |
| 0 | 0 | 0 | 0 | 0 | 0 |
| 1 | | | | | |
| 2 | | | | | |
| 3 | | | | | |
| 4 | | | | | |
| 5 | | | | | |
| 6 | | | | | |
| 7 | | | | | |
| 8 | | | | | |
| 9 | | | | | |
| 10 | 0 | 0 | 0 | 0 | |

(7) 觀察第 15 腳終止計數（$TC$），是否在計數器為 9（即 1001）時，出現高電位（即邏輯 "1"）；而在計數器為 0 時，又變成低電位（即邏輯 "0"）。

## 五 結果與討論

　　7493 為一非同步十六進計數器，內部連接成為一個除 2 單元與除 8 單元。7493 具有閘控式的 AND 閘非同步主重置輸入控制信號，可重置所有的正反器狀態為 0。用 7493 組成任意模數的非同步計數的最大特點，即有時不需外加的閘，即可完成所需之功能。

　　74160 為一高速同步式可預先設定計數值之 BCD 碼十進制計數器，若主重置輸入端為 Lo，則不管其他輸入的狀態為何，所有的四個正反器的輸出都將被清除為 0。用 74160 作為同步計數器在計數時，由於所有的正反器同時加 CLOCK 信號，因此輸出端之信號同時變化，可避免像非同步計數器產生鬚狀的尖波，而產生錯誤的動作。

## 4-9 時相電路實習

時相電路是產生時相信號的邏輯電路，主要分為環計數器（Ring Counter）、強生計數器（Johnson Counter）與二進制計數器（Binary Counter），我們分別對環計數器與強生計數器這兩個時相電路作實驗。

### 4-9-1 環計數器實習

#### 一 實習目的

1. 瞭解環計數器的原理與時相信號的功用。
2. 瞭解 7408 與 7474 的使用。

#### 二 實習器材

信號產生器　　　　　　　　TTL IC： 7408×1
電源供應器　　　　　　　　　　　　 7474×2
麵包板　　　　　　　　　　發光二極體： LED×4
導線少許　　　　　　　　　　　　 $R$：330 Ω×4
　　　　　　　　　　　　　　SW：單刀單擲（SPST）×1

#### 三 實習說明

你想過一整天的活動，早上 6 點起床，6 點半吃早餐，7 點上學，12 點吃飯，下午 5 點放學……等等，這些事情都有先後順序，計算機的程序也是如此具有先後順序。通常計算機需要把時間細分，在第一時間週期做某事，而第二時間週期做另一件事，此時我們就需要環計數器（Ring Counter）來幫忙區分時間的先後。圖 4-9-1.1 是一個環計數器，在這個計數器中的正反器，如同在移位記錄器中被耦合，且最後的一個正反器耦合回到第一個正反器，因此可稱為這些正反器被安排成"環（Ring）"。

圖 4-9-1.1 中所用之 7474，內含兩組正緣觸發的 $D$ 型正反器，當時序脈波（CLOCK）的狀態由 Lo 往 Hi 發生變化時，資料輸入端的資料將被傳送到 $Q$ 輸出端上。

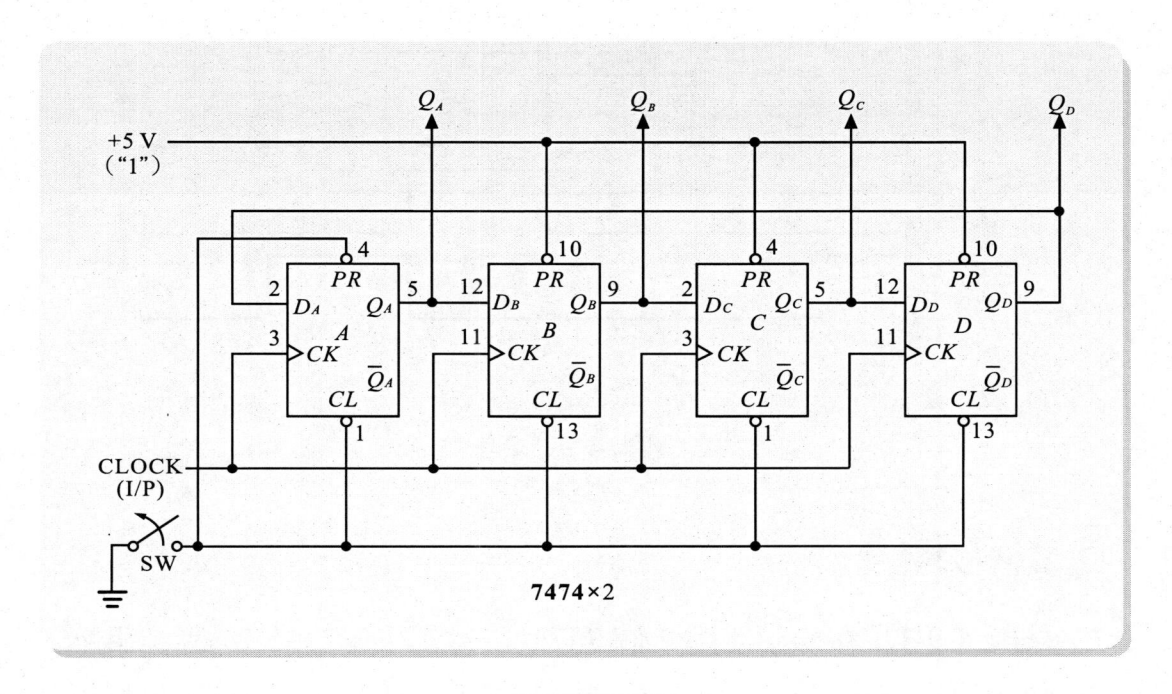

圖 4-9-1.1

圖 4-9-1.2 為環計數器的時序圖，在這個環計數器中，$Q_A$、$Q_B$、$Q_C$、$Q_D$ 並不同時為 1：$Q_A$ 在第一個時脈的時候為 1，其餘均為 0；而 $Q_B$ 在第二個時脈時為 1，其餘均為 0；$Q_C$ 在第三個時脈時為 1，其餘均為 0，依此類推。若我們把環計數器中的 $Q_A$、$Q_B$、$Q_C$、$Q_D$ 分別接到計算機的控制電路中，即可達到分時（Time Sharing）的效果。特別注意：環計數器的起始狀態必須為 0001（即 $Q_D = Q_C = Q_B = 0$、$Q_A = 1$），不同於一般的計數器起始狀態為 0000。

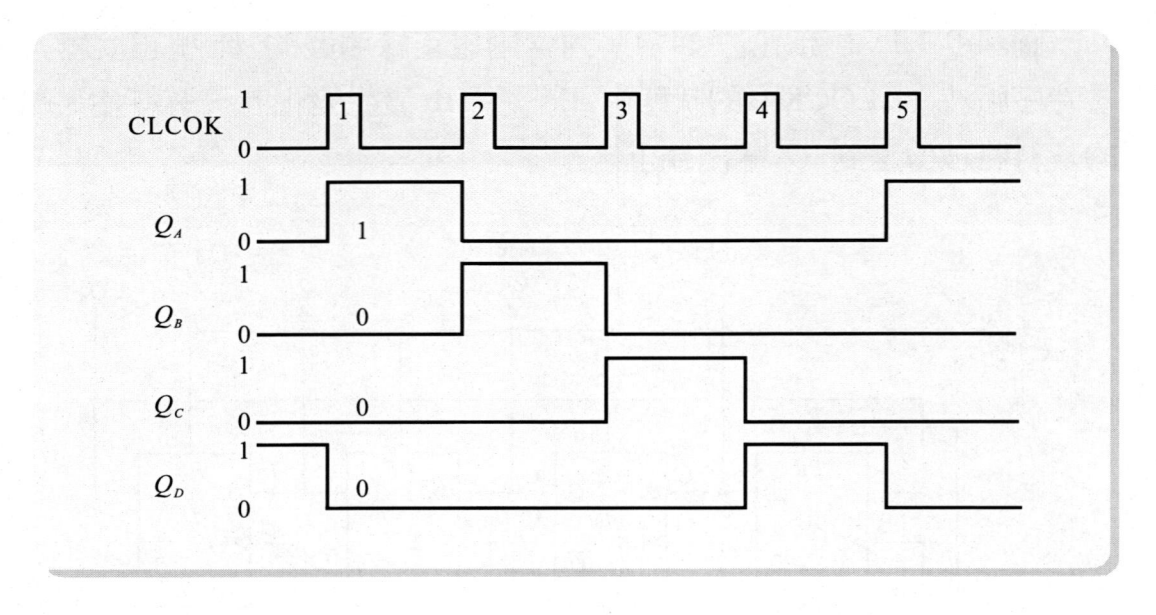

| 圖 4-9-1.2 |

### 四 實習步驟

1. 按圖 4-9-1.1 接線（使用 2 個 7474），電源供給 +5 V 固定電壓。
2. 將正反器 B、C、D 的 PR 端接 +5 V（即邏輯 "1"），並將正反器 A 的 PR 端及所有正反器的 CL 端接開關（SW）至地電位。
3. 將正反器輸出端（$Q_A$、$Q_B$、$Q_C$、$Q_D$）接 LED 及限流電阻。
4. 先將 SW ON 使正反器 A 預置為 1、正反器 B、C、D 清除為 0，再將 SW OFF 使正反器正常工作。
5. 將時序脈波端送入手動脈波信號（來回扳動一次有一脈波），觀察 LED 之亮滅情形，將結果填入表 4-9-1.1 中。

表 4-9-1.1

| I/P | O/P | | | |
|---|---|---|---|---|
| $CK\uparrow$ | $Q_A$ | $Q_B$ | $Q_C$ | $Q_D$ |
| 0 | | | | |
| 1 | | | | |
| 2 | | | | |
| 3 | | | | |
| 4 | | | | |
| 5 | | | | |
| 6 | | | | |
| 7 | | | | |
| 8 | | | | |
| 9 | | | | |
| 10 | | | | |

## 五 結果與討論

　　環計數器的最大優點是不需解碼器，因此可簡單地觀察狀態在哪一個正反器，進而讀出計數的結果。環計數器在使用上是完全同步，再加上不需要任何外加的閘，因此它的好處是速度極快。

　　環計數器的缺點，就是正反器的使用過於浪費（當有 $n$ 個時相信號，即需 $n$ 個正反器）。環計數器的另一個缺點是，當計數器發生不使用的狀態時，它會繼續從一不使用狀態到另一個不使用狀態，永遠找不到一個可使用的狀態；因此，環計數器在起始狀態，必須經由正反器 $A$ 的 $PR$ 端預置為 1，並將其餘正反器清除為 0。

### 4-9-2　強生計數器實習

**一　實習目的**

1. 瞭解強生計數器的動作與應用。
2. 瞭解 7408 與 7474 的使用。

**二　實習器材**

| | |
|---|---|
| 信號產生器 | TTL IC： 7408×2 |
| 電源供應器 | 7474×2 |
| 麵包板 | 發光二極體： LED×9 |
| 導線少許 | $R$：330Ω×9 |

**三　實習說明**

在環計數器中，若要產生八個不同相位的時相信號，則必需使用八個正反器。接下來我們將介紹只需使用四個正反器的**強生計數器**（Johnson Counter），即可產生八個不同相位的時相信號。

圖 4-9-2.1 為一強生計數器的主電路，再將表 4-9-2.1 中所須的二輸入 AND 閘接上後，即可在八個 AND 閘的輸出，得到一個八相位的時序信號。

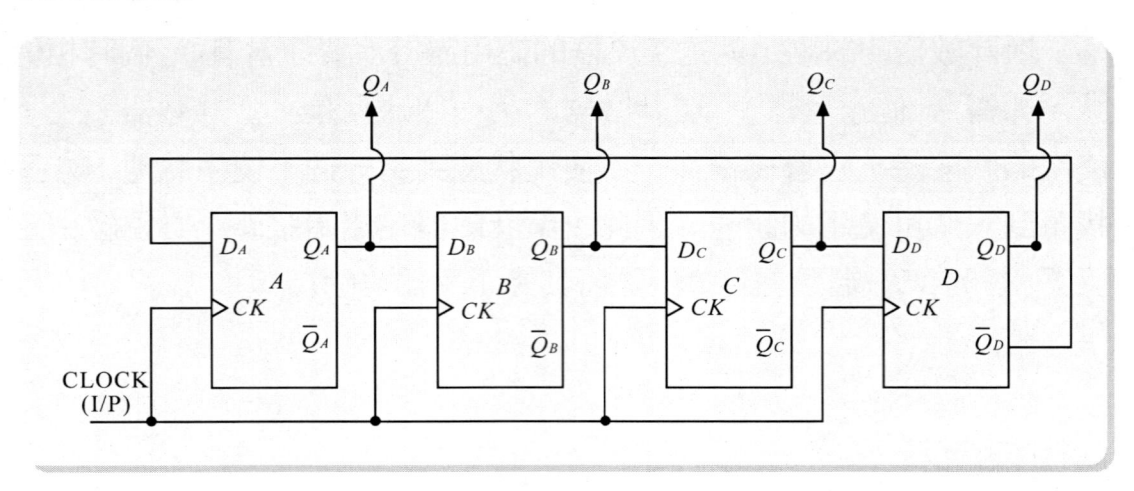

圖 4-9-2.1

表 4-9-2.1

| I/P | O/P | | | | AND 閘所需之正反器輸出 | |
|---|---|---|---|---|---|---|
| CLOCK | $Q_A$ | $Q_B$ | $Q_C$ | $Q_D$ | | |
| 1 | 0 | 0 | 0 | 0 | $\overline{Q_A}$ | $\overline{Q_D}$ |
| 2 | 1 | 0 | 0 | 0 | $Q_A$ | $\overline{Q_B}$ |
| 3 | 1 | 1 | 0 | 0 | $Q_B$ | $\overline{Q_C}$ |
| 4 | 1 | 1 | 1 | 0 | $Q_C$ | $\overline{Q_D}$ |
| 5 | 1 | 1 | 1 | 1 | $Q_A$ | $Q_D$ |
| 6 | 0 | 1 | 1 | 1 | $\overline{Q_A}$ | $Q_B$ |
| 7 | 0 | 0 | 1 | 1 | $\overline{Q_B}$ | $Q_C$ |
| 8 | 0 | 0 | 0 | 1 | $\overline{Q_C}$ | $Q_D$ |

以 $\overline{Q_A}\,\overline{Q_D}$ 為例，由所有正反器的輸出可看出，在所有的計數中，只有第一個 CLOCK 出現後，$\overline{Q_A}\,\overline{Q_D}$ 才會為 1，其餘情形下 $\overline{Q_A}\,\overline{Q_D}$ 均為 0；以 $Q_A\overline{Q_B}$ 為例，在所有的計數中，只有第二個 CLOCK 出現後，$Q_A\overline{Q_B}$ 才會為 1，其餘情形下 $Q_A\overline{Q_B}$ 均為 0，依此類推。若以上之說明仍無法理解，則請參考下面之附註說明。

註：利用卡諾圖化簡：

1. 首先將強生計數器的八個時相信號化成十進制的數值，如表 4-9-2.2 所示。

表 4-9-2.2

| CLOCK | 1 | 2 | 3 | 4 | 5 | 6 | 7 | 8 |
|---|---|---|---|---|---|---|---|---|
| $Q_D$ | 0 | 0 | 0 | 0 | 1 | 1 | 1 | 1 |
| $Q_C$ | 0 | 0 | 0 | 1 | 1 | 1 | 1 | 0 |
| $Q_B$ | 0 | 0 | 1 | 1 | 1 | 1 | 0 | 0 |
| $Q_A$ | 0 | 1 | 1 | 1 | 1 | 0 | 0 | 0 |
| 十進制 | 0 | 1 | 3 | 7 | 15 | 14 | 12 | 8 |

2. 八個相位的強生計數器，有八個不在意（don't care）信號為 2, 4, 5, 6, 9, 10, 11, 13，畫成卡諾圖。

| $Q_D Q_C \backslash Q_B Q_A$ | 00 | 01 | 11 | 10 |
|---|---|---|---|---|
| 00 | 0 | 1 | 3 | × |
| 01 | × | × | 7 | × |
| 11 | 12 | × | 15 | 14 |
| 10 | 8 | × | × | × |

註：卡諾圖內標示的現在為十進制數值及不在意信號（以"×"表示）。

3. 以第二個 CLOCK 出現後的輸出信號 $Q_D Q_C Q_B Q_A = 0001$ 為例，此時在上面的卡諾圖中，只有十進制數值為 1 時為"1"，其餘的狀態均為"0"，畫成下面的卡諾圖。

| $Q_D Q_C \backslash Q_B Q_A$ | 00 | 01 | 11 | 10 |
|---|---|---|---|---|
| 00 | 0 | 1 | 0 | × |
| 01 | × | × | 0 | × |
| 11 | 0 | × | 0 | 0 |
| 10 | 0 | × | × | × |

經化簡後得 $\overline{Q_B} Q_A$。

4. 以第五個 CLOCK 出現後的輸出信號 $Q_D Q_C Q_B Q_A = 1111$ 為例，此時只有十進制數值為 15 時為"1"，其餘的狀態均為"0"，畫成下面的卡諾圖。

| $Q_DQ_C \backslash Q_BQ_A$ | 00 | 01 | 11 | 10 |
|---|---|---|---|---|
| 00 | 0 | 0 | 0 | × |
| 01 | × | × | 0 | × |
| 11 | 0 | × | 1 | 0 |
| 10 | 0 | × | × | × |

經化簡後得 $Q_DQ_A$。

5. 依步驟 3.、4. 之例子類推，即可得八個 AND 閘的二輸入布林代數。

在使用強生計數器的起始狀態須為 0000，而一個具有 $n$ 個正反器的強生計數器，可提供 $2n$ 個不同相位的時相信號。

## 四 實習步驟

1. 按圖 4-9-2.2 連接線路（使用兩個 7474），電源供給 +5 V 固定電壓。
2. 將所有正反器的輸出清除為 0，使計數器的起始狀態為 0000。
3. 再將全部的正反器 CL 恢復，使正反器正常工作。
4. 將 CLOCK 端及八個 AND 輸出端，分別接 LED 及限流電阻。
5. 將 CLOCK 端送入時序脈波 1 Hz 的信號，觀察八個 AND 閘輸出端 LED 的亮滅情形，將結果記錄於表 4-9-2.3 中。

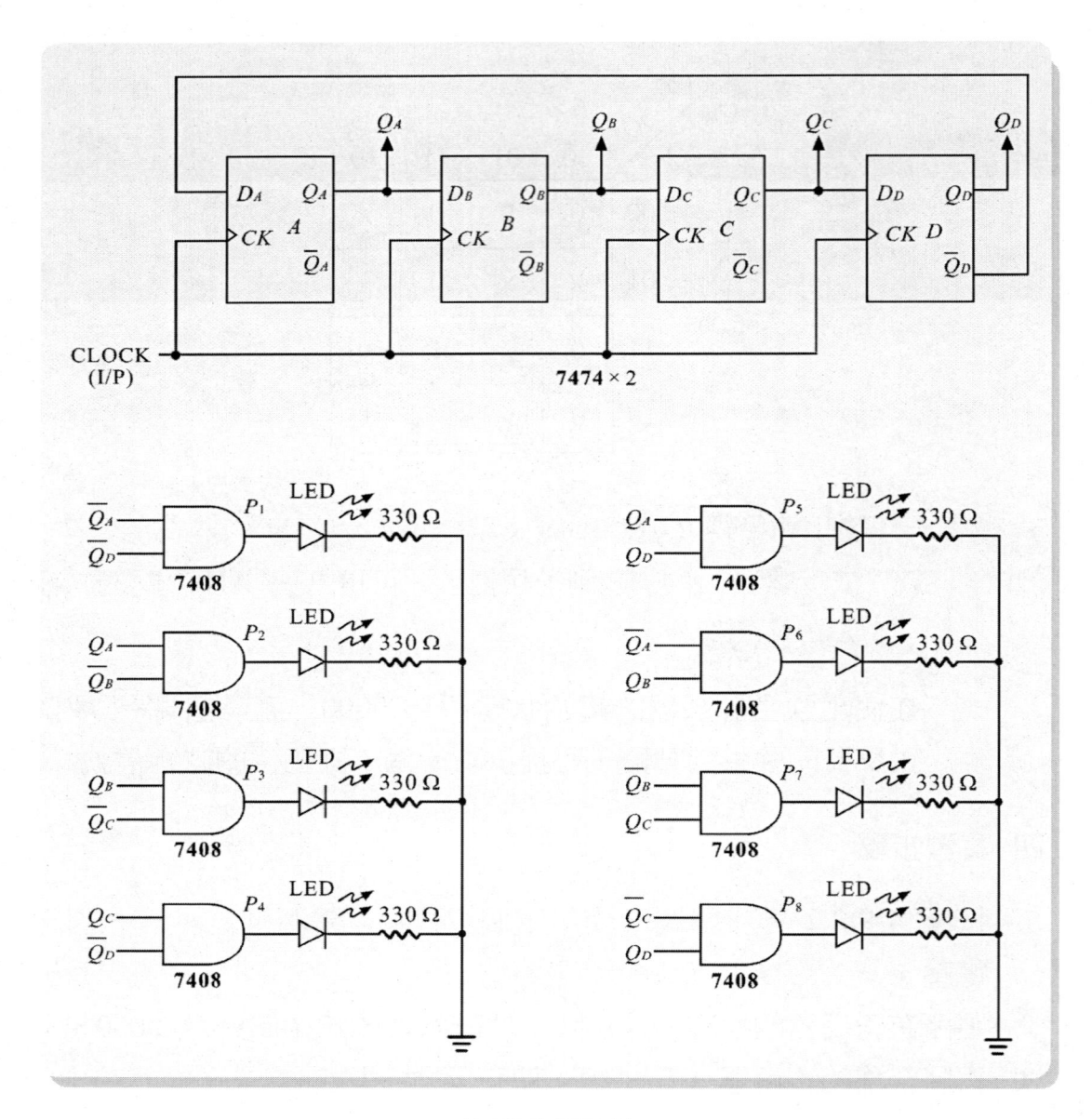

圖 4-9-2.2

表 4-9-2.3

| I/P | O/P |
| --- | --- |
| CLOCK 數目 | $P_1$　$P_2$　$P_3$　$P_4$　$P_5$　$P_6$　$P_7$　$P_8$ |
| 0 |  |
| 1 |  |
| 2 |  |
| 3 |  |
| 4 |  |
| 5 |  |
| 6 |  |
| 7 |  |
| 8 |  |

## 五 結果與討論

　　強生計數器的優點是利用較少的正反器即可得較多的時相信號，然而，魚與熊掌不可兼得，相對地，使用強生計數器必須付出製作解碼器（在此例中 8 個時相信號，需要 8 個二輸入的 AND 閘）的代價；另一優點是初態允許正反器全部清除為 0。由圖 4-9-2.2 與圖 4-9-1.1，可看出強生計數器的主電路，只要把環計數器的最後一個正反器的互補輸出（即 $\overline{Q_D}$），拉回到第一個正反器的輸入端（即 $D_A$）即可。

　　若需要 $n$ 個時相信號，在此比較環計數器（Ring Counter）、強生計數器（Johnsin Counter）與二進制計數器（Binary Counter）等三種計數器：

1. 環計數器：
   (1) 正反器數目：$n$ 個（即 8 個正反器，有 8 個時相信號）。
   (2) 可省略解碼器（即不需 AND 閘）。
   (3) 適用正反器便宜的時機。
2. 強生計數器：
   (1) 正反器數目：$\frac{n}{2}$ 個（即 4 個正反器，有 8 個時相信號）。
   (2) 解碼器適中：需 $n$ 個二輸入的 AND 的閘。
3. 二進制計數器：
   (1) 正反器數目（$N$）：$2^N \geq n$（即 $N=3$ 個正反器，有 8 個時相信號）。
   (2) 解碼器複雜：需 $n$ 個 $N$ 輸入的 AND 閘。
   (3) 適用解碼器便宜的時機。

## 4-10 序向電路設計

### 一、實習目的

1. 瞭解序向邏輯（Sequential Logic）電路的設計與任意計數序列（Count Sequence）電路的設計。
2. 瞭解 7432、7473、7486 的使用。

### 二、實習器材

信號產生器　　　　　　TTL IC：　7432×1
電源供應器　　　　　　　　　　　7473×2
麵包板　　　　　　　　　　　　　7486×1
導線少許　　　　　　　發光二極體：LED×3
　　　　　　　　　　　　R：330 Ω×3

### 三、實習說明

1. 序向邏輯電路與組合邏輯電路最大的不同，在於序向邏輯電路是一個包含記憶元件，以形成回授路徑的電路。記憶元件具有儲存二進制資料的能力，而在特定時間內儲存於記憶元件中的資料稱為狀態（State）。

　　在前面我們介紹過基本的正反器，並包含具有時序的正反器，在時序的正反器中，稱時序發生前的正反器狀態為現態（Present State，簡稱 PS），時序發生後的正反器狀態為次態（Next State，簡稱 NS）。

　　在時序發生後，次態可表示為現態及輸入變數的布林代數。表 4-10.1 說明四個基本正反器的次態與現態、輸入變數的關係，其中 $Q_{n+1}$ 表示次態，$Q_n$ 表示現態。

表 4-10.1

(a) S-R 正反器

| S | R | $Q_{n+1}$ |
|---|---|---|
| 0 | 0 | $Q_n$ |
| 0 | 1 | 0 |
| 1 | 0 | 1 |
| 1 | 1 | ? |

(b) J-K 正反器

| J | K | $Q_{n+1}$ |
|---|---|---|
| 0 | 0 | $Q_n$ |
| 0 | 1 | 0 |
| 1 | 0 | 1 |
| 1 | 1 | $\overline{Q_n}$ |

(c) D 型正反器

| D | $Q_{n+1}$ |
|---|---|
| 0 | 0 |
| 1 | 1 |

(d) T 型正反器

| T | $Q_{n+1}$ |
|---|---|
| 0 | $Q_n$ |
| 1 | $\overline{Q_n}$ |

2. 通常在設計的過程中,我們已知次態與現態的轉換情形,而希望找出造成如此轉換之正反器的輸入。在 S-R 正反器中,若輸出狀態由 0 變成 1,輸入 S、R 為何值?在此,我們需要一個能列出對已知的狀態變化所需要之正反器輸入的表,此表稱為**激勵表**(Excitation Table),如表 4-10.2 所示。

表 4-10.2

(a) S-R 正反器激勵表

| $Q_n$ | $Q_{n+1}$ | S | R |
|---|---|---|---|
| 0 | 0 | 0 | × |
| 0 | 1 | 1 | 0 |
| 1 | 0 | 0 | 1 |
| 1 | 1 | × | 0 |

(b) J-K 正反器激勵表

| $Q_n$ | $Q_{n+1}$ | J | R |
|---|---|---|---|
| 0 | 0 | 0 | × |
| 0 | 1 | 1 | × |
| 1 | 0 | × | 1 |
| 1 | 1 | × | 0 |

(c) D 型正反器激勵表

| $Q_n$ | $Q_{n+1}$ | D |
|---|---|---|
| 0 | 0 | 0 |
| 0 | 1 | 1 |
| 1 | 0 | 0 |
| 1 | 1 | 1 |

(d) T 型正反器激勵表

| $Q_n$ | $Q_{n+1}$ | T |
|---|---|---|
| 0 | 0 | 0 |
| 0 | 1 | 1 |
| 1 | 0 | 1 |
| 1 | 1 | 0 |

對表 4-10.2 的例子而言，由表 4-10.2(a) 中可知，若狀態由現態 $Q_n=0$ 變成次態 $Q_{n+1}=1$，則 $S$ 為 1 而 $R$ 為 0；而由表 4-10.2(b) 中可知，同前之狀態，則 $J=1$ 而 $K$ 為 "×"（"×" 表可為 0 或 1）。由表 4-10.2(a) 中可知，若狀態由現態 $Q_n=1$ 變成次態 $Q_{n+1}=0$，則 $S$ 為 0 而 $R$ 為 1；而由表 4-10.2(b) 中可知，同前之狀態，則 $J$ 為 "×" 而 $K=1$。以上所敘述的兩情形，為 $S$-$R$ 正反器激勵表與 $J$-$K$ 正反器激勵表不同之處。

3. 接下來介紹如何設計序向邏輯電路，其設計步驟如下：

(1) 狀態圖（State Diagram）：依照邏輯電路動作畫出可能發生的狀態，並由現態畫一個箭頭指向次態。圖 4-10.1 代表一個三位元的二進制計數器（由 0～7 計數）的狀態圖。

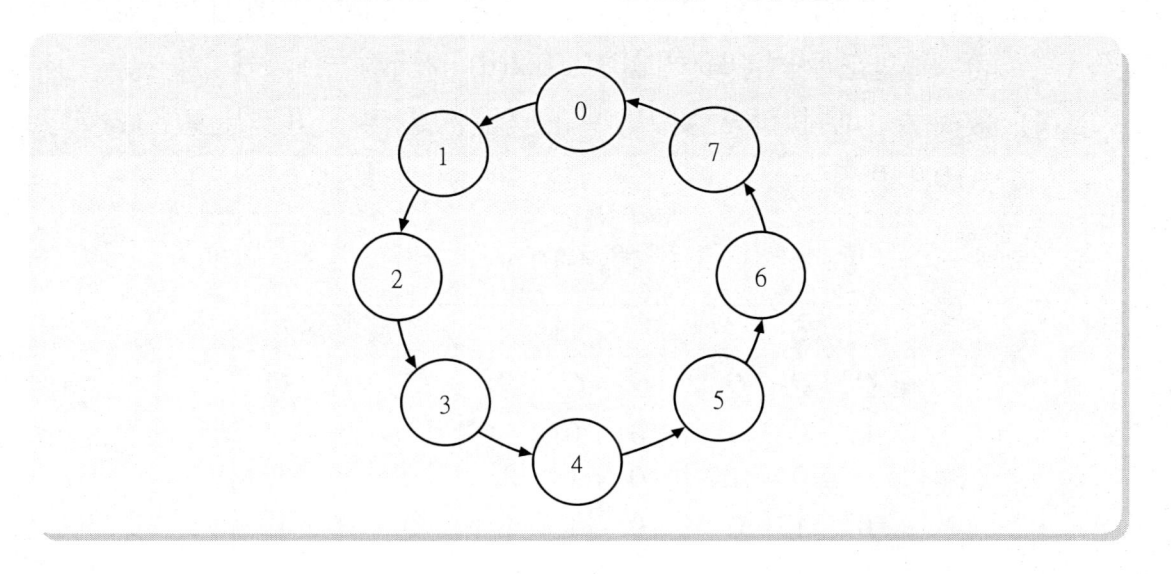

| 圖 4-10.1 |

(2) 狀態表（State Table）：將狀態圖所得到的資料填入狀態表中，如表 4-10.3 所示。

(3) 正反器激勵表（Flip-Flop Excitation Table）：
決定使用正反器的類型與個數，若狀態以 $N$ 個位元表示（$N=3$），則必須使用 $N$ 個正反器。由於要設計一個三位元的二進

表 4-10.3

| PS (現態) | | | | NS (次態) | | | |
|---|---|---|---|---|---|---|---|
| 十進制 | $Q_C$ | $Q_B$ | $Q_A$ | $Q_C$ | $Q_B$ | $Q_A$ | 十進制 |
| 0 | 0 | 0 | 0 | 0 | 0 | 1 | 1 |
| 1 | 0 | 0 | 1 | 0 | 1 | 0 | 2 |
| 2 | 0 | 1 | 0 | 0 | 1 | 1 | 3 |
| 3 | 0 | 1 | 1 | 1 | 0 | 0 | 4 |
| 4 | 1 | 0 | 0 | 1 | 0 | 1 | 5 |
| 5 | 1 | 0 | 1 | 1 | 1 | 0 | 6 |
| 6 | 1 | 1 | 0 | 1 | 1 | 1 | 7 |
| 7 | 1 | 1 | 1 | 0 | 0 | 0 | 0 |

制計數器，所以此邏輯電路需要三個正反器，在此我們選擇 T 型正反器作為設計的裝置（註：正反器的類型可以任意挑選），而 T 型正反器激勵如表 4-10.2(d) 所示。

(4) 激勵表：由狀態表及 T 型正反器激勵表，可寫出激勵表如表 4-10.4 所示。

表 4-10.4

| PS | | | NS | | | 正反器輸入 | | |
|---|---|---|---|---|---|---|---|---|
| $Q_C$ | $Q_B$ | $Q_A$ | $Q_C$ | $Q_B$ | $Q_A$ | $T_C$ | $T_B$ | $T_A$ |
| 0 | 0 | 0 | 0 | 0 | 1 | 0 | 0 | 1 |
| 0 | 0 | 1 | 0 | 1 | 0 | 0 | 1 | 1 |
| 0 | 1 | 0 | 0 | 1 | 1 | 0 | 0 | 1 |
| 0 | 1 | 1 | 1 | 0 | 0 | 1 | 1 | 1 |
| 1 | 0 | 0 | 1 | 0 | 1 | 0 | 0 | 1 |
| 1 | 0 | 1 | 1 | 1 | 0 | 0 | 1 | 1 |
| 1 | 1 | 0 | 1 | 1 | 1 | 0 | 0 | 1 |
| 1 | 1 | 1 | 0 | 0 | 0 | 1 | 1 | 1 |

(5) 卡諾圖化簡：依表 4-10.4 之激勵表填入卡諾圖中，如圖 4-10.2 所示，以卡諾圖化簡後求出每一個正反器輸入的布林代數，將其標示於卡諾圖下方。

| $Q_C Q_B \backslash Q_A$ | 0 | 1 |
|---|---|---|
| 0 0 | 0 | 0 |
| 0 1 | 0 | 1 |
| 1 1 | 0 | 1 |
| 1 0 | 0 | 0 |

$T_C = Q_B Q_A$

| $Q_C Q_B \backslash Q_A$ | 0 | 1 |
|---|---|---|
| 0 0 | 0 | 1 |
| 0 1 | 0 | 1 |
| 1 1 | 0 | 1 |
| 1 0 | 0 | 1 |

$T_B = Q_A$

| $Q_C Q_B \backslash Q_A$ | 0 | 1 |
|---|---|---|
| 0 0 | 1 | 1 |
| 0 1 | 1 | 1 |
| 1 1 | 1 | 1 |
| 1 0 | 1 | 1 |

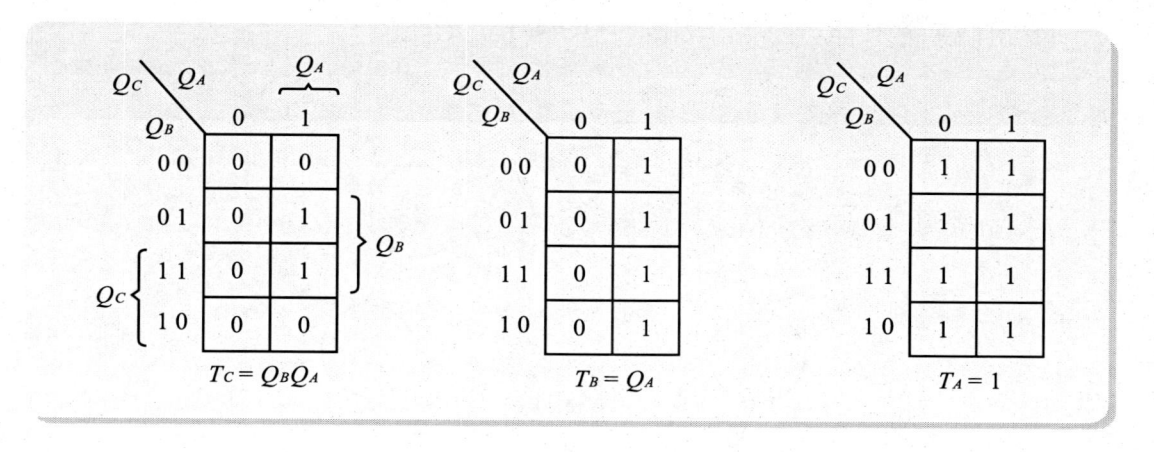

$T_A = 1$

圖 4-10.2

(6) 邏輯電路圖：根據每一個正反器輸入的布林代數，可畫出邏輯電路圖，如圖 4-10.3 所示。

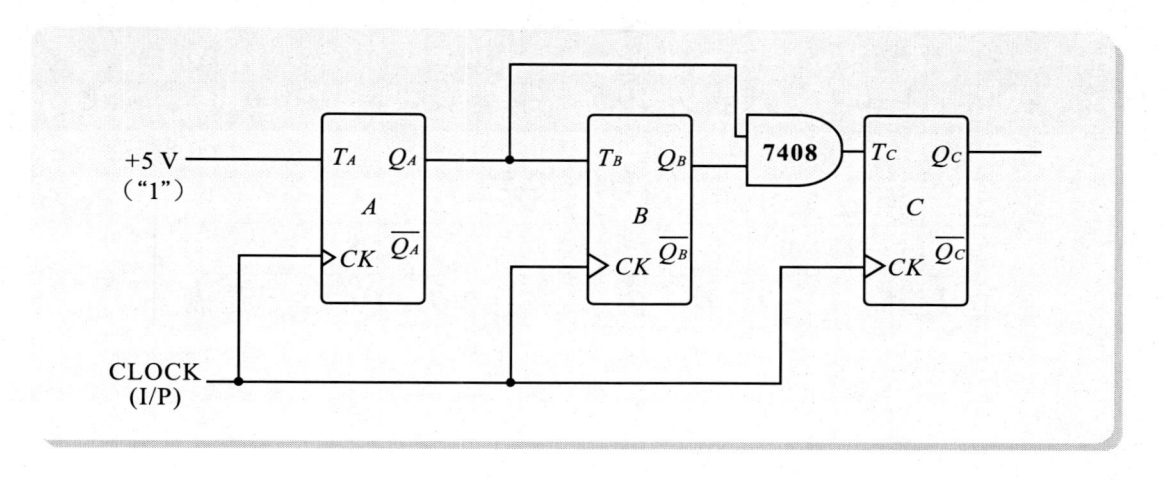

圖 4-10.3

## 四 實習步驟

1. 請使用 J-K 正反器設計一個計數順序為 0→4→2→1→6→7→3→5 的計數器,首先,完成圖 4-10.4 的狀態圖。

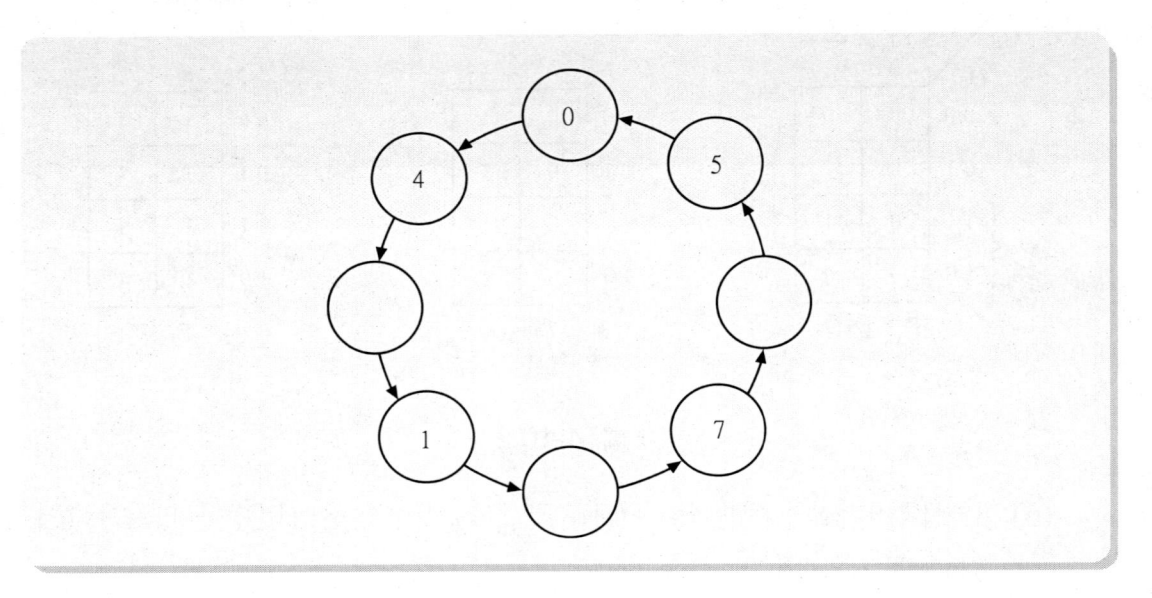

圖 4-10.4

2. 依照圖 4-10.4 完成表 4-10.5 的狀態表與表 4-10.6 的激勵表。

表 4-10.5

| 十進制 | PS $Q_C$ $Q_B$ $Q_A$ | NS $Q_C$ $Q_B$ $Q_A$ | 十進制 |
|---|---|---|---|
| 0 | 0　0　0 | 1　0　0 | 4 |
| 1 | 0　0　1 |   |   |
| 2 | 0　1　0 | 0　0　1 | 1 |
| 3 | 0　1　1 |   |   |
| 4 | 1　0　0 |   |   |
| 5 | 1　0　1 | 0　0　0 | 0 |
| 6 | 1　1　0 | 1　1　1 | 7 |
| 7 | 1　1　1 |   |   |

| 表 4-10.6 |

| PS | | | NS | | | 正反器輸入 | | | | | |
|---|---|---|---|---|---|---|---|---|---|---|---|
| $Q_C$ | $Q_B$ | $Q_A$ | $Q_C$ | $Q_B$ | $Q_A$ | $J_C$ | $K_C$ | $J_B$ | $K_B$ | $J_A$ | $K_A$ |
| 0 | 0 | 0 | 1 | 0 | 0 | 1 | × | 0 | × | 0 | × |
| 0 | 0 | 1 | | | | | | | | | |
| 0 | 1 | 0 | 0 | 0 | 1 | 0 | × | × | 1 | 1 | × |
| 0 | 1 | 1 | | | | | | | | | |
| 1 | 0 | 0 | | | | | | | | | |
| 1 | 0 | 1 | 0 | 0 | 0 | × | 1 | 0 | × | × | 1 |
| 1 | 1 | 0 | 1 | 1 | 1 | × | 0 | × | 0 | 1 | × |
| 1 | 1 | 1 | | | | | | | | | |

| 圖 4-10.5 |

| 表 4-10.7 |

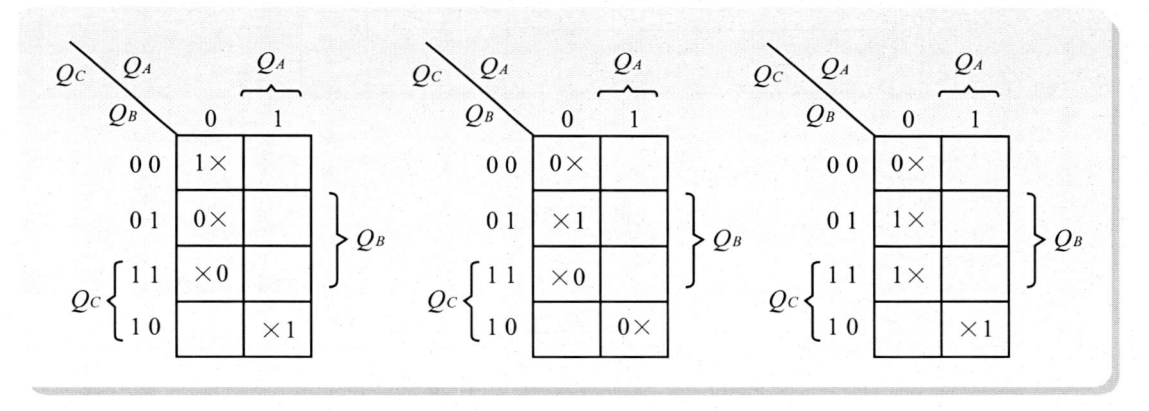

| 正反器輸入 | 布林代數 |
|---|---|
| $J_C =$ | $\overline{Q_B} + Q_A$ |
| $K_C =$ | $\overline{Q_B} + Q_A$ |
| $J_B =$ | $\overline{Q_C \oplus Q_A}$ |
| $K_B =$ | $\overline{Q_C}$ |
| $J_A =$ | |
| $K_A =$ | |

3. 利用卡諾圖化簡如圖 4-10.5，求出每一個正反器輸入的布林代數，並填入表 4-10.7 中。
4. 依表 4-10.7 的布林代數完成邏輯電路圖於圖 4-10.6，並按圖 4-10.6 接線，電源供給 +5 V 固定電壓。

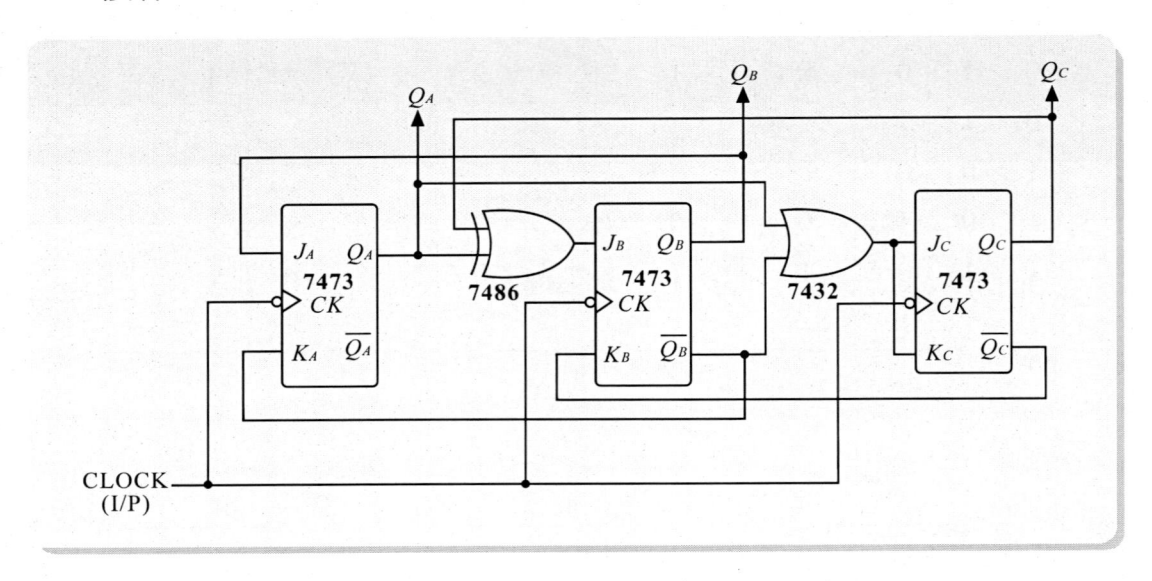

│ 圖 4-10.6 │

│ 表 4-10.8 │

| CLOCK 數目 | O/P |||
|:---:|:---:|:---:|:---:|
| | $Q_C$　$Q_B$　$Q_A$ || 十進制 |
| 0 | | | |
| 1 | | | |
| 2 | | | |
| 3 | | | |
| 4 | | | |
| 5 | | | |
| 6 | | | |
| 7 | | | |
| 8 | | | |
| 9 | | | |

5. 將正反器的輸出端（$Q_A$、$Q_B$、$Q_C$）及 $CK$ 端，分別接 LED 及限流電阻。
6. 將 $CK$ 接頻率 1 Hz（由信號產生器提供），觀察 LED 之亮滅情形，將結果記錄於表 4-10.8 的空格中。

## 五 結果與討論

設計任意計數的序向電路，當決定正反器的類型與個數後，只要依照六步驟：

1. 狀態圖
2. 狀態表
3. 正反器激勵表
4. 激勵表
5. 卡諾圖化簡
6. 邏輯電路圖

均可迎刃而解。以上所設計之電路，實驗時請注意時序脈波（CLOCK）的 LED 顯示，它代表脈波輸入的數目。

請思考如果不接邏輯電路，而直接紙上作業，如何證明所設計之邏輯電路為正確？以下建立表 4-10.9 證明之。

首先依照邏輯電路圖 4-10.6 定出輸入布林代數：

$$\begin{cases} J_A = Q_B \\ K_A = \overline{Q_B} \end{cases} \quad \begin{cases} J_B = Q_C \oplus Q_A \\ K_B = \overline{Q_C} \end{cases} \quad \begin{cases} J_C = \overline{Q_B} + Q_A \\ K_C = \overline{Q_B} + Q_A \end{cases}$$

其次依照表 4-10.9 的現態（PS），定出正反器的輸入狀態，再依 J-K 正反器的真值表，寫出次態（NS）的 $Q_C$、$Q_B$、$Q_A$ 化成十進制表 4-10.5 的狀態表對照。

表 4-10.9

| PS | | | | 正反器輸入 | | | | | | NS | | | |
|---|---|---|---|---|---|---|---|---|---|---|---|---|---|
| 十進制 | $Q_C$ | $Q_B$ | $Q_A$ | $J_C$ | $K_C$ | $J_B$ | $K_B$ | $J_A$ | $K_A$ | $Q_C$ | $Q_B$ | $Q_A$ | 十進制 |
| 0 | 0 | 0 | 0 | 1 | 1 | 0 | 1 | 0 | 1 | 1 | 0 | 0 | 4 |
| 1 | 0 | 0 | 1 | 1 | 1 | 1 | 1 | 0 | 1 | 1 | 1 | 0 | 6 |
| 2 | 0 | 1 | 0 | 0 | 0 | 0 | 1 | 1 | 0 | 0 | 0 | 1 | 1 |
| 3 | 0 | 1 | 1 | 1 | 1 | 1 | 1 | 1 | 0 | 1 | 0 | 1 | 5 |
| 4 | 1 | 0 | 0 | 1 | 1 | 1 | 0 | 0 | 1 | 0 | 1 | 0 | 2 |
| 5 | 1 | 0 | 1 | 1 | 1 | 0 | 0 | 0 | 1 | 0 | 0 | 0 | 0 |
| 6 | 1 | 1 | 0 | 0 | 0 | 1 | 0 | 1 | 0 | 1 | 1 | 1 | 7 |
| 7 | 1 | 1 | 1 | 1 | 1 | 0 | 0 | 1 | 0 | 0 | 1 | 1 | 3 |

## 4-11 問題討論

1. 請設計一個四位元由大到小計數的非同步計數器。
2. 請設計一個除 5 計數器。
3. 請設計一個除 12 計數器。
4. 請利用 7474 與六個 AND 閘,設計一個六個相位的強生計數器。
5. 請設計一個能控制邏輯電路,在特定的五個時序脈波工作的控制電路。
6. 請設計一個計數順序為 0→1→3→2→6→4→5→7 的計數器。
7. 請使用 J-K 正反器設計一個計數器,計數順序為 0→1→2→3→4→5→6→7 的計數器。
8. 以正反器設計一個全加器。
9. 使用 J-K 正反器,設計一個除 5 計數器。

# 第五章 暫存器實習

5-1　串入-串出移位暫存器實習　　190

5-2　串入-並出移位暫存器實習　　193

5-3　並入-串出移位暫存器實習　　196

5-4　並入-並出移位暫存器實習　　199

5-5　左／右移移位暫存器實習　　201

5-6　問題討論　　205

將每一個正反器的輸出接至下一個正反器的輸入,且每個正反器都共用一個時序脈波來做同步控制以供資料傳輸,此種組態稱為移位暫存器;此暫存器依據資料操作的方式可分為四種型態。

1. 串入-串出（serial in-serial out）;SISO 移位暫存器。
2. 串入-並出（serial in-parallel out）;SIPO 移位暫存器。
3. 並入-串出（parallel in-serial out）;PISO 移位暫存器。
4. 並入-並出（parallel in-parallel out）;PIPO 移位暫存器。

又依資料傳送方向差異可分為右移（shift right）、左移（shift left）及左-右移等三種移位暫存器。

## 5-1 串入-串出移位暫存器實習

### 一 實習目的

1. 瞭解串列輸入-串列輸出移位暫存器的工作原理。
2. 瞭解 7496 的使用。

### 二 實習器材

電源供應器　　　　　　　　　TTL IC： 7496 × 1
麵包板　　　　　　　　　　　發光二極體： LED × 5
導線少許　　　　　　　　　　$R$：330 Ω × 5

### 三 實習說明

串入-串出移位暫存器是最基本移位暫存器的形式,它也是一個簡單的時序記憶器,每一級都能接收一個位元（bit）的資料。因為每一個輸入都有一定的時序,因此最先輸入的位元最先輸出,SISO 移位暫存器的另一個功能是提供資料的延遲;若有 $n$ 個正反器則輸出端的資料被延遲了 $n$ 個時序脈波,而資料發生變化可在脈波的前緣或後緣。

## 四　實習步驟

1. 按圖 5-1.1 接妥電路；並請參考表 5-1.1 IC 7496 功能表。
2. 電壓供給 +5 V。

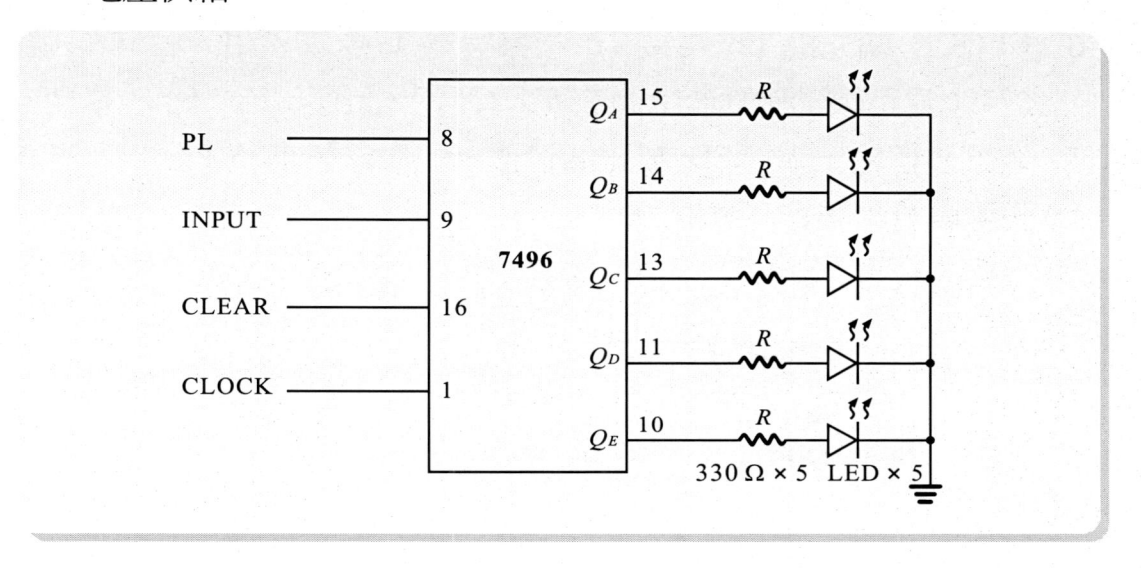

圖 5-1.1

表 5-1.1　7496 功能表

| 輸入 | | | | 輸出 | | | | | |
|---|---|---|---|---|---|---|---|---|---|
| 清除 | 並行載入 (PL) | 預　定　A B C D E | 時　脈 | 串列輸入 | $Q_A$ | $Q_B$ | $Q_C$ | $Q_D$ | $Q_E$ |
| L | L | × × × × × | × | × | L | L | L | L | L |
| L | × | L L L L L | × | × | L | L | L | L | L |
| H | H | H H H H H | × | × | H | H | H | H | H |
| H | H | L L L L L | L | × | $Q_{AO}$ | $Q_{BO}$ | $Q_{CO}$ | $Q_{DO}$ | $Q_{EO}$ |
| H | H | H L H L H | L | × | H | $Q_{BO}$ | H | $Q_{DO}$ | H |
| H | L | × × × × × | L | × | $Q_{AO}$ | $Q_{BO}$ | $Q_{CO}$ | $Q_{DO}$ | $Q_{EO}$ |
| H | L | × × × × × | ↑ | H | H | $Q_{AN}$ | $Q_{BN}$ | $Q_{CN}$ | $Q_{ON}$ |
| H | L | × × × × × | ↑ | L | L | $Q_{AN}$ | $Q_{BN}$ | $Q_{CN}$ | $Q_{ON}$ |

3. CLEAR 端接 Lo 後恢復為 Hi 狀態（清除動作）。
4. PRESET（預置）端接 Lo。
5. SERIAL-INPUT（串列輸入）端依表 5-1.2 所示，依序改變其輸入狀態。
6. CLOCK 端先接 Lo 再接 Hi 後回復為 Lo；即產生一個 ⌐⌐ 信號（7496 為正緣觸發動作）。按表 5-1.2 所示，依序供給一個 ⌐⌐ 信號。
7. 觀察各個輸出端 LED 變化的情形，並記錄於表 5-1.2 中（亮表為邏輯 1；滅表為邏輯 0）。

表 5-1.2

| 輸入 | | 輸出 | | | | |
|---|---|---|---|---|---|---|
| SERIAL INPUT | CK | $Q_A$ | $Q_B$ | $Q_C$ | $Q_D$ | $Q_E$ |
| H | ⌐⌐ | | | | | |
| H | ⌐⌐ | | | | | |
| H | ⌐⌐ | | | | | |
| H | ⌐⌐ | | | | | |
| H | ⌐⌐ | | | | | |
| L | ⌐⌐ | | | | | |
| L | ⌐⌐ | | | | | |
| L | ⌐⌐ | | | | | |
| L | ⌐⌐ | | | | | |
| L | ⌐⌐ | | | | | |
| H | ⌐⌐ | | | | | |
| L | ⌐⌐ | | | | | |
| H | ⌐⌐ | | | | | |
| L | ⌐⌐ | | | | | |
| H | ⌐⌐ | | | | | |

## 五 結果與討論

　　7496 為移位暫存器，若將 PRESET 端接 Hi 有預置輸出端的功能，一般使用皆將此端接 Lo；7496 同時具有並行載入的功能，在 5-4 節中將再次使用到它。

## 5-2 串入-並出移位暫存器實習

### 一 實習目的

1. 瞭解串入-並出移位暫存器的動作原理。
2. 研究 74164 使用的方法。

### 二 實習器材

信號產生器　　　　　　TTL IC：74164×1
電源供應器　　　　　　發光二極體：LED×8
麵包板　　　　　　　　$R$：330 Ω×8
導線少許

### 三 實習說明

串入-並出移位暫存器的輸出為並列式，它可視為簡單的串-並資料轉換器。本實習利用 74164 來實作，其功能表見表 5-2.1 所示。表中"↑"表示脈波信號的正緣端。

表 5-2.1　74164 功能表

| 輸入 | | | 輸出 | | | |
|---|---|---|---|---|---|---|
| CLEAR | CLOCK | $A$　$B$ | $Q_A$ | $Q_B$ | ⋯ | $Q_H$ |
| L | × | ×　× | L | L | | L |
| H | L | ×　× | $Q_{AO}$ | $Q_{BO}$ | | $Q_{HO}$ |
| H | ↑ | H　H | H | $Q_{AN}$ | | $Q_{GN}$ |
| H | ↑ | L　× | L | $Q_{AN}$ | | $Q_{GN}$ |
| H | ↑ | ×　L | L | $Q_{AN}$ | | $Q_{GN}$ |

## 四 實習步驟

1. 按圖 5-2.1 接妥電路。

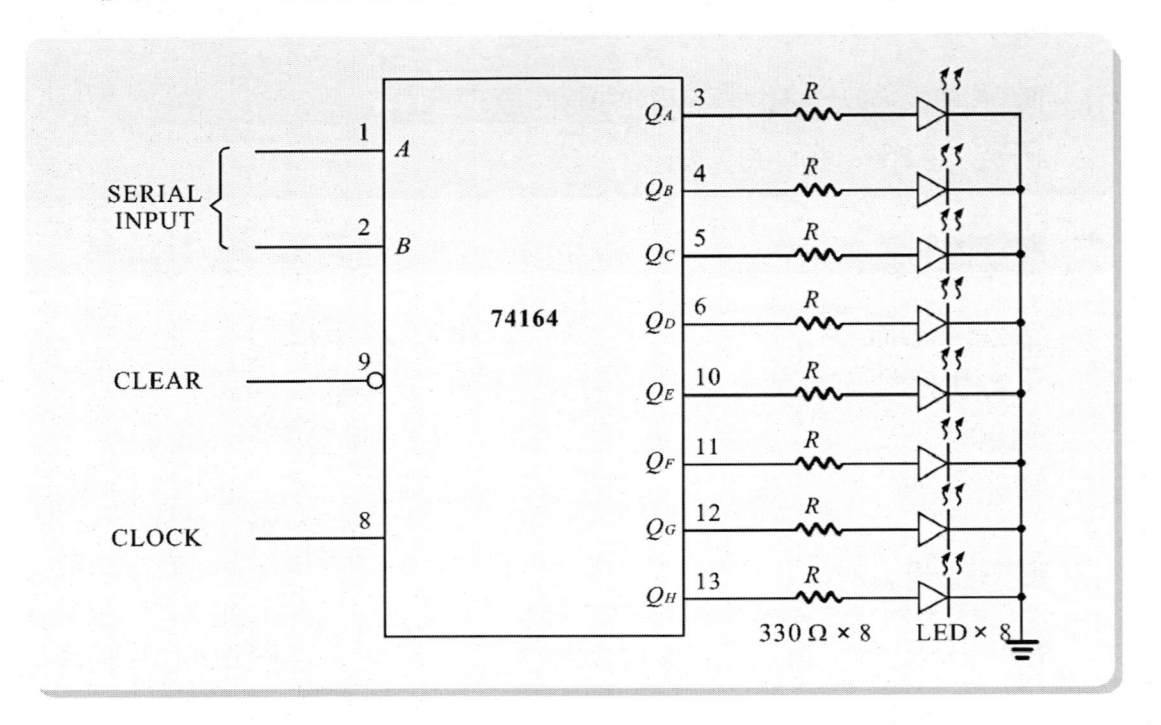

圖 5-2.1

2. 電源供給 +5 V。
3. 將 CLEAR 端接 Lo 後恢復為 Hi 狀態（清除動作）。
4. 將 CLOCK 端先接 Lo 再接 Hi 後回復為 Lo，即產生一個 ⎍ 信號；每改變輸入狀態時即重複此動作。
5. 按表 5-2.2 所示依序改變 A、B 端之輸入狀態。
6. 分別觀察各個輸出端 LED 的變化情況，並記錄於表 5-2.2 中。
7. 將 CLOCK 端改接 1 Hz 的脈波，並重新表改變 A、B 端之輸入，觀察 $Q_A \sim Q_H$ 端是否隨著 A、B 端之變化而變化。

## 五 結果與討論

表 5-2.2

| 輸入 | | | 輸出 | | | | | | | |
|---|---|---|---|---|---|---|---|---|---|---|
| 脈波 | *A* | *B* | $Q_A$ | $Q_B$ | $Q_C$ | $Q_D$ | $Q_E$ | $Q_F$ | $Q_G$ | $Q_H$ |
| 1 | H | H | | | | | | | | |
| 2 | H | H | | | | | | | | |
| 3 | H | H | | | | | | | | |
| 4 | H | H | | | | | | | | |
| 5 | H | H | | | | | | | | |
| 6 | H | H | | | | | | | | |
| 7 | H | H | | | | | | | | |
| 8 | H | H | | | | | | | | |
| 9 | L | H | | | | | | | | |
| 10 | L | H | | | | | | | | |
| 11 | L | H | | | | | | | | |
| 12 | L | H | | | | | | | | |
| 13 | H | L | | | | | | | | |
| 14 | H | L | | | | | | | | |
| 15 | H | L | | | | | | | | |
| 16 | H | L | | | | | | | | |
| 17 | H | H | | | | | | | | |
| 18 | L | L | | | | | | | | |
| 19 | H | H | | | | | | | | |
| 20 | L | L | | | | | | | | |
| 21 | H | H | | | | | | | | |
| 22 | L | L | | | | | | | | |
| 23 | H | H | | | | | | | | |
| 24 | L | L | | | | | | | | |

## 5-3 並入-串出移位暫存器實習

### 一 實習目的

1. 瞭解並入-串出移位暫存器的原理。
2. 研究 74165 的使用方法。

### 二 實習器材

電源供應器　　　　　　　TTL IC：74165×1
麵包板　　　　　　　　　發光二極體：LED×2
導線少許　　　　　　　　$R$：330Ω×2

### 三 實習說明

並入-串出移位暫存器對於並行載入資料一般有兩種方法；一種是先預置並行輸入端的資料信號，也就是說先清除輸出端的信號，再依功能的要求預先設定輸入信號，另一種方法為不需先清除輸出端的信號，而在任何情況下載入 0 或 1 的信號。本實驗利用 74165 來實作，74165 的功能表如表 5.3.1 所示。

表 5-3.1　74165 功能表

| 輸　　　　　　入 ||||| 內部輸出 || 輸出 |
|---|---|---|---|---|---|---|---|
| 移位／饋入 | 時脈抑制 | 時脈 | 依序 | 並　行 $A\cdots\cdots H$ | $Q_A$ | $Q_B$ | $Q_H$ |
| L | × | × | × | $a\cdots\cdots h$ | $a$ | $b$ | $h$ |
| H | L | L | × | × | $Q_{AO}$ | $Q_{BO}$ | $Q_{HO}$ |
| H | L | ↑ | H | × | H | $Q_{AN}$ | $Q_{GN}$ |
| H | L | ↑ | L | × | L | $Q_{ON}$ | $Q_{GN}$ |
| H | H | ↑ | × | × | $Q_{AO}$ | $Q_{BO}$ | $Q_{HO}$ |

### 四 實習步驟

1. 按圖 5-3 接妥電路。

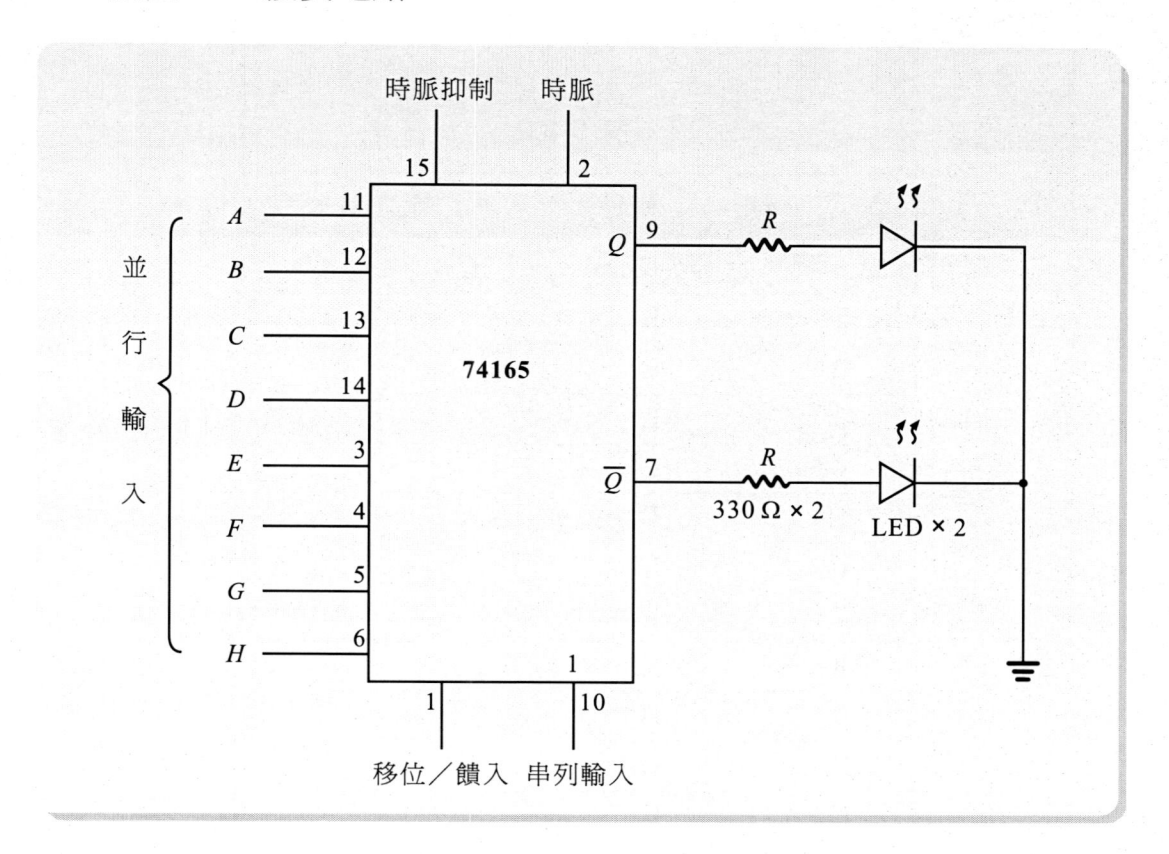

圖 5-3

2. 電源供給 +5 V。
3. A～H 並行輸入端分別設定為 10101100（"1" 為 +5 V；"0" 為 0 V）。
4. CLOCK INHIBIT 端接 Lo，SHIFT/LOAD 接 Lo 再回復為 Hi；執行載入動作。
5. 將 CLOCK 端接 Lo 再接 Hi 後回復 Lo，即產生一個 ⊓ 信號，參考表 5-3.2，每改變一個狀態，就重複一次此動作。
6. 當 CLOCK = 8 時，再重複步驟 4. 重新載入 A～H 之輸入信號。

7. 分別觀察 $Q_H$ 及 $\overline{Q}_H$ 端，LED 之變化情形，並記錄於表 5-3.2 中。

## 五 結果與討論

表 5-3.2

| 輸　入 ||  輸　出 ||
| :---: | :---: | :---: | :---: |
| 脈　波 | 串列輸入 | $Q_H$ | $\overline{Q}_H$ |
| 1 | L | | |
| 2 | L | | |
| 3 | L | | |
| 4 | L | | |
| 5 | L | | |
| 6 | L | | |
| 7 | L | | |
| 8 | L | | |
| 9 | H | | |
| 10 | H | | |
| 11 | H | | |
| 12 | H | | |
| 13 | H | | |
| 14 | H | | |
| 15 | H | | |
| 16 | H | | |

　　此實習中輸出 $Q$ 與 $\overline{Q}$ 成互補關係，當改變一次 CLOCK 時，資料位移一位元，即 $Q_H = Q_G$；當改變 8 次 CLOCK 後因 SERIAL I/P 端為 Lo 導致 $Q_A \sim Q_H$ 皆為 Lo；所以再重新載入輸入端之並行信號；讀者在重新載入輸入信號時，可任意設定任何值並重複本實習。

## 5-4 並入-並出移位暫存器實習

### 一、實習目的

1. 瞭解並入-並出移位暫存器的工作原理。
2. 研究如何將 7496 設計成並入-並出移位暫存器。

### 二、實習器材

| | |
|---|---|
| 電源供應器 | TTL IC： 7496×1 |
| 麵包板 | 發光二極體： LED×5 |
| 導線少許 | $R$：330 Ω×5 |

### 三、實習說明

並入-並出移位暫存器因為輸入與輸出端均為並列式，所以需要更

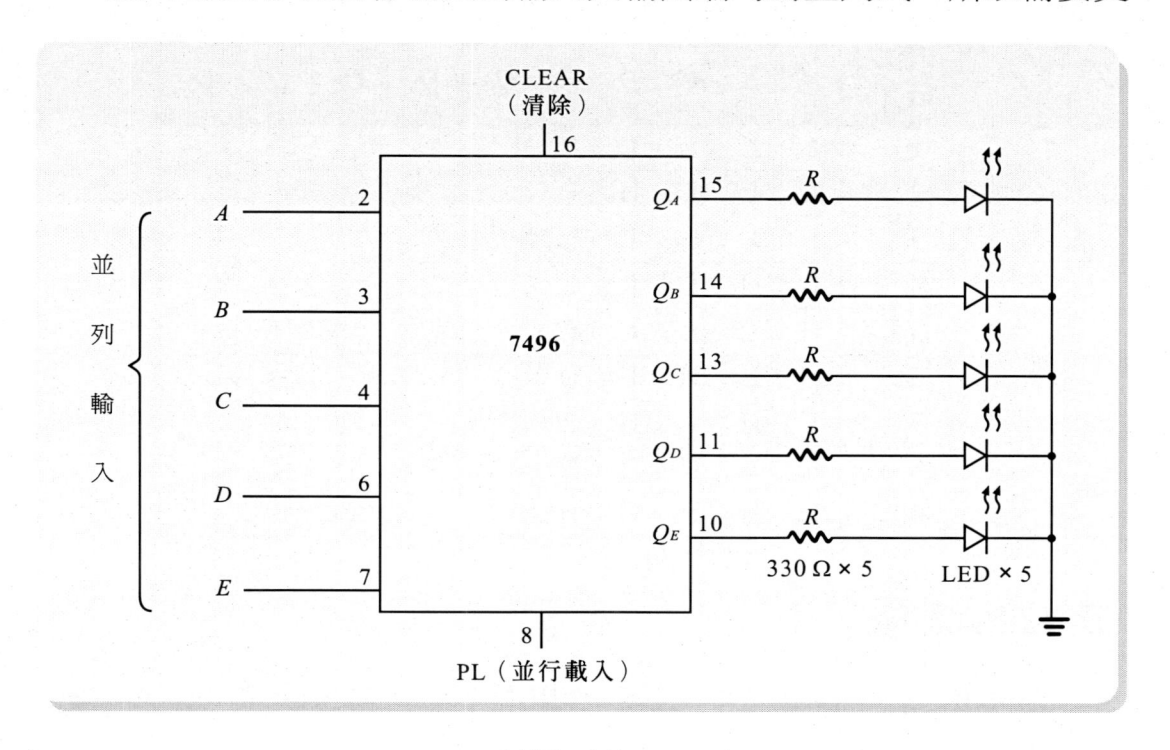

圖 5-4.1

多的接腳；因而也限制了晶片上腳數的包裝。並列式輸入可以為同步或非同步兩種方式，本實驗重新利用 7496 將它設計為 PIPO 移位暫存器的模式。

### 四 實習步驟

1. 按圖 5-4.1 接妥電路。
2. 電源供給為 +5 V。
3. 將 CLEAR 端接 Lo 再回復為 Hi（清除動作）。
4. 依表 5-4.1 中所示，依序改變 A～E 輸入端之輸入信號；每改變一次輸入狀態 PL 端接 Lo 再回復為 Hi；即做載入動作。
5. 分別觀察 $Q_A$～$Q_E$ 端之變化情形，並記錄於表 5-4.1 中（LED 亮代表邏輯 "1"；滅代表邏輯 "0"）。

表 5-4.1

| 並行載入 (PL) | 輸入 |   |   |   |   | 輸出 |   |   |   |   |
|---|---|---|---|---|---|---|---|---|---|---|
|  | A | B | C | D | E | $Q_A$ | $Q_B$ | $Q_C$ | $Q_D$ | $Q_E$ |
| 1 | L | L | L | L | H |   |   |   |   |   |
| 2 | L | L | L | H | L |   |   |   |   |   |
| 3 | L | L | H | L | L |   |   |   |   |   |
| 4 | L | H | L | L | L |   |   |   |   |   |
| 5 | H | L | L | L | L |   |   |   |   |   |
| 6 | H | L | L | L | H |   |   |   |   |   |
| 7 | L | H | L | H | L |   |   |   |   |   |
| 8 | L | L | H | H | H |   |   |   |   |   |
| 9 | L | H | H | H | H |   |   |   |   |   |

### 五 結果與討論

　　7496 IC 是一個串／並列輸入共用的積體電路，此 IC 可依用者之要求，設計成兩種輸入模式電路。

## 5-5 左／右移移位暫存器實習

### 一 實習目的

1. 瞭解左／右移移位暫存器的工作原理。
2. 研究如何設計 74194 為左／右移移位暫存器模式。

### 二 實習器材

電源供應器　　　　　　　　TTL IC：74194 × 1
麵包板　　　　　　　　　　發光二極體：　LED × 4
導線少許　　　　　　　　　$R$：330 Ω × 4

### 三 實習說明

左／右移移位暫存器是針對，滿足人們對於資料任意左移或右移記錄的習慣而設計的，一般具有四種功能：

表 5-5.1

| 輸入 | | | | | | | | | | 輸出 | | | |
|---|---|---|---|---|---|---|---|---|---|---|---|---|---|
| 清除 | 模式 | | 時脈 | 依 序 | | 並 行 | | | | $Q_A$ | $Q_B$ | $Q_C$ | $Q_D$ |
| | $S_1$ | $S_0$ | | 左 | 右 | $A$ | $B$ | $C$ | $D$ | | | | |
| L | × | × | × | × | × | × | × | × | × | L | L | L | L |
| H | × | × | L | × | × | × | × | × | × | $Q_{AO}$ | $Q_{BO}$ | $Q_{CO}$ | $Q_{DO}$ |
| H | H | H | ↑ | × | × | $a$ | $b$ | $c$ | $d$ | $a$ | $b$ | $c$ | $d$ |
| H | L | H | ↑ | × | H | × | × | × | × | H | $Q_{AN}$ | $Q_{BN}$ | $Q_{CN}$ |
| H | L | H | ↑ | × | L | × | × | × | × | L | $Q_{AN}$ | $Q_{BN}$ | $Q_{CN}$ |
| H | H | L | ↑ | H | × | × | × | × | × | $Q_{BN}$ | $Q_{CN}$ | $Q_{DN}$ | H |
| H | H | L | ↑ | L | × | × | × | × | × | $Q_{BN}$ | $Q_{CN}$ | $Q_{DN}$ | L |
| H | L | L | × | × | × | × | × | × | × | $Q_{AO}$ | $Q_{BO}$ | $Q_{CO}$ | $Q_{DO}$ |

1. 並行載入
2. 左移
3. 右移
4. 不動作

其功能是雙工的，只要適當控制即可滿足上述要求。本實習利用 74194 來實作；其功能表見表 5-5.1 所示。

## 四 實習步驟

1. 按圖 5-5.1 接妥電路。

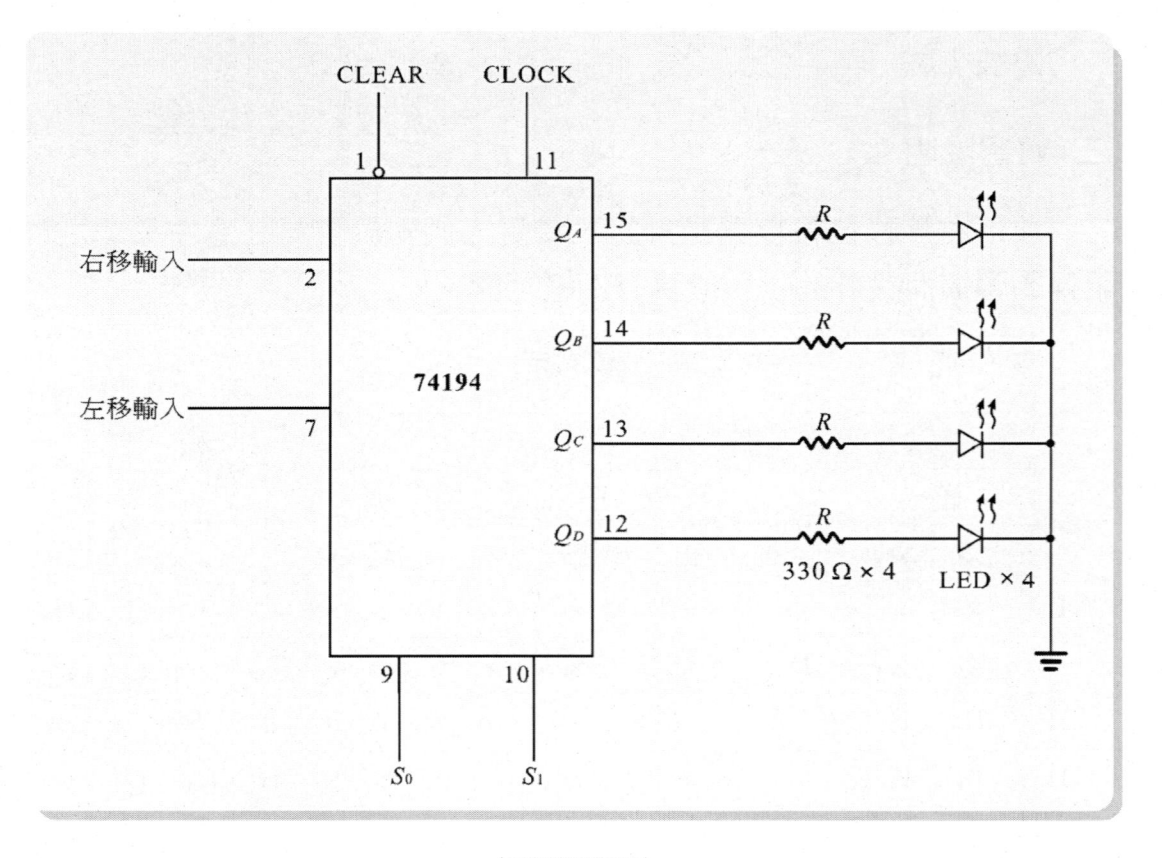

圖 5-5.1

2. 電源供給 +5 V。

右移：

3. 將 CLEAR 端接 Lo 後回復為 Hi（清除動作）。

各端設定信號如下：

$\left. \begin{array}{l} S_0 = \text{Hi} \\ S_1 = \text{Lo} \end{array} \right\}$ 右移功能

左移輸入 = Lo

右移輸入 = Hi

4. 74194 為正緣觸發。

第一次 CLOCK = ↑ ，$Q_D =$ __ ，$Q_C =$ __ ，$Q_B =$ __ ，$Q_A =$ __ 。

第二次 CLOCK = ↓ ，$Q_D =$ __ ，$Q_C =$ __ ，$Q_B =$ __ ，$Q_A =$ __ 。

第三次 CLOCK = ↓ ，$Q_D =$ __ ，$Q_C =$ __ ，$Q_B =$ __ ，$Q_A =$ __ 。

第四次 CLOCK = ↓ ，$Q_D =$ __ ，$Q_C =$ __ ，$Q_B =$ __ ，$Q_A =$ __ 。

左移：

5. 將 CLEAR 端接 Lo 後回復為 Hi（清除動作）。

各端設定信號如下：

$\left. \begin{array}{l} S_0 = \text{Lo} \\ S_1 = \text{Hi} \end{array} \right\}$ 左移功能

左移輸入 = Hi

右移輸入 = Lo

6. 第一次 CLOCK = ↑ ，$Q_D =$ __ ，$Q_C =$ __ ，$Q_B =$ __ ，$Q_A =$ __ 。

第二次 CLOCK = ↓ ，$Q_D =$ __ ，$Q_C =$ __ ，$Q_B =$ __ ，$Q_A =$ __ 。

第三次 CLOCK = ↓ ，$Q_D =$ __ ，$Q_C =$ __ ，$Q_B =$ __ ，$Q_A =$ __ 。

第四次 CLOCK = ↓ ，$Q_D =$ __ ，$Q_C =$ __ ，$Q_B =$ __ ，$Q_A =$ __ 。

## 五 結果與討論

控制 $S_0 S_1$ 的組態，即能規劃 74194 的動作模式，當 $S_1 = S_0 = \text{Lo}$ 時，輸出不變；$S_0 = \text{Lo}$，$S_1 = \text{Hi}$，執行左移；$S_0 = \text{Hi}$，$S_1 = \text{Lo}$ 執行右移功能；$S_0 = S_1 = \text{Hi}$，為並行載入型態。

## 5-6 問題討論

1. 計數器和暫存器有何差別？
2. 如何將一個串入-並出移位暫存器，當做串入-串出暫存器來用？
3. 試說明在 IC 74194 中，先載入 ABCD = 1010，執行右移動作時，經過兩個時序脈波後其輸出為何種狀態？

## 第六章 D/A、A/D 轉換電路實習

6-1　D/A 轉換電路實習　*208*

6-2　A/D 轉換電路實習　*218*

6-3　問題討論　*222*

## 6-1 D/A 轉換電路實習

### 一 實習目的

1. 瞭解 D/A 轉換器之工作情形。
2. 瞭解將計數器之輸出接到 D/A 轉換器，其輸出波形為一階梯波。

### 二 實習器材

| | | |
|---|---|---|
| 示波器 | TTL IC： | 7400×1 |
| 電源供應器 | | 7406×1 |
| 邏輯探棒 | | 7490×1 |
| 數位式電表 | | 74191×1 |
| 麵包板 | OP IC： | $\mu$A741×1 |
| 導線少許 | $R$： | 470 Ω×1 |
| | | 1 kΩ×5 |
| | | 2 kΩ×4 |

### 三 實習說明

電路方塊圖，如圖 6-1.1 所示：

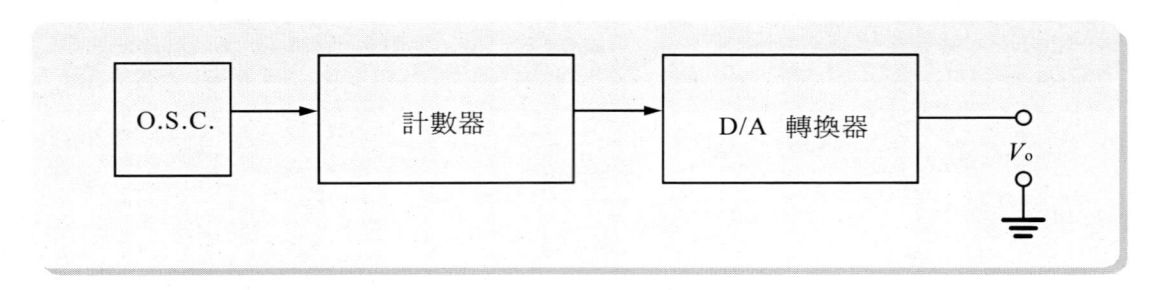

O.S.C. → 計數器 → D/A 轉換器 → $V_o$

圖 6-1.1

1. 電路設計如圖 6-1.2 所示，為一個階梯波形電路。

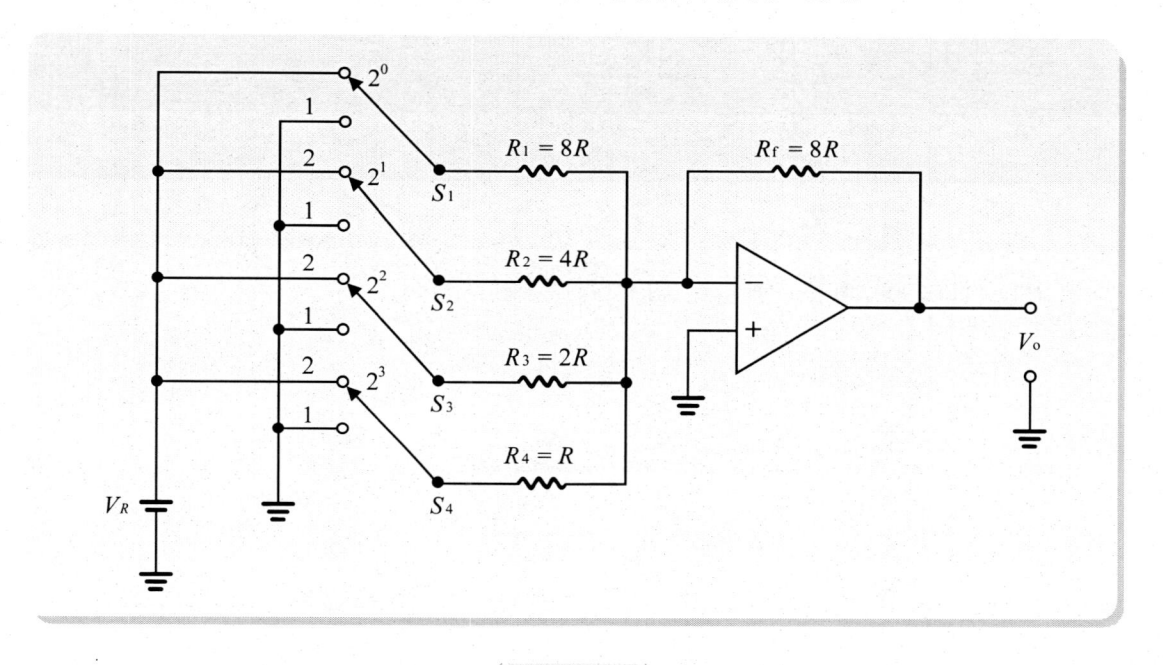

圖 6-1.2

令 $V_R$ 為參考電壓代表 ON

　$S：S_1、S_2、S_3、S_4$ 為開關

　⏚ 為接地代表 OFF

利用加法器與開關之組合構成一個 D/A 轉換器，所以

$$V_o = -\left[\frac{R_f}{R_1}V_R(2^0) + \frac{R_f}{R_2}V_R(2^1) + \frac{R_f}{R_3}V_R(2^2) + \frac{R_f}{R_4}V_R(2^3)\right]$$

當將 $S$ 切在 1 時，則電壓為 $V_R$

將 $S$ 切在 2 時，則電壓為 0

所以當 $S_1$ ON，$S_2、S_3、S_4$ OFF

令　$V_o = -\dfrac{R_f}{R_1}V_R = -1V_R$

當　$S_2$ ON，$S_1、S_3、S_4$ OFF

令　$V_o = -\dfrac{R_f}{R_2}V_R = -2V_R$

當　$S_3$ ON、$S_1$、$S_2$、$S_4$ OFF

令　$V_o = -\dfrac{R_f}{R_3}V_R = -4V_R$

當　$S_4$ ON、$S_1$、$S_2$、$S_3$ OFF

令　$V_o = -\dfrac{R_f}{R_4}V_R = -8V_R$

所以由上式得表 6-1.1 輸入對應輸出。

表 6-1.1

| $S_3$ | $S_2$ | $S_1$ | $S_0$ | $V_o$ |
|---|---|---|---|---|
| 0 | 0 | 0 | 0 | 0 V |
| 0 | 0 | 0 | 1 | －1 V |
| 0 | 0 | 1 | 0 | －2 V |
| 0 | 0 | 1 | 1 | －3 V |
| 0 | 1 | 0 | 0 | －4 V |
| 0 | 1 | 0 | 1 | －5 V |
| 0 | 1 | 1 | 0 | －6 V |
| 0 | 1 | 1 | 1 | －7 V |
| 1 | 0 | 0 | 0 | －8 V |
| 1 | 0 | 0 | 1 | －9 V |
| 1 | 0 | 1 | 0 | －10 V |
| 1 | 0 | 1 | 1 | －11 V |
| 1 | 1 | 0 | 0 | －12 V |
| 1 | 1 | 0 | 1 | －13 V |
| 1 | 1 | 1 | 0 | －14 V |
| 1 | 1 | 1 | 1 | －15 V |

所以電阻的比值為

$R_1：R_2：R_3：R_4 = 8R：4R：2R：R = 8：4：2：1$

其輸出（$V_o$）波形為

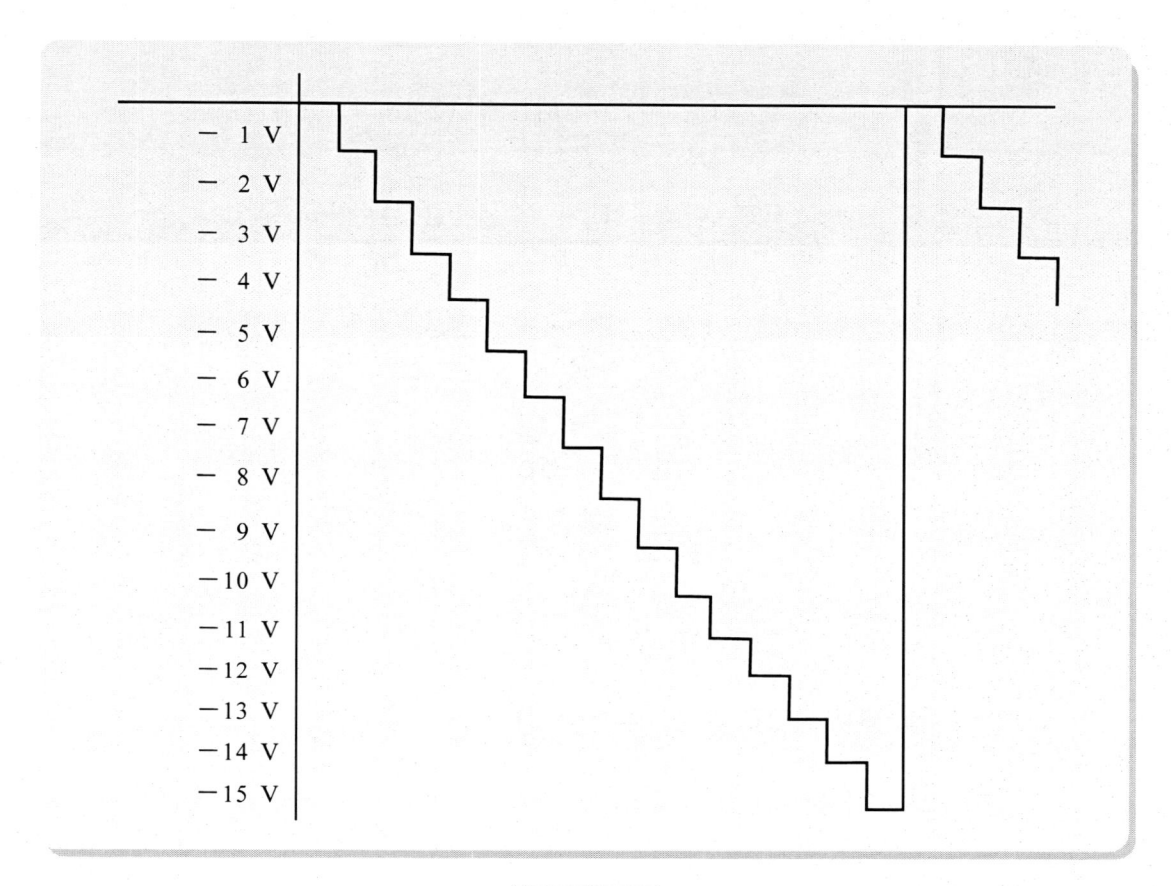

| 圖 6-1.3 |

2. 電路設計如圖 6-1.4 所示，為一個 $R-2R$ 階梯波形電路。

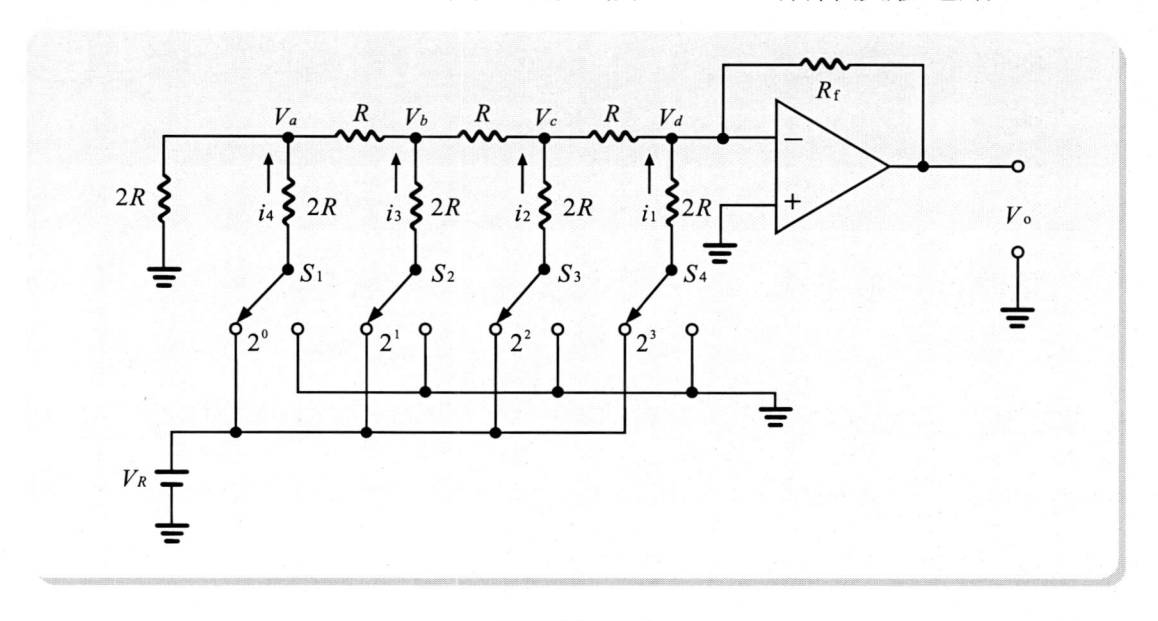

| 圖 6-1.4 |

試證：

$$i_4 = \frac{V_a}{2R} + \frac{V_a - V_b}{R} = \frac{V_R(2^0) - V_a}{2R} \quad \cdots\cdots\cdots\cdots ①$$

$$i_3 = \frac{V_b - V_c}{R} - \frac{V_a - V_b}{R} = \frac{V_R(2^1) - V_b}{2R} \quad \cdots\cdots\cdots\cdots ②$$

$$i_2 = \frac{V_c}{R} - \frac{V_b - V_c}{R} = \frac{V_R(2^2) - V_o}{2R} \quad \cdots\cdots\cdots\cdots ③$$

$$i_1 = \frac{V_R(2^3)}{2R} \quad \cdots\cdots\cdots\cdots ④$$

$$V_o = -R_f \cdot (i_1 + \frac{V_c}{R}) \quad \cdots\cdots\cdots\cdots ⑤$$

由① 化簡 $4V_a - 2V_b = V_R(2^0)$ $\cdots\cdots\cdots\cdots$ ⑥

② 化簡 $5V_b - 2V_c - 2V_a = V_R(2^1)$ $\cdots\cdots\cdots\cdots$ ⑦

③ 化簡 $5V_c - 2V_b = V_R(2^2)$ $\cdots\cdots\cdots\cdots$ ⑧

由⑧－⑥ 得

$$5V_c - 4V_a = V_R(2^2) - V_R(2^0) \quad \cdots\cdots\cdots\cdots ⑨$$

整理 ⑥、⑦ 兩式
所以

$$5[2V_a - \frac{V_R(2^0)}{2}] - 2V_c - 2V_a = V_R(2^1) \quad \cdots\cdots\cdots\cdots ⑩$$

整理 ⑨、⑩ 兩式

$$V_c = \frac{1}{8}[\frac{1}{2}V_R(2^0) + V_R(2^1) + 2V_R(2^2)]$$

$$= \frac{1}{16}V_R(2^0) + \frac{1}{8}V_R(2^1) + \frac{1}{4}V_R(2^2) \quad \cdots\cdots\cdots\cdots ⑪$$

把 ⑪ 式代入 ⑤ 式中

$$V_o = -R_f\{\frac{1}{2R}\cdot V_R(2^3)+\frac{1}{R}[\frac{1}{16}V_R(2^0)+\frac{1}{8}V_R(2^1)+\frac{1}{4}V_R(2^2)]\}$$

$$= -\frac{R_f}{R}[\frac{1}{16}V_R(2^0)+\frac{1}{8}V_R(2^1)+\frac{1}{4}V_R(2^2)+\frac{1}{2}V_R(2^3)]$$

設　$R_f = 2R$

所以　$V_o = -[V_R(2^3)+\frac{1}{2}V_R(2^2)+\frac{1}{4}V_R(2^1)+\frac{1}{8}V_R(2^0)]$

解析度為 D/A 轉換器之主要參數，決定輸出位元數目，若以上圖 6-1.3 所示，其解析度為 1 V，因為輸出（$V_o$）電壓變化不小於 1 V，所以解析度恆等於最低位元（LSB）之範圍。

$$\%\,解析度 = \frac{每級電壓值}{最高輸出電壓值} \times 100\%$$

由此可知 D/A 轉換器接受數位信號（$V_{in}$），而產生非常接近（$V_{in}$）值之類比輸出，其輸入與輸出之關係如圖 6-1.5 所示：

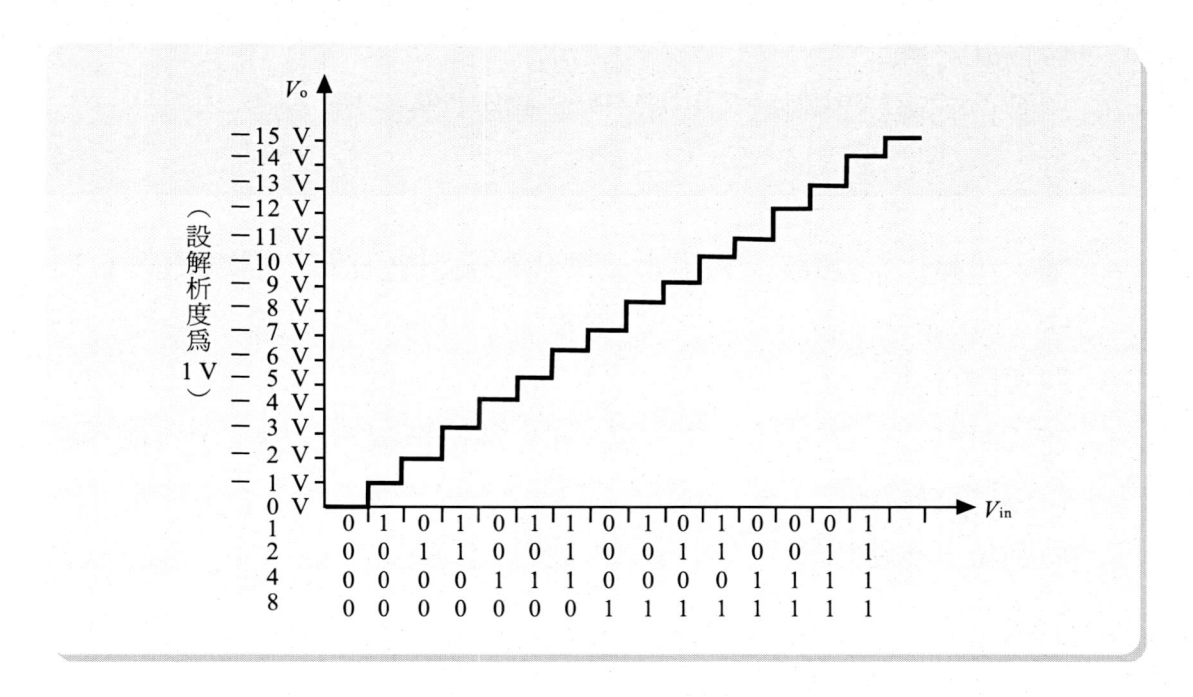

圖 6-1.5

## 四 實習步驟

1. 連接圖 6-1.6

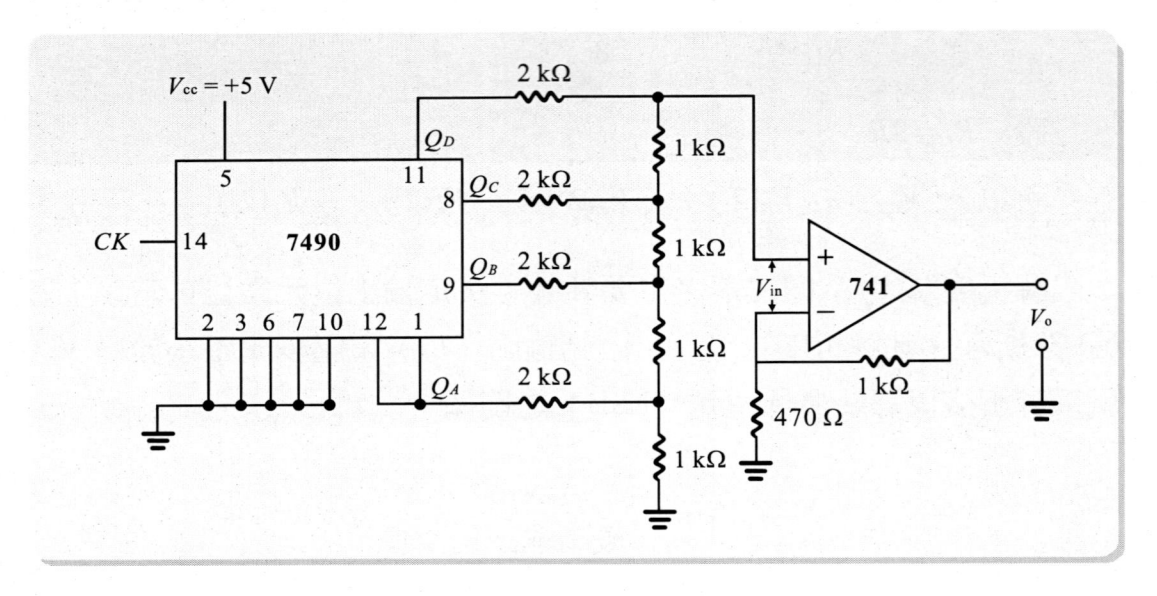

圖 6-1.6

2. 在 7490 之 $Q_A$、$Q_B$、$Q_C$、$Q_D$ 腳分別接至邏輯探棒，用以觀察數位信號之輸出。

3. 用數位式電壓表測量 OP-AMP 之輸出電壓

   $V_o =$ _____

4. 輸入 2 kHz 之脈波，利用示波器觀察輸出之波形並描繪於圖 6-1.7 中。

5. 連接圖 6-1.8。

6. 在 74191 之 $Q_A$、$Q_B$、$Q_C$、$Q_D$ 腳分別接至邏輯探棒，用以觀察數位信號之輸出。

7. 用數位式電壓表測量 OP-AMP 之輸出電壓

   $V_o =$ _____

圖 6-1.7

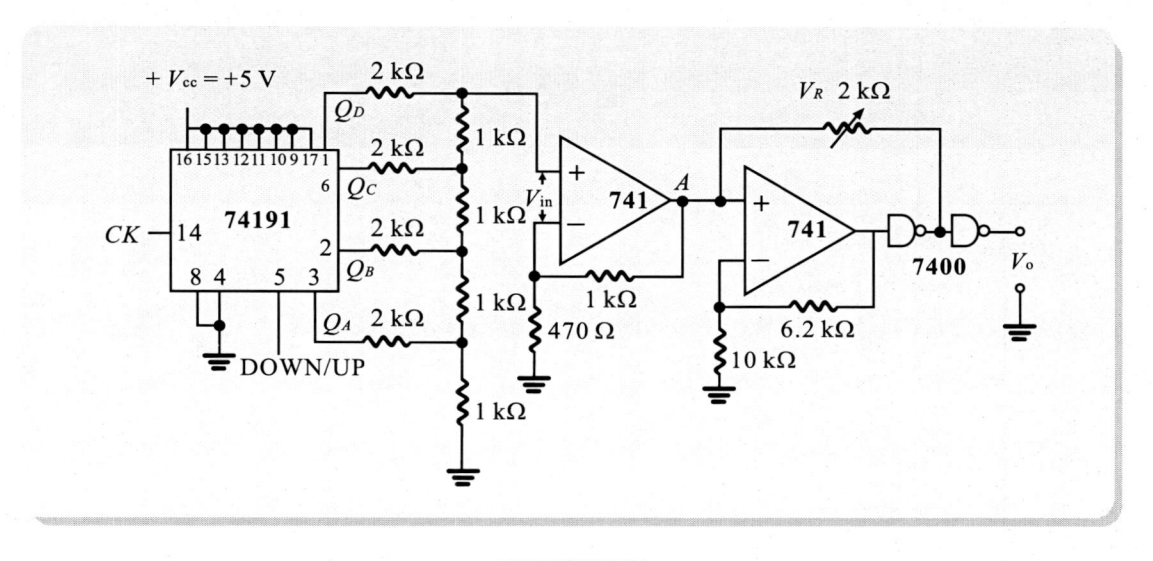

圖 6-1.8

8. 輸入 2 kHz 之脈波，令 74191 第五腳為 Down 時，利用示波器觀察 A 點及輸出之波形 $V_o$，並描繪於圖 6-1.9 中。

9. 輸入 2 kHz 之脈波，令 74191 第五腳為 Up 時，利用示波器觀察 A 點及輸出之波形 $V_o$，並描繪於圖 6-1.10 中。

圖 6-1.9

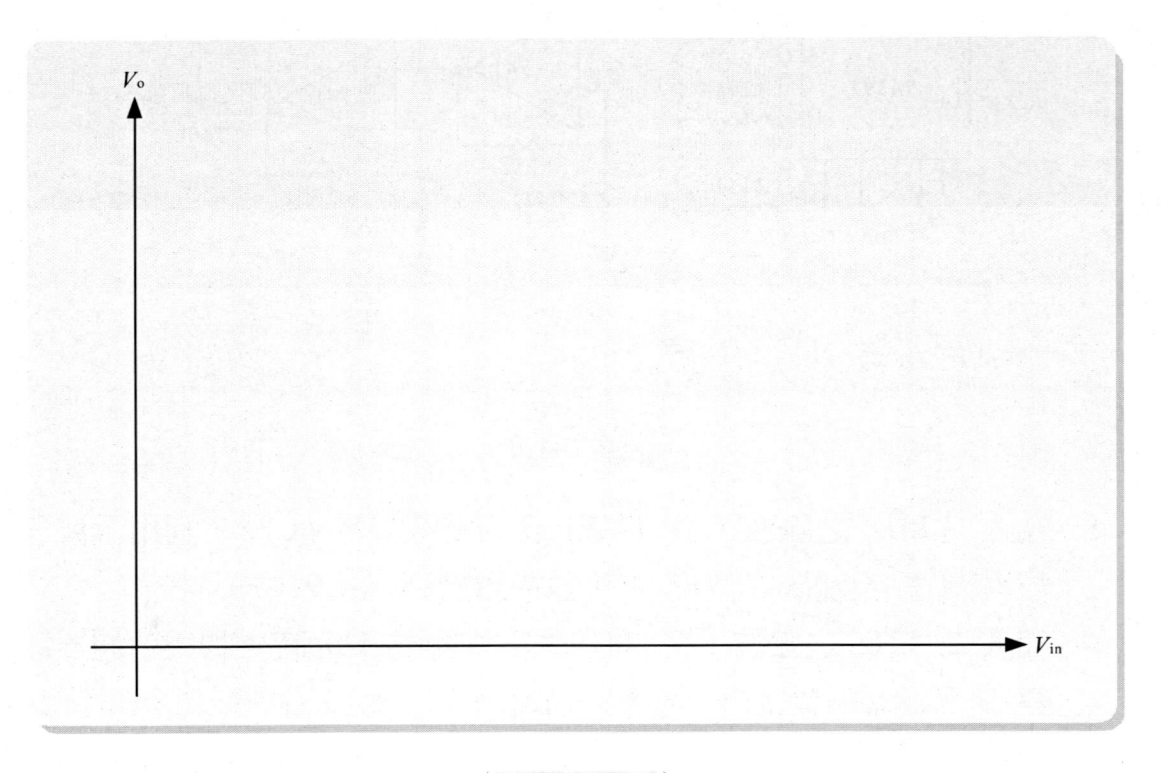

圖 6-1.10

## 五 結果與討論

圖 6-1.6、圖 6-1.8 之波形由示波器顯示結果，可以很清楚地看出 D/A 轉換器，將數位信號轉換成類比輸出。

## 6-2　A/D 轉換電路實習

### 一　實習目的

1. 瞭解如何利用 TTL IC 組合 A/D 轉換器
2. 瞭解 A/D 轉換器之工作情形。

### 二　實習器材

| | | |
|---|---|---|
| 示波器 | TTL IC： | 7400×1 |
| 信號產生器 | | 7447×1 |
| 電源供應器 | | 7490×1 |
| 麵包板 | OP IC： | $\mu$A741×3 |
| 導線少許 | 七段顯示器： | 共陰×1 |
| | TR： | 9013×1 |
| | $R$： | 10 k$\Omega$×3 |
| | | 20 k$\Omega$×3 |
| | | 40 k$\Omega$×6 |
| | | 47 k$\Omega$×1 |
| | | 300 k$\Omega$×1 |
| | $C$： | 100 pF×1 |

## 三 實習說明

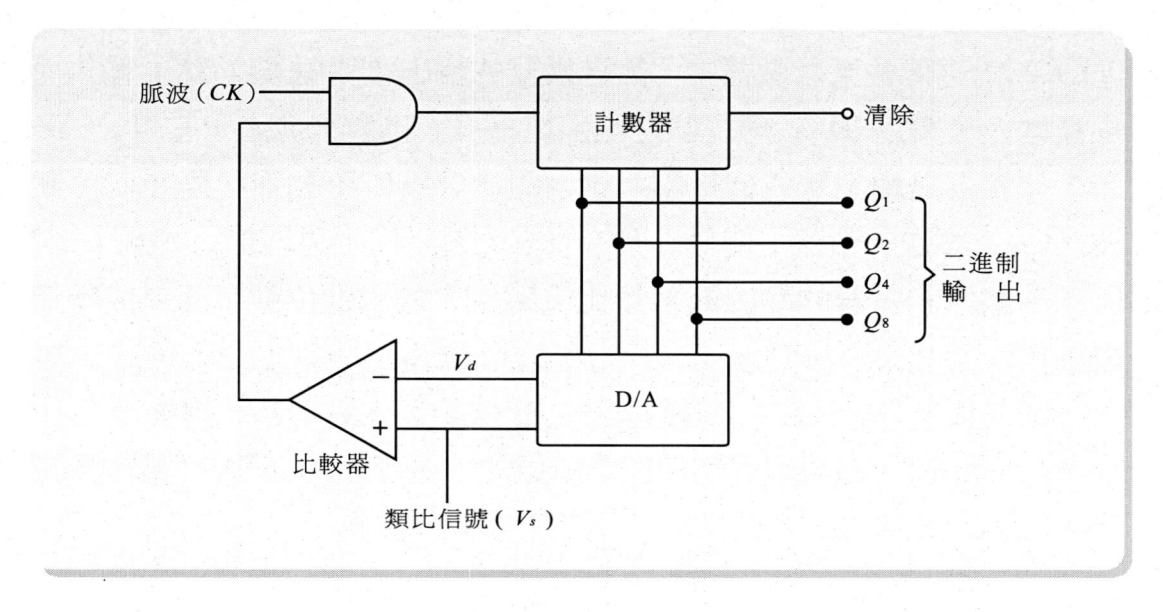

圖 6-2.1

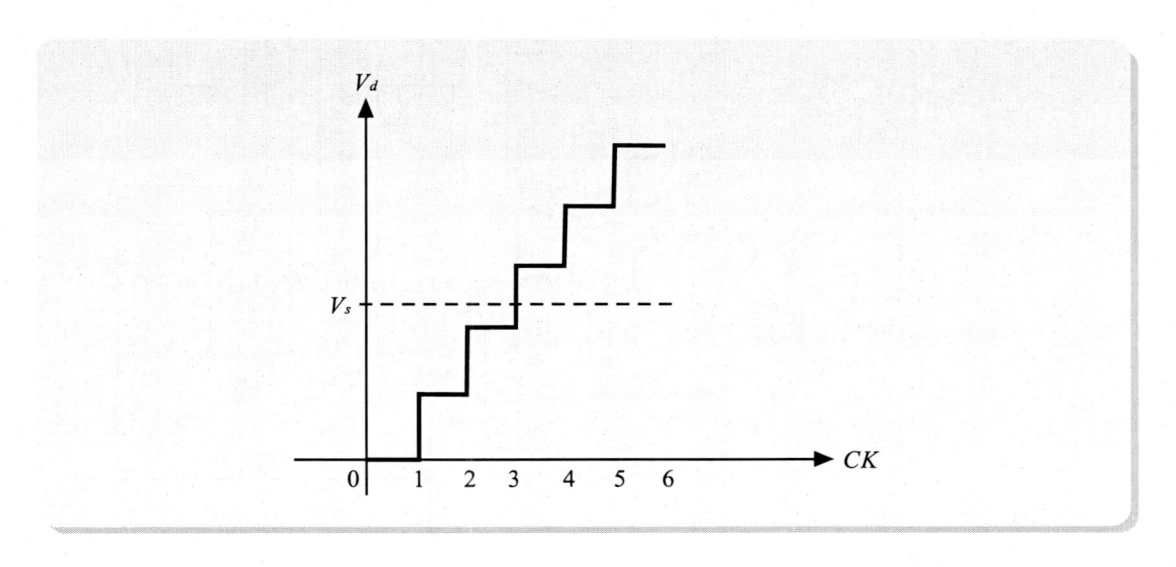

圖 6-2.2

圖 6-2.1 所示為 A/D 轉換器，乃由計數器、D/A 轉換器、比較器與 AND GATE 所組成。

首先清除計數器，使 $Q_1$、$Q_2$、$Q_4$、$Q_8$ 清除為零，然後將此計數器之輸出當作 D/A 轉換器之輸入，只要類比輸入（$V_s$）電壓一直大於 $V_d$，則比較器之輸出為高電位，使 AND GATE 工作，以致時序脈波（$CK$）一直傳輸至計數器中，因計數器的輸出會隨脈波（$CK$）輸入而逐漸增大，所以 D/A 轉換器之輸出電壓 $V_d$ 也愈來愈大，當 $V_d > V_s$ 時，比較器之輸出變成低電壓，則 AND GATE 不動作，阻止時序脈波（$CK$）經過計數器，使 $V_d$ 保持原來的電壓而不再增加，如圖 6-2.2 所示，此時計數器的輸出即為類比電壓輸入的二進位數字而完成轉換之工作。

圖 6-2.3 所示為 A/D 轉換器之實際電路，在 D/A 轉換器（由 $U_6$、$U_7$ 組成），因為輸出為負值，所以加一個反相器 $U_5$，使輸出為正值，再經比較器 $U_4$ 與類比輸入電壓（$V_s$）作比較。

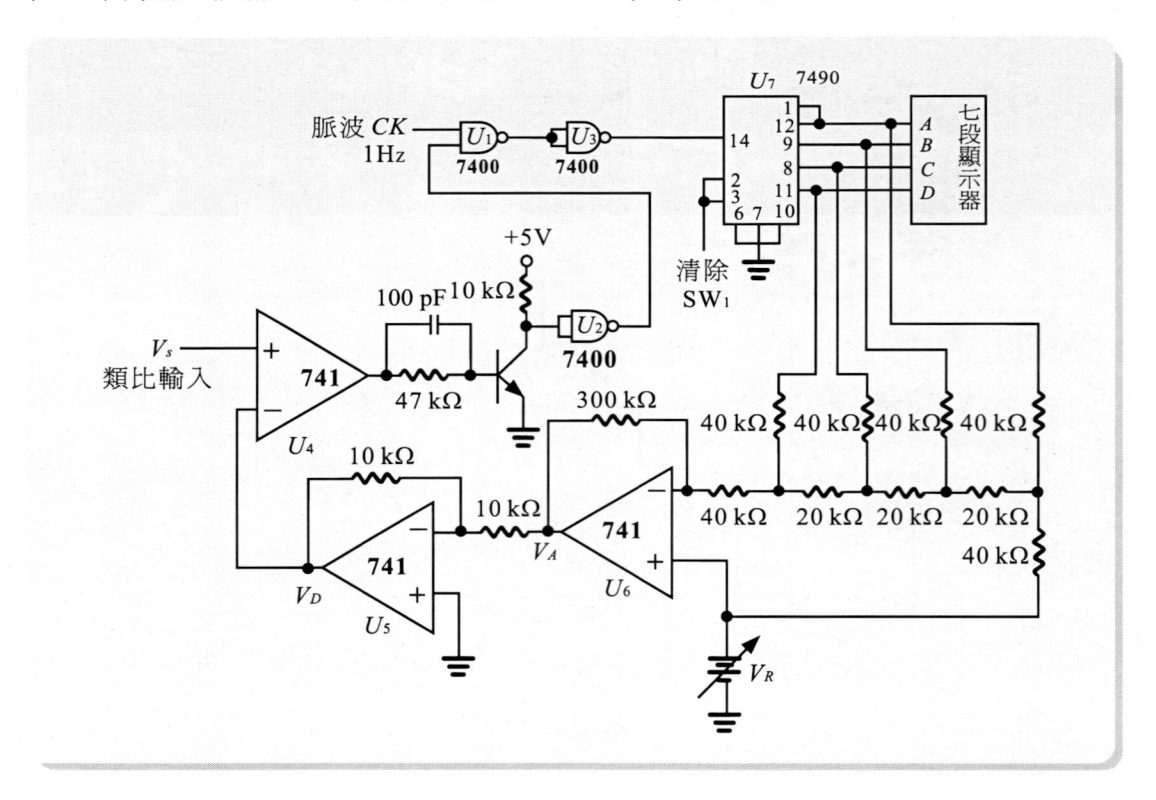

圖 6-2.3

## 四 實習步驟

1. 連接圖 6-2.3。
2. 觀察七段顯示器是除幾電路？
3. 將 $U_6$ 之 "+" 輸入端接地（$V_R=0$），扳動一下 $SW_1$，並用數字電壓表測量 $U_6$ 之輸出端電壓（$V_A$）

    $V_A =$ _____

4. 將 $SW_1$ 扳動一下，用數字電壓表測量 $U_5$ 之輸出端電壓（$V_D$），並觀察七段顯示器指示何值，並記錄表 6-2.1 中。
5. 依表 6-2.1 中所示 $V_R$ 電壓值，並重複步驟 4. 將結果填入表 6-2.1 中。

表 6-2.1

| $V_R$ ( V ) | 七段顯示器之值 | $V_D$ ( V ) |
| --- | --- | --- |
| 1 | | |
| 2 | | |
| 3 | | |
| 4 | | |
| 5 | | |
| 6 | | |
| 7 | | |
| 8 | | |
| 9 | | |

## 五 結果與討論

　　只要類比輸入（$V_S$）比 $V_D$ 大，比較器的輸出就在高電壓輸出，而 NAND GATE 開啟以使計數脈波能送到計數器去。當 $V_D$ 超過 $V_S$ 時，比較器的輸出變成低值，NAND GATE 就不能作用，只要 $V_D \approx V_S$ 時計數器停止，這時計數器就能讀出代表類比輸入電壓的數位之值。

## 6-3 問題討論

1. 利用 D/A 轉換器之構想，設計一個具有 8 軌跡的顯示，並問如何在示波器上顯示 8 條線？
2. 利用 A/D 轉換器之構想，設計一個具有 32 階的 UP/DOWN 之階梯波？

# 第七章 數位邏輯電路應用實習

*7-1* 反應測試機應用實習　*224*

*7-2* 觸摸式防盜器應用實習　*227*

*7-3* 紅綠燈應用實習　*230*

*7-4* 問題討論　*240*

## 7-1 反應測試機應用實習

### 一 實習目的

1. 瞭解反應測試應用電路之工作原理。
2. 瞭解如何利用邏輯閘來組成一個反應測試機。

### 二 實習器材

| | | |
|---|---|---|
| 電源供應器 | TTL IC： | $7400 \times 5$ |
| 麵包板 | CMOS IC： | $4013 \times 1$ |
| 導線少許 | 發光二極體： | $LED \times 6$ |
| | $D$： | $1N4148 \times 5$ |
| | DIP SW： | 8 pins $\times 1$ |
| | $R$： | $470\,\Omega \times 6$ |
| | | $10\,k\Omega \times 2$ |
| | | $47\,k\Omega \times 1$ |
| | | $470\,k\Omega \times 5$ |
| | | $2.2\,M\Omega \times 2$ |
| | $C$： | $0.1\,\mu F \times 5$ |
| | | $1\,\mu F \times 1$ |

### 三 實習說明

在圖 7-1.1 方塊圖與 7-1.2 電路圖中所示。

當開關 $S_1$ ON 時，供給 $V_+ = 9\,V$，使 $C_1$ 充電達到 $9\,V$，當 $S_2$ ON 時，則 $C_1$ 快速放電，使 NAND GATE $U_{1A}$ 輸出為 "Hi"，使振盪器 $U_{1C}$、$U_{1D}$ 及 $R_2$、$C_2$ 之振盪信號，能夠通過 $U_{2C}$、$U_{2D}$，使 $U_{3A}$ 的設定與復置不斷的作用，而造成 $LED_1$ 與 $LED_2$ 閃爍。

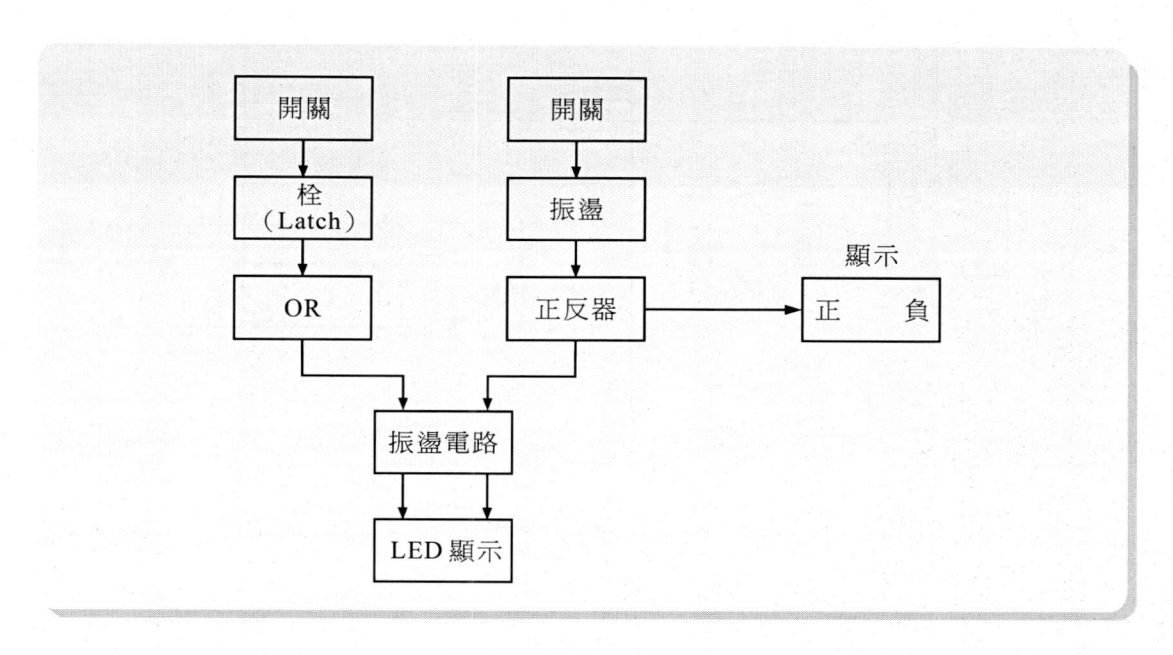

```
┌─────────┐         ┌─────────┐
│  開關   │         │  開關   │
└────┬────┘         └────┬────┘
     │                   │
┌────┴────┐         ┌────┴────┐
│  栓     │         │  振盪   │
│ (Latch) │         │         │
└────┬────┘         └────┬────┘         顯示
     │                   │          ┌─────────┐
┌────┴────┐         ┌────┴────┐     │         │
│   OR    │         │ 正反器  ├────→│ 正   負 │
└────┬────┘         └────┬────┘     └─────────┘
     │                   │
     │    ┌─────────┐    │
     └───→│振盪電路 │←───┘
          └────┬────┘
               │
          ┌────┴────┐
          │ LED 顯示│
          └─────────┘
```

| 圖 7-1.1 | 方塊圖

　　另一組振盪信號是由 $U_{2A}$、$U_{2B}$ 及 $R_7$、$C_6$ 組合而成，用來處理 NAND GATE $U_{5A}$、$U_{5B}$、$U_{5C}$、$U_{5D}$ 之輸出 ON 或 OFF 來使 $LED_1$、$LED_2$、$LED_3$、$LED_4$ 閃爍。

　　當 $U_{1B}$ 為 "Hi" 時，可使 $U_{4B}$、$U_{4C}$、$U_{6B}$、$U_{6C}$ 處在準備狀態，讓 ($S_3$、$S_4$、$S_5$、$S_6$) 其中一個按下時，可使 ($U_{4A}$、$U_{4D}$、$U_{6A}$、$U_{6D}$) 其中一個輸出為 "Hi" 而造成 $D_1$、$D_2$、$D_3$、$D_4$ 其中一個導通，而使 $LED_3$、$LED_4$、$LED_5$、$LED_6$ 其中一個不亮。

## 四 實習步驟

1. 連接圖 7-1.2。
2. 按下 $S_2$ 時，觀察 $LED_1$~$LED_6$ 之情形。
3. 按下 $S_3$ 時，觀察 $LED_1$~$LED_6$ 之情形。
4. 按下 $S_4$ 時，觀察 $LED_1$~$LED_6$ 之情形。
5. 按下 $S_5$ 時，觀察 $LED_2$~$LED_6$ 之情形。
6. 按下 $S_6$ 時，觀察 $LED_3$~$LED_6$ 之情形。

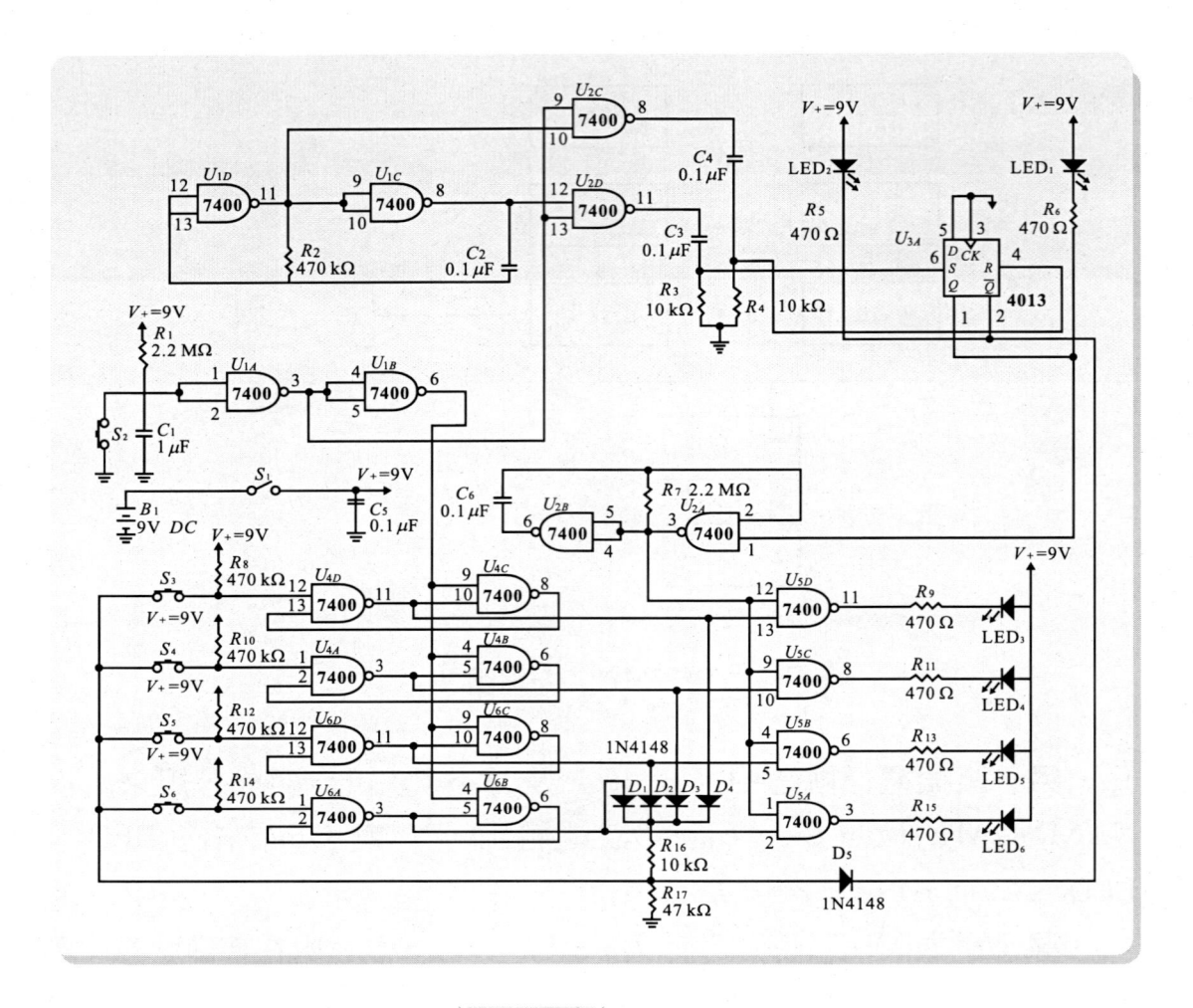

圖 7-1.2 電路圖

## 五 結果與討論

　　此次實習所用之 LED 最好用顏色來區分如 LED$_1$ 用黃色的，LED$_2$ 用綠色的，LED$_3$ 用紅色的，LED$_4$ 用綠色的，LED$_5$ 用紅色的，LED$_6$ 用黃色的。

　　其中 LED$_1$ 代表 "＋" 得分。

　　　　LED$_2$ 代表 "－" 扣分。

　　　　LED$_3$、LED$_4$、LED$_5$、LED$_6$ 代表參與遊戲者。

## 7-2 觸摸式防盜器應用實習

### 一 實習目的

1. 瞭解 IC 555 與邏輯閘組合的應用電路。
2. 瞭解其工作情形。

### 二 實習器材

電源供應器
麵包板
導線少許

IC： NE 555×2
CMOS IC： 4011×1
TR： 2N2222A×2
發光二極體： LED×1
喇叭：0.25W，8Ω×1
VR： 20 kΩ×2
　　 100 kΩ×1
R： 270 Ω×1
　　 470 Ω×1
　　 10 kΩ×1
　　 75 kΩ×1
　　 5.1 MΩ×2
C： 1000 pF×1
　　 0.01 μF×1
　　 0.05 μF×1
　　 47 μF×3

## 三、實習說明

如圖 7-2.1 與圖 7-2.2 所示：

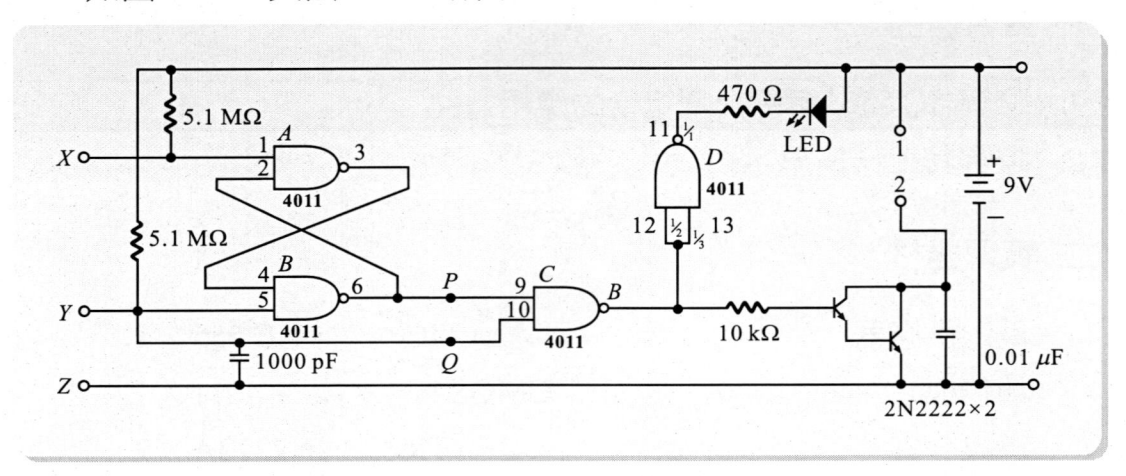

圖 7-2.1

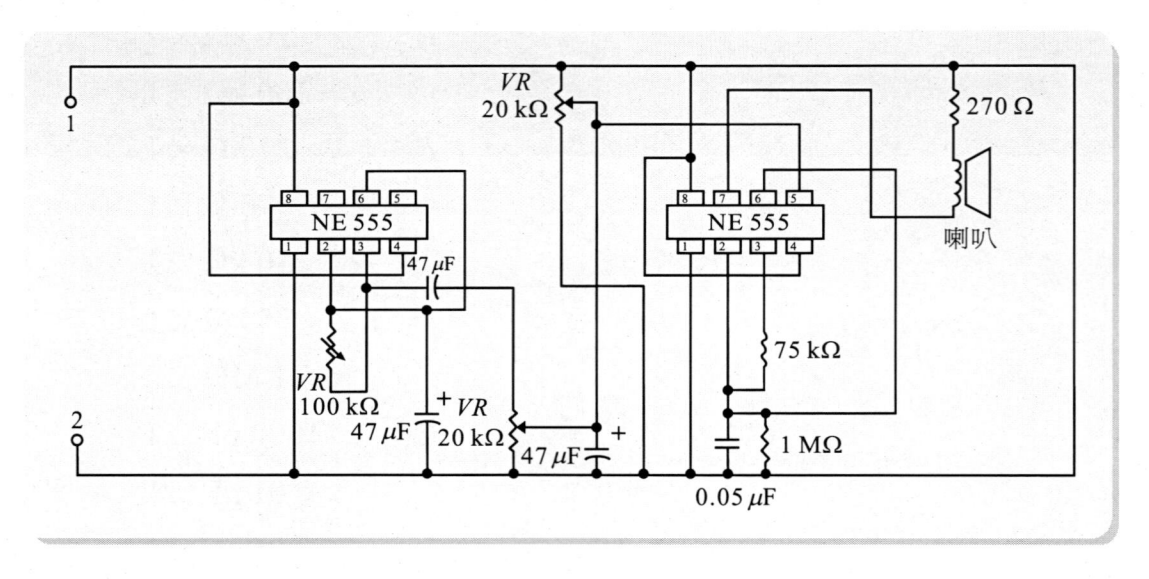

圖 7-2.2

圖 7-2.1 是觸摸式待命電路，圖 7-2.2 是基本的模擬警報器。其工作是利用圖 7-2.1 來控制圖 7-2.2 之電路。

由圖 7-2.2 可知是利用 NE 555、電阻、電容組成一個低頻振盪器，使其將振盪信號傳至喇叭中，其中可變電阻 100 kΩ 是用來調整其振盪頻率改變其聲音，可變電阻 20 kΩ 是用來調整聲音之高低及強弱。

由圖 7-2.1 之電路是利用 $X$、$Y$、$Z$ 的互相連接來控制圖 7-2.2 的電路。

## 四 實習步驟

1. 連接圖 7-2.1 與圖 7-2.2 之電路
2. 連接 $Y$ 與 $Z$ 時，觀察其 $P$ 點及 $Q$ 點之變化情形。
3. 連接 $X$ 與 $Z$ 時，觀察其 $P$ 點及 $Q$ 點之變化情形。

## 五 結果與討論

當電路完成時，可將 $X$、$Y$、$Z$ 接至負載，若有人想偷，即可使喇叭發出聲響，亦能防止其將此電路盜走，只要將 $X$、$Y$、$Z$ 三點接至任何成品的外殼即可。

## 7-3 紅綠燈應用實習

### 一 實習目的

1. 瞭解 IC J-K 正反器與邏輯閘組合之應用電路。
2. 瞭解紅綠燈之工作原理。

### 二 實習器材

電源供應器　　　　　　　　IC： 7405×1
信號產生器　　　　　　　　　　 7408×1
麵包板　　　　　　　　　　　　 7421×3
導線少許　　　　　　　　　　　 7432×2
　　　　　　　　　　　　　　　 7473×2
　　　　　　　　　　　　　　　 7486×1
　　　　　　　　發光二極體： 紅 LED×2
　　　　　　　　　　　　　　 黃 LED×2
　　　　　　　　　　　　　　 綠 LED×2
　　　　　　　　　　　$R$： 330Ω×6

## 三 實習說明

如圖 7-3.1 所示：

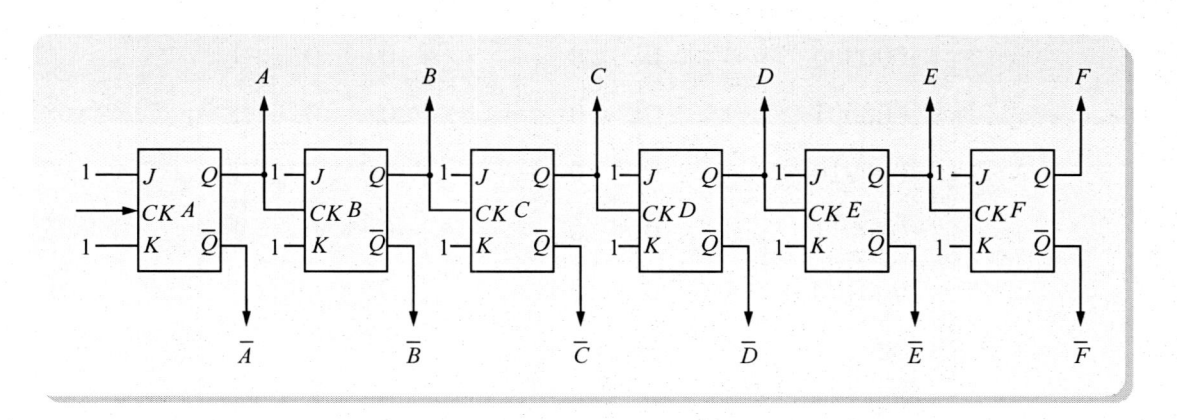

圖 7-3.1

圖 7-3.1 連接圖 7-3.2、7-3.3、7-3.4、7-3.5、7-3.6、7-3.7，而構成紅綠燈邏輯電路。

其紅綠燈之動作如下：

綠 LED $G_1$：counter 由 0→23 亮，24→31 閃亮，32→63 不亮。

紅 LED $R_1$：counter 由 0→35 不亮，36→63 亮。

黃 LED $Y_1$：counter 只有 32→35 亮。

綠 LED $G_2$：counter 由 60→35 不亮，36→51 亮，52→59 閃亮。

紅 LED $R_2$：counter 只有 0→35 亮。

黃 LED $Y_2$：counter 只有 60→63 亮。

其真值表如下：

| 輸入 | 輸出 | | | | | |
|---|---|---|---|---|---|---|
| ABCDEF | $G_1$ | $Y_1$ | $R_1$ | $G_2$ | $Y_2$ | $R_2$ |
| 000000 | 1 | 0 | 0 | 0 | 0 | 1 |
| 000001 | 1 | 0 | 0 | 0 | 0 | 1 |
| 000010 | 1 | 0 | 0 | 0 | 0 | 1 |
| 000011 | 1 | 0 | 0 | 0 | 0 | 1 |
| 000100 | 1 | 0 | 0 | 0 | 0 | 1 |
| 000101 | 1 | 0 | 0 | 0 | 0 | 1 |
| 000110 | 1 | 0 | 0 | 0 | 0 | 1 |
| 000111 | 1 | 0 | 0 | 0 | 0 | 1 |
| 001000 | 1 | 0 | 0 | 0 | 0 | 1 |
| 001001 | 1 | 0 | 0 | 0 | 0 | 1 |
| 001010 | 1 | 0 | 0 | 0 | 0 | 1 |
| 001011 | 1 | 0 | 0 | 0 | 0 | 1 |
| 001100 | 1 | 0 | 0 | 0 | 0 | 1 |
| 001101 | 1 | 0 | 0 | 0 | 0 | 1 |
| 001110 | 1 | 0 | 0 | 0 | 0 | 1 |
| 001111 | 1 | 0 | 0 | 0 | 0 | 1 |
| 010000 | 1 | 0 | 0 | 0 | 0 | 1 |
| 010001 | 1 | 0 | 0 | 0 | 0 | 1 |
| 010010 | 1 | 0 | 0 | 0 | 0 | 1 |
| 010011 | 1 | 0 | 0 | 0 | 0 | 1 |
| 010100 | 1 | 0 | 0 | 0 | 0 | 1 |
| 010101 | 1 | 0 | 0 | 0 | 0 | 1 |

| 輸　入 | 輸　出 ||||||
|---|---|---|---|---|---|---|
| ABCDEF | $G_1$ | $Y_1$ | $R_1$ | $G_2$ | $Y_2$ | $R_2$ |
| 010110 | 1 | 0 | 0 | 0 | 0 | 1 |
| 010111 | 1 | 0 | 0 | 0 | 0 | 1 |
| 011000 | 0 | 0 | 0 | 0 | 0 | 1 |
| 011001 | 1 | 0 | 0 | 0 | 0 | 1 |
| 011010 | 0 | 0 | 0 | 0 | 0 | 1 |
| 011011 | 1 | 0 | 0 | 0 | 0 | 1 |
| 011100 | 0 | 0 | 0 | 0 | 0 | 1 |
| 011101 | 1 | 0 | 0 | 0 | 0 | 1 |
| 011110 | 0 | 0 | 0 | 0 | 0 | 1 |
| 011111 | 1 | 0 | 0 | 0 | 0 | 1 |
| 100000 | 0 | 1 | 0 | 0 | 0 | 1 |
| 100001 | 0 | 1 | 0 | 0 | 0 | 1 |
| 100010 | 0 | 1 | 0 | 0 | 0 | 1 |
| 100011 | 0 | 1 | 0 | 1 | 0 | 1 |
| 100100 | 0 | 0 | 1 | 1 | 0 | 0 |
| 100101 | 0 | 0 | 1 | 1 | 0 | 0 |
| 100110 | 0 | 0 | 1 | 1 | 0 | 0 |
| 100111 | 0 | 0 | 1 | 1 | 0 | 0 |
| 101000 | 0 | 0 | 1 | 1 | 0 | 0 |
| 101001 | 0 | 0 | 1 | 1 | 0 | 0 |
| 101010 | 0 | 0 | 1 | 1 | 0 | 0 |

| 輸入 | 輸出 |||| |||
|---|---|---|---|---|---|---|---|
| ABCDEF | $G_1$ | $Y_1$ | $R_1$ | | $G_2$ | $Y_2$ | $R_2$ |
| 101011 | 0 | 0 | 1 | | 1 | 0 | 0 |
| 101100 | 0 | 0 | 1 | | 1 | 0 | 0 |
| 101101 | 0 | 0 | 1 | | 1 | 0 | 0 |
| 101110 | 0 | 0 | 1 | | 1 | 0 | 0 |
| 101111 | 0 | 0 | 1 | | 1 | 0 | 0 |
| 110000 | 0 | 0 | 1 | | 1 | 0 | 0 |
| 110001 | 0 | 0 | 1 | | 1 | 0 | 0 |
| 110010 | 0 | 0 | 1 | | 1 | 0 | 0 |
| 110011 | 0 | 0 | 1 | | 1 | 0 | 0 |
| 110100 | 0 | 0 | 1 | | 0 | 0 | 0 |
| 110101 | 0 | 0 | 1 | | 1 | 0 | 0 |
| 110110 | 0 | 0 | 1 | | 0 | 0 | 0 |
| 110111 | 0 | 0 | 1 | | 1 | 0 | 0 |
| 111000 | 0 | 0 | 1 | | 0 | 0 | 0 |
| 111001 | 0 | 0 | 1 | | 1 | 0 | 0 |
| 111010 | 0 | 0 | 1 | | 0 | 0 | 0 |
| 111011 | 0 | 0 | 1 | | 1 | 0 | 0 |
| 111100 | 0 | 0 | 1 | | 0 | 1 | 0 |
| 111101 | 0 | 0 | 1 | | 0 | 1 | 0 |
| 111110 | 0 | 0 | 1 | | 0 | 1 | 0 |
| 111111 | 0 | 0 | 1 | | 0 | 1 | 0 |

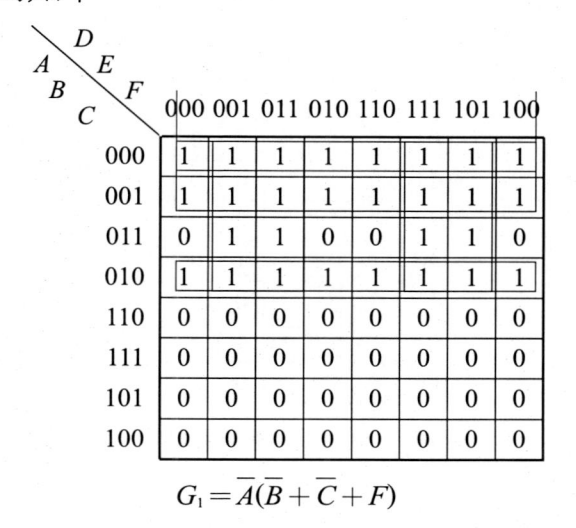

其卡諾圖化簡如下：

| A B C \ D E F | 000 | 001 | 011 | 010 | 110 | 111 | 101 | 100 |
|---|---|---|---|---|---|---|---|---|
| 000 | 1 | 1 | 1 | 1 | 1 | 1 | 1 | 1 |
| 001 | 1 | 1 | 1 | 1 | 1 | 1 | 1 | 1 |
| 011 | 0 | 1 | 1 | 0 | 0 | 1 | 1 | 0 |
| 010 | 1 | 1 | 1 | 1 | 1 | 1 | 1 | 1 |
| 110 | 0 | 0 | 0 | 0 | 0 | 0 | 0 | 0 |
| 111 | 0 | 0 | 0 | 0 | 0 | 0 | 0 | 0 |
| 101 | 0 | 0 | 0 | 0 | 0 | 0 | 0 | 0 |
| 100 | 0 | 0 | 0 | 0 | 0 | 0 | 0 | 0 |

$$G_1 = \overline{A}(\overline{B} + \overline{C} + F)$$

| A B C \ D E F | 000 | 001 | 011 | 010 | 110 | 111 | 101 | 100 |
|---|---|---|---|---|---|---|---|---|
| 000 | 0 | 0 | 0 | 0 | 0 | 0 | 0 | 0 |
| 001 | 0 | 0 | 0 | 0 | 0 | 0 | 0 | 0 |
| 011 | 0 | 0 | 0 | 0 | 0 | 0 | 0 | 0 |
| 010 | 0 | 0 | 0 | 0 | 0 | 0 | 0 | 0 |
| 110 | 0 | 0 | 0 | 0 | 0 | 0 | 0 | 0 |
| 111 | 0 | 0 | 0 | 0 | 0 | 0 | 0 | 0 |
| 101 | 0 | 0 | 0 | 0 | 0 | 0 | 0 | 0 |
| 100 | 1 | 1 | 1 | 1 | 0 | 0 | 0 | 0 |

$$Y_1 = A\overline{B}\,\overline{C}\,\overline{D}$$

| A B C \ D E F | 000 | 001 | 011 | 010 | 110 | 111 | 101 | 100 |
|---|---|---|---|---|---|---|---|---|
| 000 | 0 | 0 | 0 | 0 | 0 | 0 | 0 | 0 |
| 001 | 0 | 0 | 0 | 0 | 0 | 0 | 0 | 0 |
| 011 | 0 | 0 | 0 | 0 | 0 | 0 | 0 | 0 |
| 010 | 0 | 0 | 0 | 0 | 0 | 0 | 0 | 0 |
| 110 | 1 | 1 | 1 | 1 | 1 | 1 | 1 | 1 |
| 111 | 1 | 1 | 1 | 1 | 1 | 1 | 1 | 1 |
| 101 | 1 | 1 | 1 | 1 | 1 | 1 | 1 | 1 |
| 100 | 0 | 0 | 0 | 0 | 1 | 1 | 1 | 1 |

$$R_1 = A(B + C + D)$$

|   A B C \ D E F | 000 | 001 | 011 | 010 | 110 | 111 | 101 | 100 |
|---|---|---|---|---|---|---|---|---|
| 000 | 0 | 0 | 0 | 0 | 0 | 0 | 0 | 0 |
| 001 | 0 | 0 | 0 | 0 | 0 | 0 | 0 | 0 |
| 011 | 0 | 0 | 0 | 0 | 0 | 0 | 0 | 0 |
| 010 | 0 | 0 | 1 | 0 | 0 | 0 | 0 | 0 |
| 110 | 1 | 1 | 1 | 1 | 0 | 1 | 1 | 0 |
| 111 | 0 | 1 | 1 | 0 | 0 | 0 | 0 | 0 |
| 101 | 1 | 1 | 1 | 1 | 1 | 1 | 1 | 1 |
| 100 | 0 | 0 | 0 | 0 | 1 | 1 | 1 | 1 |

$$G_2 = A\overline{B}(C+D) + AF(\overline{C}D + C\overline{D}) + AB\overline{C}\,\overline{D}$$

|   A B C \ D E F | 000 | 001 | 011 | 010 | 110 | 111 | 101 | 100 |
|---|---|---|---|---|---|---|---|---|
| 000 | 0 | 0 | 0 | 0 | 0 | 0 | 0 | 0 |
| 001 | 0 | 0 | 0 | 0 | 0 | 0 | 0 | 0 |
| 011 | 0 | 0 | 0 | 0 | 0 | 0 | 0 | 0 |
| 010 | 0 | 0 | 0 | 0 | 0 | 0 | 0 | 0 |
| 110 | 0 | 0 | 0 | 0 | 0 | 0 | 0 | 0 |
| 111 | 0 | 0 | 0 | 0 | 1 | 1 | 1 | 1 |
| 101 | 0 | 0 | 0 | 0 | 0 | 0 | 0 | 0 |
| 100 | 0 | 0 | 0 | 0 | 0 | 0 | 0 | 0 |

$$Y_2 = ABCD$$

|   A B C \ D E F | 000 | 001 | 011 | 010 | 110 | 111 | 101 | 100 |
|---|---|---|---|---|---|---|---|---|
| 000 | 1 | 1 | 1 | 1 | 1 | 1 | 1 | 1 |
| 001 | 1 | 1 | 1 | 1 | 1 | 1 | 1 | 1 |
| 011 | 1 | 1 | 1 | 1 | 1 | 1 | 1 | 1 |
| 010 | 1 | 1 | 1 | 1 | 1 | 1 | 1 | 1 |
| 110 | 0 | 0 | 0 | 0 | 0 | 0 | 0 | 0 |
| 111 | 0 | 0 | 0 | 0 | 0 | 0 | 0 | 0 |
| 101 | 0 | 0 | 0 | 0 | 0 | 0 | 0 | 0 |
| 100 | 1 | 1 | 1 | 1 | 0 | 0 | 0 | 0 |

$$R_2 = \overline{A} + \overline{B}\,\overline{C}\,\overline{D}$$

$G_1 = \overline{A}(\overline{B} + \overline{C} + F)$

$Y_1 = A\overline{B}\,\overline{C}\,\overline{D}$

$R_1 = A(B + C + D)$

$G_2 = A\overline{B}(C + D) + AF(\overline{C}D + C\overline{D}) + AB\overline{C}\,\overline{D}$

$Y_2 = ABCD$

$R_2 = \overline{A} + \overline{B}\,\overline{C}\,\overline{D}$

圖 7-3.2

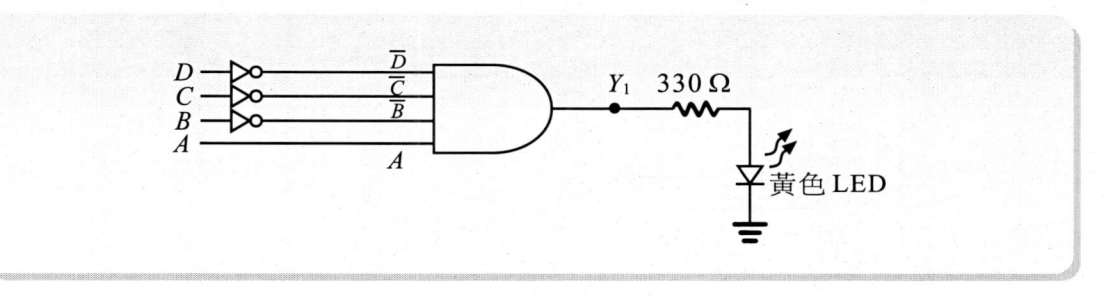

圖 7-3.3

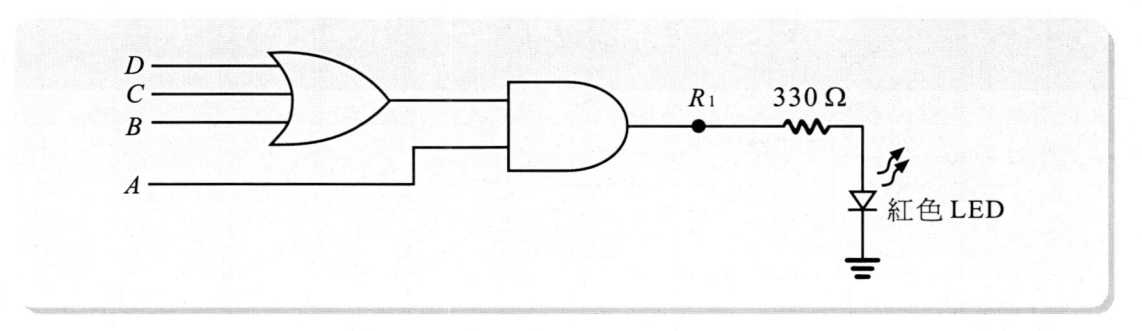

圖 7-3.4

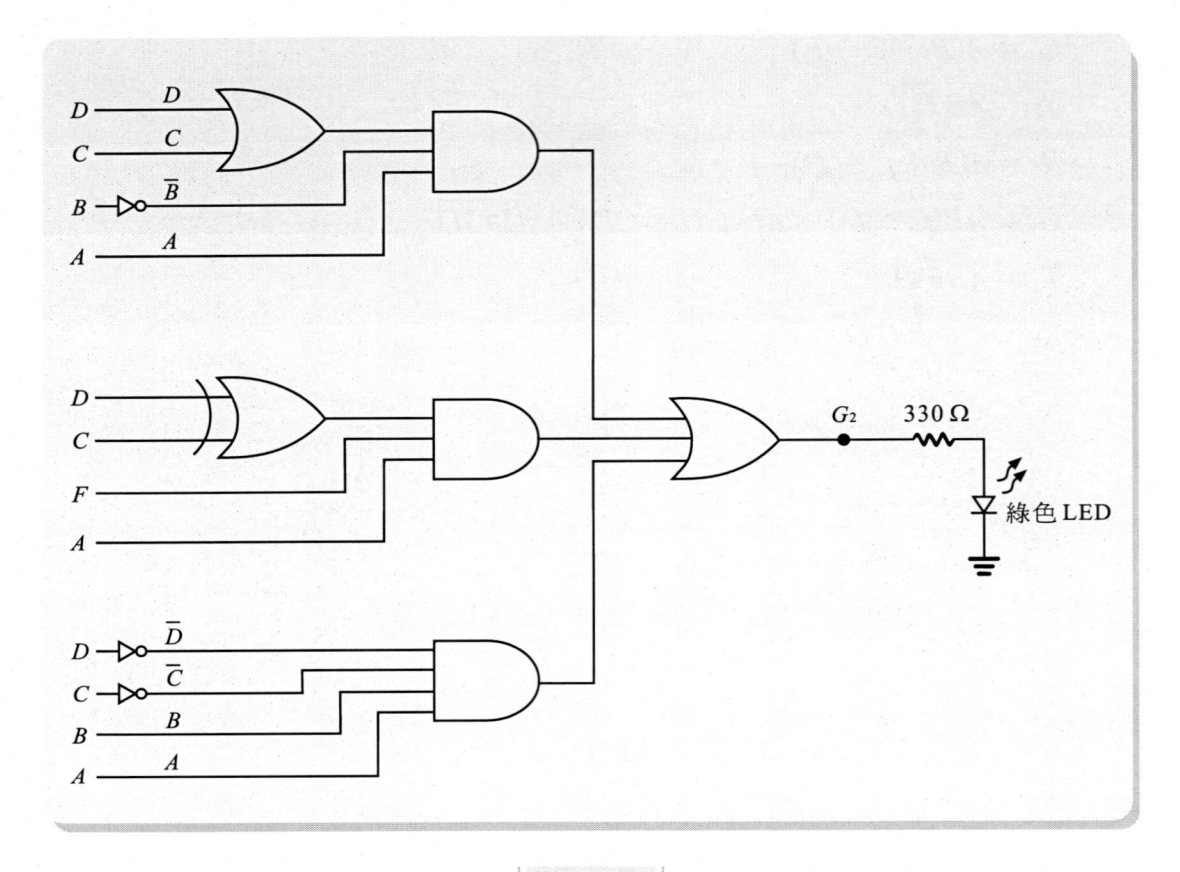

圖 7-3.5

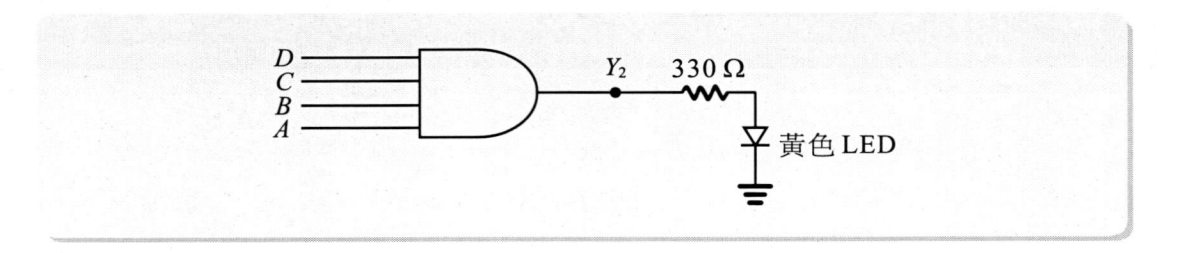

圖 7-3.6

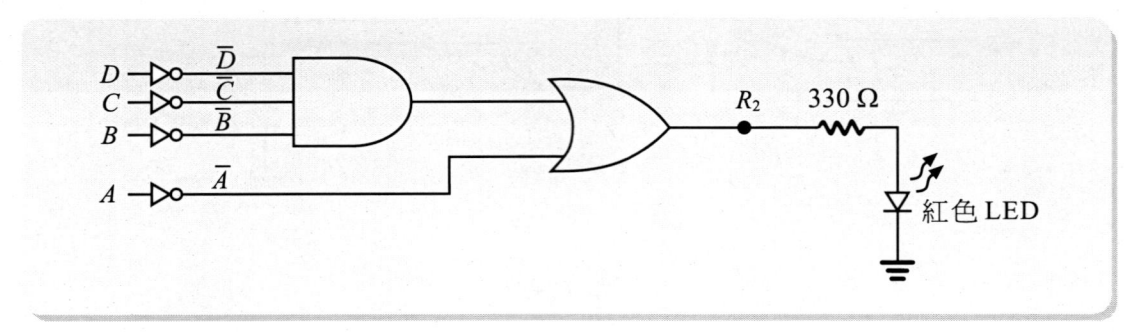

圖 7-3.7

## 四 實習步驟

1. 連接圖 7-3.1 至圖 7-3.7 之電路。
2. 測得各點 $G_1$、$Y_1$、$R_1$、$G_2$、$Y_2$、$R_2$ 之波形。

## 五 結果與討論

　　當電路完成時，如果要改變其亮、滅、閃亮之動作，可依真值表內狀態作修改，然後再化簡，其邏輯電路再連接圖 7-3.1，就完成另一種形態之動作。

## 7-4 問題討論

1. 設計一個電子骰子。

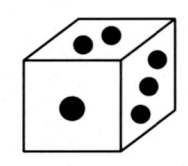

2. 設計一個計程車計費表，可任意修改其時間與價錢。
3. 設計一個紅外線來計數馬達的轉速。

# 附　錄

附錄 $\mathcal{A}$　　常用 TTL ICs 74 系列一覽表　　243

附錄 $\mathcal{B}$　　常用 CMOS ICs 40 系列一覽表　　263

附錄 $\mathcal{C}$　　使用材料一覽表　　265

# 附錄 A　常用 TTL ICs 74 系列一覽表

### 7400 四組 "2-輸入反及（NAND）閘"

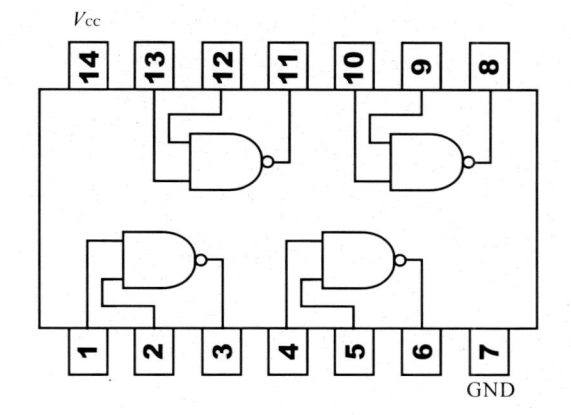

### 7401 四組 "2-輸入反及閘"

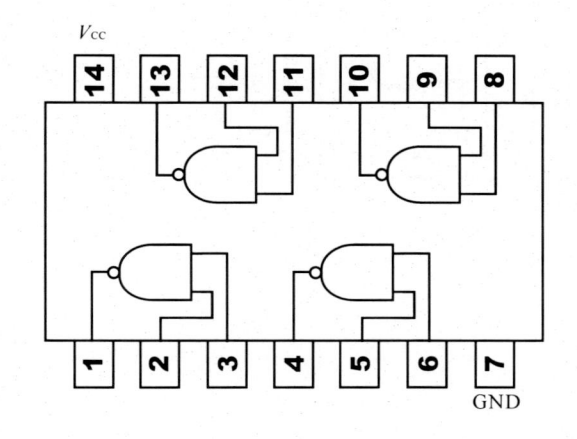

### 7404 六組反相器

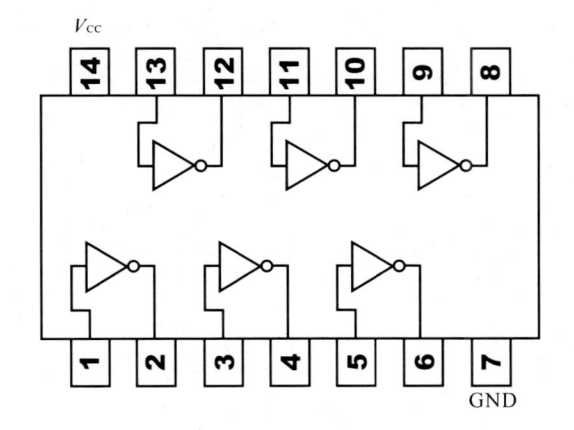

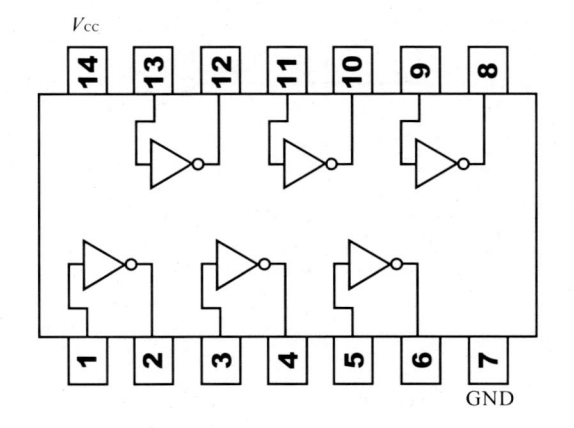

### 7405 六組反相器

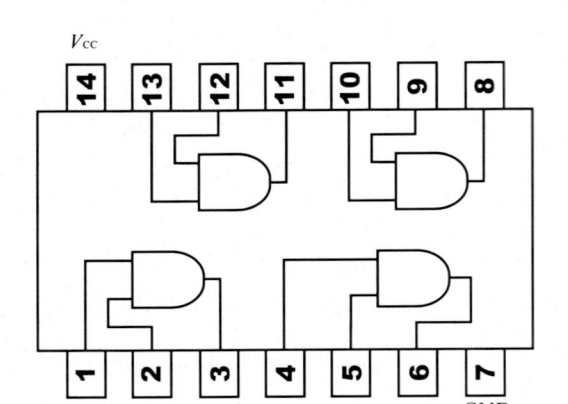

7408 四組 "2-輸入及（AND）閘"

7413 雙 "4-輸入反及（NAND）
樞密特觸發器"

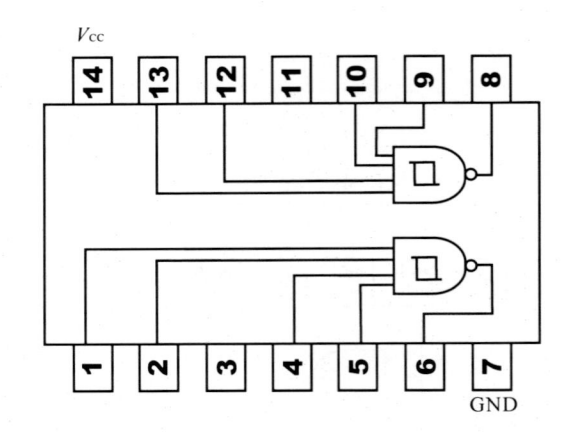

7421 雙 "4-輸入及（AND）閘"

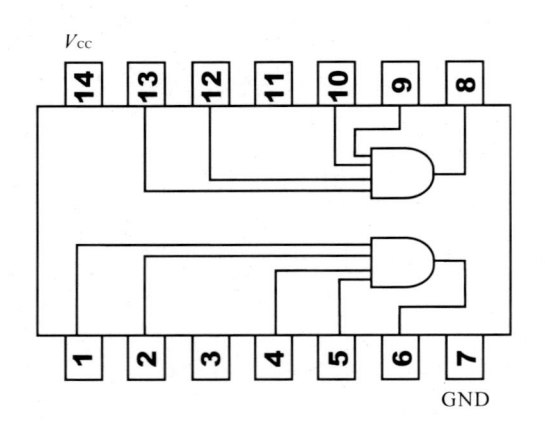

7425 使用閃控脈衝的雙
"4-輸入反或（NOR）閘"

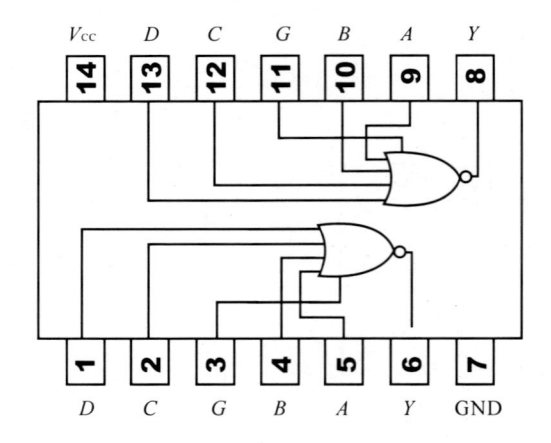

## 附錄 A 常用 TTL ICs 74 系列一覽表

### 7432 四組 "2-輸入或（OR）閘"

### 7438 四組 "2-輸入反及（NAND）緩衝器"（開路集極）

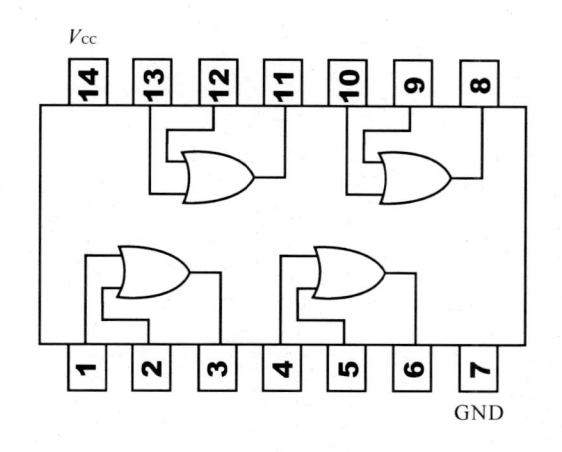

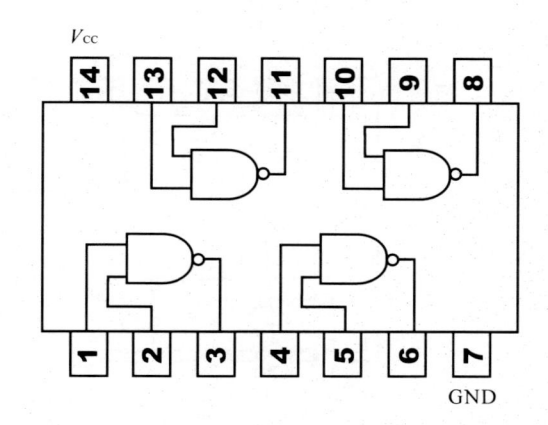

### 7442 BCD 碼對十進碼的解碼器

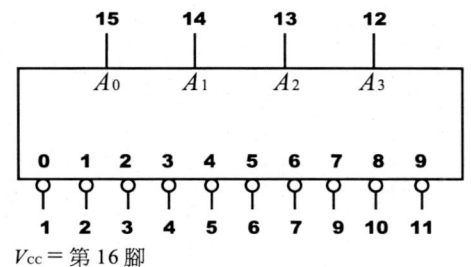

$V_{CC}$ ＝第 16 腳
接地 ＝第 8 腳

真值表

| $A_3$ | $A_2$ | $A_1$ | $A_0$ | $\bar{0}$ | $\bar{1}$ | $\bar{2}$ | $\bar{3}$ | $\bar{4}$ | $\bar{5}$ | $\bar{6}$ | $\bar{7}$ | $\bar{8}$ | $\bar{9}$ |
|---|---|---|---|---|---|---|---|---|---|---|---|---|---|
| L | L | L | L | L | H | H | H | H | H | H | H | H | H |
| L | L | L | H | H | L | H | H | H | H | H | H | H | H |
| L | L | H | L | H | H | L | H | H | H | H | H | H | H |
| L | L | H | H | H | H | H | L | H | H | H | H | H | H |
| L | H | L | L | H | H | H | H | L | H | H | H | H | H |
| L | H | L | H | H | H | H | H | H | L | H | H | H | H |
| L | H | H | L | H | H | H | H | H | H | L | H | H | H |
| L | H | H | H | H | H | H | H | H | H | H | L | H | H |
| H | L | L | L | H | H | H | H | H | H | H | H | L | H |
| H | L | L | H | H | H | H | H | H | H | H | H | H | L |
| H | L | H | L | H | H | H | H | H | H | H | H | H | H |
| H | L | H | H | H | H | H | H | H | H | H | H | H | H |
| H | H | L | L | H | H | H | H | H | H | H | H | H | H |
| H | H | L | H | H | H | H | H | H | H | H | H | H | H |
| H | H | H | L | H | H | H | H | H | H | H | H | H | H |
| H | H | H | H | H | H | H | H | H | H | H | H | H | H |

L＝低電壓準位
H＝高電壓準位

# 7447A BCD 碼到 7 節碼的解碼器／驅動器

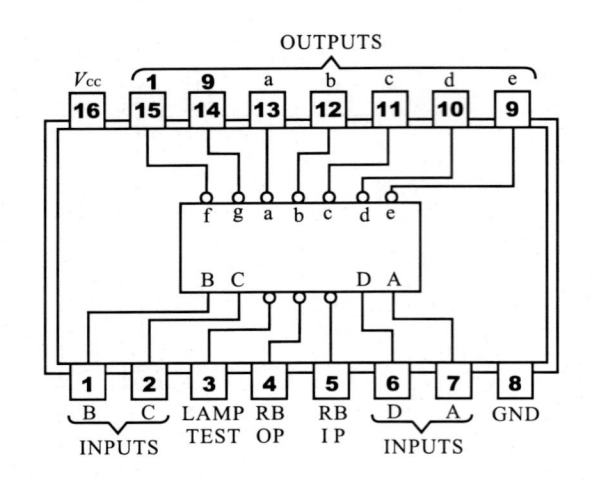

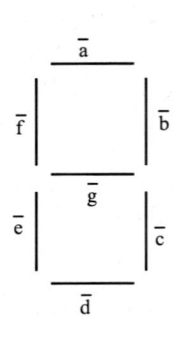

| 顯示數字或功能 | 輸入 |||||| 輸出 |||||||
|---|---|---|---|---|---|---|---|---|---|---|---|---|---|
| | $\overline{LT}$ | $\overline{RB}_1$ | $A_3$ | $A_2$ | $A_1$ | $A_0$ | $\overline{B}_1$ $\overline{RBO}$ (b) | $\overline{a}$ | $\overline{b}$ | $\overline{c}$ | $\overline{d}$ | $\overline{e}$ | $\overline{f}$ | $\overline{g}$ |
| 0 | H | H | L | L | L | L | H | L | L | L | L | L | L | H |
| 1 | H | × | L | L | L | H | H | H | L | L | H | H | H | H |
| 2 | H | × | L | L | H | L | H | L | L | H | L | L | H | L |
| 3 | H | × | L | L | H | H | H | L | L | L | L | H | H | L |
| 4 | H | × | L | H | L | L | H | H | L | L | H | H | L | L |
| 5 | H | × | L | H | L | H | H | L | H | L | L | H | L | L |
| 6 | H | × | L | H | H | L | H | H | H | L | L | L | L | L |
| 7 | H | × | L | H | H | H | H | L | L | L | H | H | H | H |
| 8 | H | × | H | L | L | L | H | L | L | L | L | L | L | L |
| 9 | H | × | H | L | L | H | H | L | L | L | H | H | L | L |
| 10 | H | × | H | L | H | L | H | H | H | H | L | L | H | L |
| 11 | H | × | H | L | H | H | H | H | H | L | L | H | H | L |
| 12 | H | × | H | H | L | L | H | H | L | H | H | L | L | L |
| 13 | H | × | H | H | L | H | H | L | H | H | L | H | L | L |
| 14 | H | × | H | H | H | L | H | H | H | H | L | L | L | L |
| 15 | H | × | H | H | H | H | H | H | H | H | H | H | H | H |
| $\overline{B}_1$ (b) | × | × | × | × | × | × | L | H | H | H | H | H | H | H |
| $\overline{RB}_1$ (b) | H | L | L | L | L | L | L | H | H | H | H | H | H | H |
| $\overline{LT}$ | L | × | × | × | × | × | H | L | L | L | L | L | L | L |

L＝低電壓準位
H＝高電壓準位
×＝不管態

## 7473 雙 "J-K 型正反器"

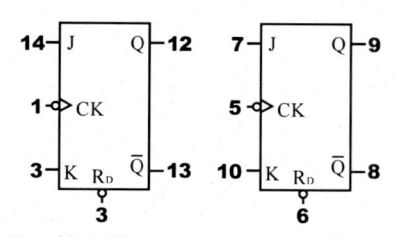

$V_{CC}$ = 第 4 腳
接地 = 第 11 腳

### 真值表

| 工作模式 | $\overline{R_D}$ | $\overline{CK}_{(S)}$ | J | K | Q | $\overline{Q}$ |
|---|---|---|---|---|---|---|
| 非同步重置（清除） | L | × | × | × | L | H |
| 跳動 | H | ⊓⌐ | h | h | h | q |
| 重量（載入 0） | H | ⊓⌐ | l | h | L | H |
| 設定（載入 1） | H | ⊓⌐ | h | l | H | L |
| 不變 | H | ⊓⌐ | l | l | q | $\overline{q}$ |

H = 高準位穩態電壓
L = 低準位穩態電壓
h = 在時脈負緣變化前的準備時間之外進入高態
l = 在時脈負緣發生變化前的準備時間之外進入低態
× = 不管態
q = 在時脈發生負緣變化前的參考輸出
⊓⌐ = 正時脈

## 7474 雙 "D 型正反器"

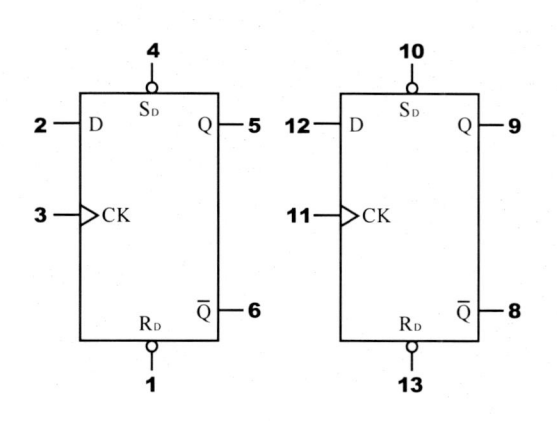

### 真值表

| 工作模式 | $\overline{S_D}$ | $\overline{R_D}$ | CK | D | Q | $\overline{Q}$ |
|---|---|---|---|---|---|---|
| 非同步設定 | L | H | × | × | H | L |
| 非同步重置（清除） | H | L | × | × | L | H |
| 未定態（見註 C） | L | L | × | × | H | H |
| 設定（載入 1） | H | H | l | h | H | L |
| 重置（載入 0） | H | H | l | l | L | H |

H = 高準位穩態電壓
L = 低準位穩態電壓
h = 在時脈正緣變化前的準備時間之外進入高態
l = 在時脈正緣變化前的準備時間之外進入低態
× = 不管態

## 7476 雙 "J-K 型正反器"

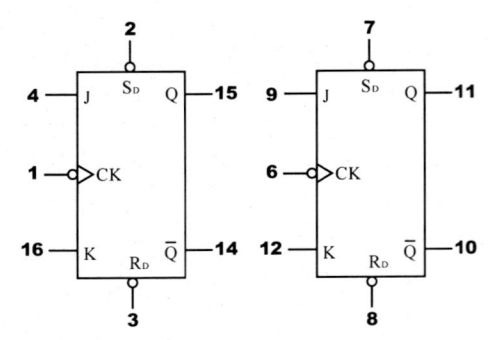

**真值表**

| 工作模式 | $\overline{S_D}$ | $\overline{R_D}$ | $\overline{CK}$ | J | K | Q | $\overline{Q}$ |
|---|---|---|---|---|---|---|---|
| 非同步設定 | L | H | × | × | × | H | L |
| 非同步重置（清除） | H | L | × | × | × | L | H |
| 未定態（見註 C） | L | L | × | × | × | H | H |
| 跳動 | H | H | ⊓ | h | h | $\overline{q}$ | q |
| 重置（載入 0） | H | H | ⊓ | l | h | L | H |
| 設定（載入 1） | H | H | ⊓ | h | l | H | L |
| 不變 | H | H | ⊓ | l | l | q | $\overline{q}$ |

H＝高準位穩態電壓
L＝低準位穩態電壓
h＝在時脈負緣變化前的準備時間之外進入高態
l＝在時脈負緣變化前的準備時間之外進入低態
×＝不管態
q＝在時脈發生負緣變化前的參考輸出
⊓＝正時脈

$V_{CC}$ ＝第 5 腳
接地 ＝第 13 腳

## 7483 4 位元全加器

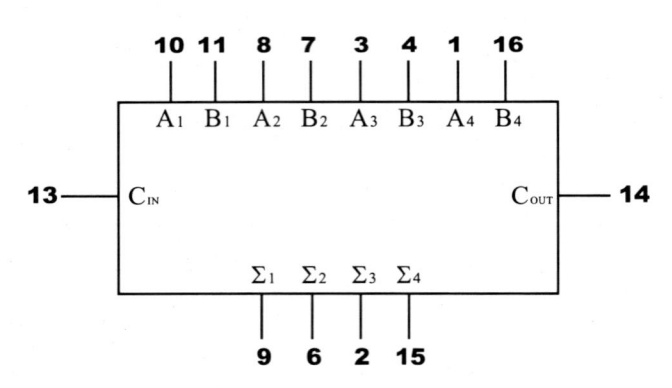

$V_{CC}$ ＝第 5 腳
接地 ＝第 10 腳

**真值表**

| 接腳 | $C_{IN}$ | $A_1$ | $A_2$ | $A_3$ | $A_4$ | $B_1$ | $B_2$ | $B_3$ | $B_4$ | $\Sigma_1$ | $\Sigma_2$ | $\Sigma_3$ | $\Sigma_4$ | $C_{OUT}$ | |
|---|---|---|---|---|---|---|---|---|---|---|---|---|---|---|---|
| 高準位 | L | L | H | L | H | H | L | L | H | H | H | L | L | H | |
| 高態動作 | 0 | 0 | 1 | 0 | 1 | 1 | 0 | 0 | 1 | 1 | 1 | 0 | 0 | 1 | (10＋9＝19) |
| 低態動作 | 1 | 1 | 0 | 1 | 0 | 0 | 1 | 1 | 0 | 0 | 0 | 1 | 1 | 0 | (進位＋5＋6＝12) |

## 7485 4 位元大小比較器

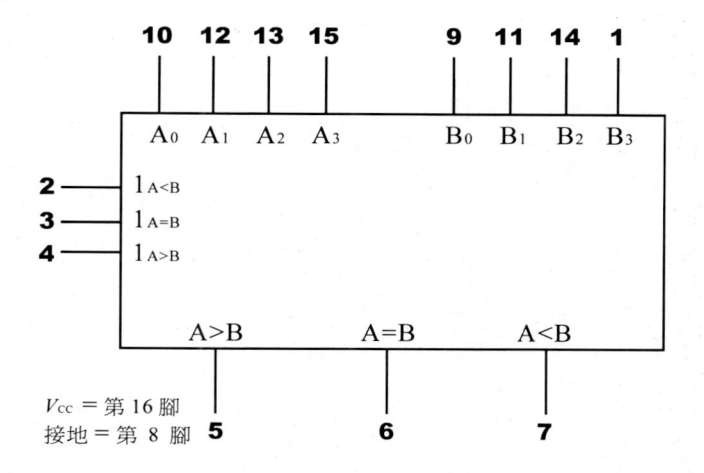

$V_{CC}$ ＝第 16 腳
接地＝第 8 腳

### 真值表

| 比較輸入 | | | | 串接輸入 | | | 輸 出 | | |
|---|---|---|---|---|---|---|---|---|---|
| $A_3, A_3$ | $A_2, B_2$ | $A_1, B_1$ | $A_0, B_0$ | $^1A>B$ | $^1A<B$ | $^1A=B$ | $A>B$ | $A<B$ | $A=B$ |
| $A_3=B_3$ | × | × | × | × | × | × | H | L | L |
| $A_3=B_3$ | × | × | × | × | × | × | L | H | L |
| $A_3=B_3$ | $A_2>B_2$ | × | × | × | × | × | H | L | L |
| $A_3=B_3$ | $A_2<B_2$ | × | × | × | × | × | L | H | L |
| $A_3=B_3$ | $A_2=B_2$ | $A_1>B_1$ | × | × | × | × | H | L | L |
| $A_3=B_3$ | $A_2=B_2$ | $A_1<B_1$ | × | × | × | × | L | H | L |
| $A_3=B_3$ | $A_2=B_2$ | $A_1=B_1$ | $A_0=B_0$ | × | × | × | H | L | L |
| $A_3>B_3$ | $A_2=B_2$ | $A_1=B_1$ | $A_0=B_0$ | × | × | × | L | H | L |
| $A_3=B_3$ | $A_2=B_2$ | $A_1=B_1$ | $A_0=B_0$ | H | L | L | H | L | L |
| $A_3=B_3$ | $A_2=B_2$ | $A_1=B_1$ | $A_0<B_0$ | L | H | L | L | H | L |
| $A_3=B_3$ | $A_2=B_2$ | $A_1=B_1$ | $A_0>B_0$ | L | L | H | L | L | H |
| $A_3<B_3$ | $A_2=B_2$ | $A_1=B_1$ | $A_0=B_0$ | × | × | H | L | L | H |
| $A_3=B_3$ | $A_2=B_2$ | $A_1=B_1$ | $A_0=B_0$ | H | H | L | L | L | L |
| $A_3=B_3$ | $A_2=B_2$ | $A_1=B_1$ | $A_0=B_0$ | L | L | L | H | H | L |

H＝高電位
L＝低電位
×＝不管態

## 7486 四組 "2-輸入互斥閘"

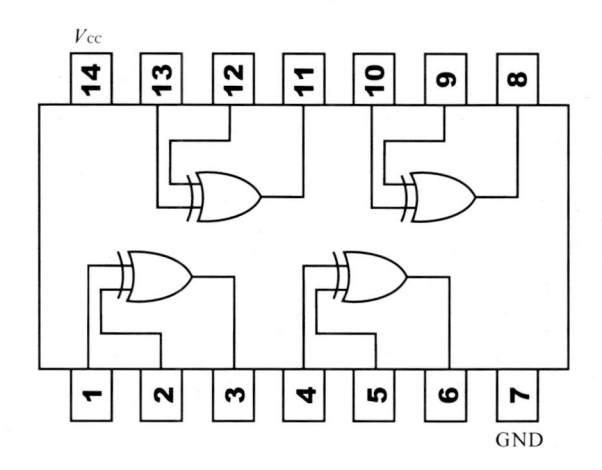

## 7490 十進制計數器

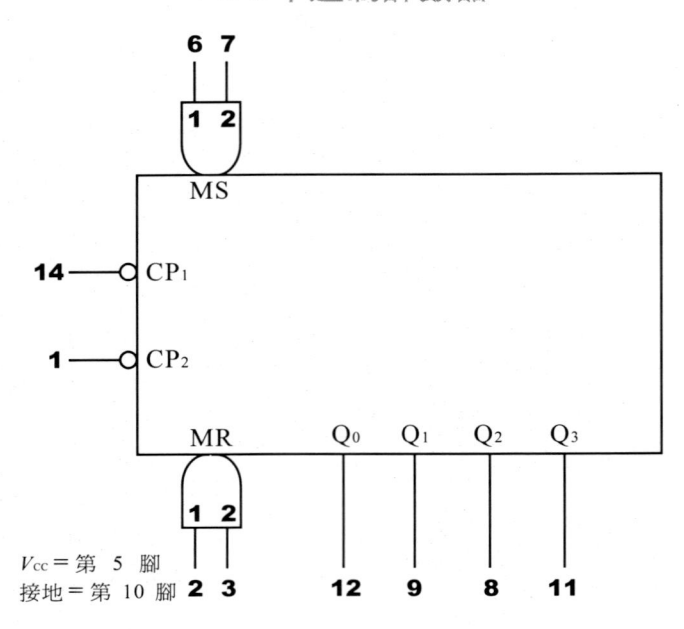

$V_{cc}$ = 第 5 腳
接地 = 第 10 腳

真值表

| MR₁ | MR₂ | MS₁ | MS₂ | Q₀ | Q₁ | Q₂ | Q₃ |
|---|---|---|---|---|---|---|---|
| H | H | L | × | L | L | L | L |
| H | H | × | L | L | L | L | L |
| × | × | H | H | H | L | L | H |
| L | × | L | × | 計數 | | | |
| × | L | × | L | 計數 | | | |
| L | × | × | L | 計數 | | | |
| × | L | L | × | 計數 | | | |

H＝高電位
L＝低電位
×＝不管態

真值表（計數）

| 計數 | Q₀ | Q₁ | Q₂ | Q₃ |
|---|---|---|---|---|
| 0 | L | L | L | L |
| 1 | H | L | L | L |
| 2 | L | H | L | L |
| 3 | H | H | L | L |
| 4 | L | L | H | L |
| 5 | H | L | H | L |
| 6 | L | H | H | L |
| 7 | H | H | H | L |
| 8 | L | L | L | H |
| 9 | H | L | L | H |

註：Q₃ 輸出接到 $\overline{CP}$ 輸入。

## 7493　4 位元二進漣波計數器

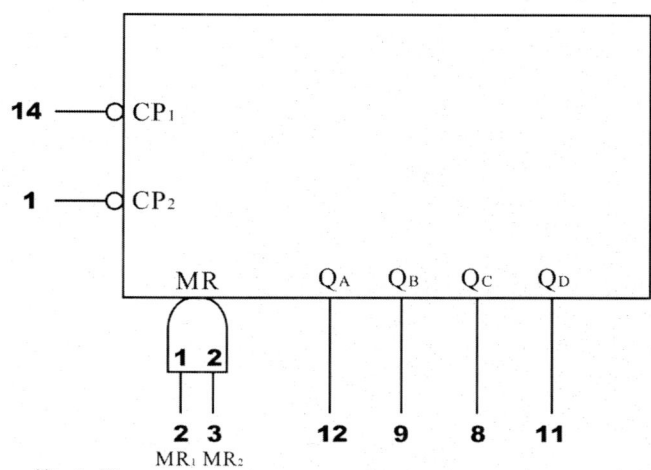

14 ─○ CP₁
1 ─○ CP₂

MR　Q_A　Q_B　Q_C　Q_D

2　3　　12　9　8　11
MR₁ MR₂

$V_{CC}$＝第 5 腳
接地＝第 10 腳

### 模式選定

| 重置輸入 || 輸 出 ||||
|---|---|---|---|---|---|
| MR₁ | MR₂ | Q_A | Q_B | Q_C | Q_D |
| H | H | L | L | L | L |
| L | H | 計數 ||||
| H | L | 計數 ||||
| L | L | 計數 ||||

H＝高電位
L＝低電位
×＝不管態

### 真值表

| 計數 | 輸 出 ||||
|---|---|---|---|---|
|  | Q_A | Q_B | Q_C | Q_D |
| 0 | L | L | L | L |
| 1 | H | L | L | L |
| 2 | L | H | L | L |
| 3 | H | H | L | L |
| 4 | L | L | H | L |
| 5 | H | L | H | L |
| 6 | L | H | H | L |
| 7 | H | H | H | L |
| 8 | L | L | L | H |
| 9 | H | L | L | H |
| 10 | L | H | L | H |
| 11 | H | H | L | H |
| 12 | L | L | H | H |
| 13 | H | L | H | H |
| 14 | L | H | H | H |
| 15 | H | H | H | H |

註：Q_A 輸出接到 $\overline{CP}_1$ 輸入端上。

## 7496 5位元移位暫存器

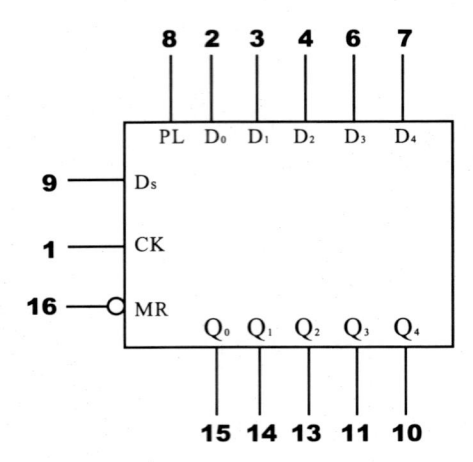

```
         8    2    3    4    6    7
         │    │    │    │    │    │
       ┌─┴────┴────┴────┴────┴────┴─┐
       │ PL   D₀   D₁   D₂   D₃   D₄ │
   9 ──┤ Ds                          │
   1 ──┤ CK                          │
  16 ──○ MR                          │
       │      Q₀   Q₁   Q₂   Q₃   Q₄ │
       └──────┬────┬────┬────┬────┬──┘
              │    │    │    │    │
             15   14   13   11   10
```

$V_{CC}$＝第 5 腳
接地＝第 12 腳

模式選擇──功能表

| 工作模式 | 輸入 |  |  |  |  | 輸出 |  |  |  |
|---|---|---|---|---|---|---|---|---|---|
|  | PL | D₀ | MR | CP | D₃ | D₀ | D₁ | D₂ | D₃ | D₄ |
| 並行載入 | H | L | × | × | × | D₀ | D₁ | D₂ | D₃ | D₄ |
|  | H | H | × | × | × | H | H | H | H | H |
| 重置（清除） | L | × | L | × | × | L | L | L | L | L |
| 右移 | L | × | H | ↑ | l | L | D₀ | D₁ | D₂ | D₃ |
|  | L | × | H | ↑ | h | H | D₀ | D₁ | D₂ | D₃ |

H＝高電位
h＝在時脈正緣變化前的準備時間之外進入高態
L＝低電位
l＝在時脈正緣變化前的準備時間之外進入低態
qₙ＝在時脈正緣變化前的準備時間之外的參考輸出
×＝不管態
↑＝時脈的正緣變化

## SN74109，74LS109：$J\text{-}\overline{K}$ 正反器

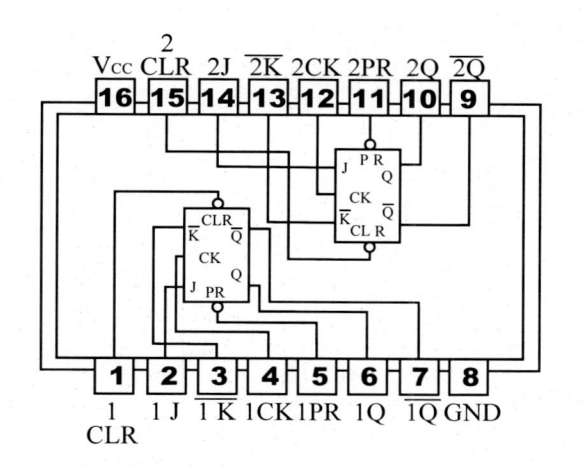

真值表

| J | $\overline{K}$ | $Q_{n+1}$ |
|---|---|---|
| 0 | 0 | 0 |
| 0 | 1 | $Q_n$ |
| 1 | 0 | $\overline{Q_n}$ |
| 1 | 1 | 1 |

Pin: Vcc CLR 2J $\overline{2K}$ 2CK 2PR 2Q $\overline{2Q}$ (16-9)
Pin: 1CLR 1J $\overline{1K}$ 1CK 1PR 1Q $\overline{1Q}$ GND (1-8)

線路圖

PAESET, CLOCK, J, $\overline{K}$, CLEAR → Q, $\overline{Q}$

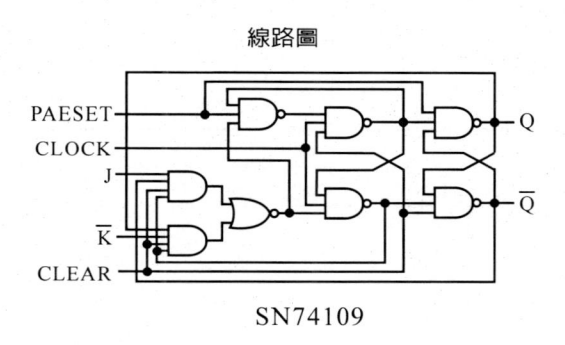

SN74109

## 74126 四組 "3 態緩衝器"

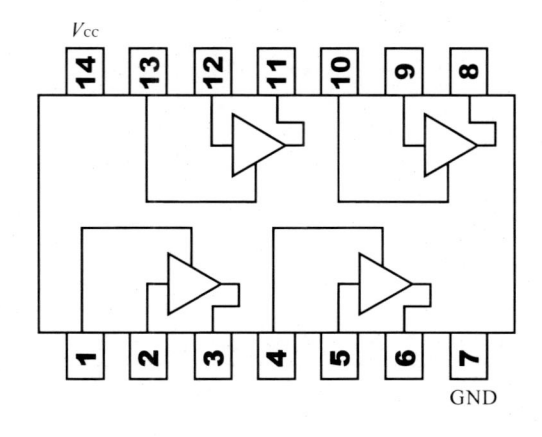

## 74151 8-輸入多工器

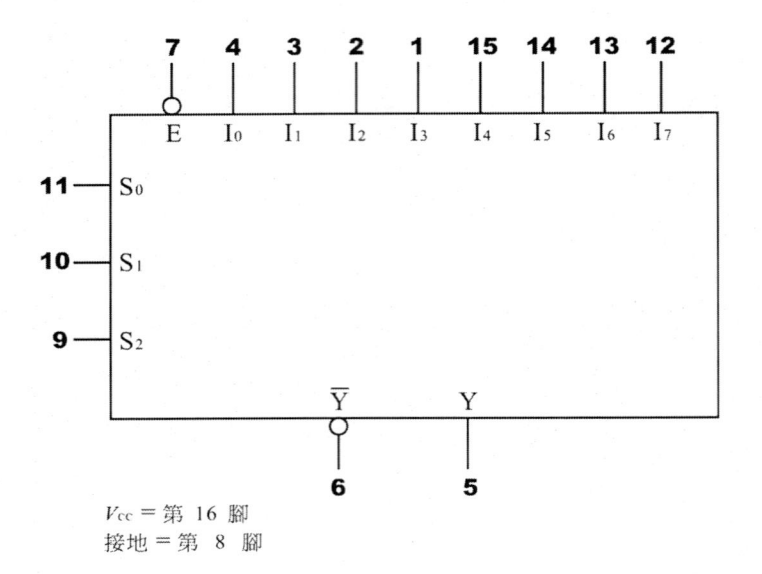

```
          7    4    3    2    1   15   14   13   12
          ○    │    │    │    │    │    │    │    │
         ─┴────┴────┴────┴────┴────┴────┴────┴────┴─
          E    I₀   I₁   I₂   I₃   I₄   I₅   I₆   I₇

   11 ──┤ S₀

   10 ──┤ S₁

    9 ──┤ S₂

                         Ȳ         Y
                         ○         │
                         6         5
```

$V_{cc}$ ＝第 16 腳
接地 ＝第 8 腳

**真值表**

| E | S₂ | S₁ | S₀ | I₀ | I₁ | I₂ | I₃ | I₄ | I₅ | I₆ | I₇ | Ȳ | Y |
|---|----|----|----|----|----|----|----|----|----|----|----|---|---|
| H | × | × | × | × | × | × | × | × | × | × | × | H | L |
| L | L | L | L | L | × | × | × | × | × | × | × | H | L |
| L | L | L | L | H | × | × | × | × | × | × | × | L | H |
| L | L | L | H | × | L | × | × | × | × | × | × | H | L |
| L | L | L | H | × | H | × | × | × | × | × | × | L | H |
| L | L | H | L | × | × | L | × | × | × | × | × | H | L |
| L | L | H | L | × | × | H | × | × | × | × | × | L | H |
| L | L | H | H | × | × | × | L | × | × | × | × | H | L |
| L | L | H | H | × | × | × | H | × | × | × | × | L | H |
| L | H | L | L | × | × | × | × | L | × | × | × | H | L |
| L | H | L | L | × | × | × | × | H | × | × | × | L | H |
| L | H | L | H | × | × | × | × | × | L | × | × | H | L |
| L | H | L | H | × | × | × | × | × | H | × | × | L | H |
| L | H | H | L | × | × | × | × | × | × | L | × | H | L |
| L | H | H | L | × | × | × | × | × | × | H | × | L | H |
| L | H | H | H | × | × | × | × | × | × | × | L | H | L |
| L | H | H | H | × | × | × | × | × | × | × | H | L | H |

H＝高電位
L＝低電位
×＝不管態

## 附錄 A　常用 TTL ICs 74 系列一覽表

### SN74154：4 線對 16 線之解碼器

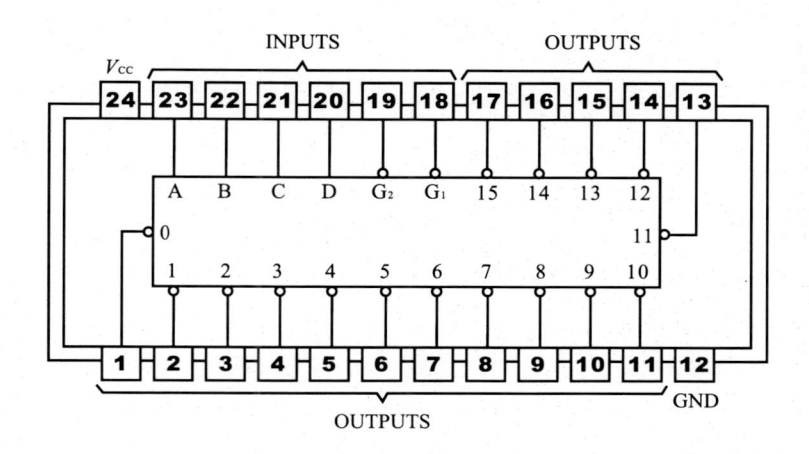

```
                    INPUTS              OUTPUTS
        Vcc  ┌─────────────────┐  ┌──────────────────┐
       ┌24┬23┬22┬21┬20┬19┬18┬17┬16┬15┬14┬13┐
       │   A  B  C  D  G₂ G₁ 15 14 13 12         │
       │  0                              11      │
       │  1  2  3  4  5  6  7  8  9  10          │
       └ 1┴ 2┴ 3┴ 4┴ 5┴ 6┴ 7┴ 8┴ 9┴10┴11┴12┘
                    OUTPUTS                  GND
```

真值表

| $G_1$ | $G_2$ | D | C | B | A | 0 | 1 | 2 | 3 | 4 | 5 | 6 | 7 | 8 | 9 | 10 | 11 | 12 | 13 | 14 | 15 |
|---|---|---|---|---|---|---|---|---|---|---|---|---|---|---|---|---|---|---|---|---|---|
| 0 | 0 | 0 | 0 | 0 | 0 | 0 | 1 | 1 | 1 | 1 | 1 | 1 | 1 | 1 | 1 | 1 | 1 | 1 | 1 | 1 | 1 |
| 0 | 0 | 0 | 0 | 0 | 1 | 1 | 0 | 1 | 1 | 1 | 1 | 1 | 1 | 1 | 1 | 1 | 1 | 1 | 1 | 1 | 1 |
| 0 | 0 | 0 | 0 | 1 | 0 | 1 | 1 | 0 | 1 | 1 | 1 | 1 | 1 | 1 | 1 | 1 | 1 | 1 | 1 | 1 | 1 |
| 0 | 0 | 0 | 0 | 1 | 1 | 1 | 1 | 1 | 0 | 1 | 1 | 1 | 1 | 1 | 1 | 1 | 1 | 1 | 1 | 1 | 1 |
| 0 | 0 | 0 | 1 | 0 | 0 | 1 | 1 | 1 | 1 | 0 | 1 | 1 | 1 | 1 | 1 | 1 | 1 | 1 | 1 | 1 | 1 |
| 0 | 0 | 0 | 1 | 0 | 1 | 1 | 1 | 1 | 1 | 1 | 0 | 1 | 1 | 1 | 1 | 1 | 1 | 1 | 1 | 1 | 1 |
| 0 | 0 | 0 | 1 | 1 | 0 | 1 | 1 | 1 | 1 | 1 | 1 | 0 | 1 | 1 | 1 | 1 | 1 | 1 | 1 | 1 | 1 |
| 0 | 0 | 0 | 1 | 1 | 1 | 1 | 1 | 1 | 1 | 1 | 1 | 1 | 0 | 1 | 1 | 1 | 1 | 1 | 1 | 1 | 1 |
| 0 | 0 | 1 | 0 | 0 | 0 | 1 | 1 | 1 | 1 | 1 | 1 | 1 | 1 | 0 | 1 | 1 | 1 | 1 | 1 | 1 | 1 |
| 0 | 0 | 1 | 0 | 0 | 1 | 1 | 1 | 1 | 1 | 1 | 1 | 1 | 1 | 1 | 0 | 1 | 1 | 1 | 1 | 1 | 1 |
| 0 | 0 | 1 | 0 | 1 | 0 | 1 | 1 | 1 | 1 | 1 | 1 | 1 | 1 | 1 | 1 | 0 | 1 | 1 | 1 | 1 | 1 |
| 0 | 0 | 1 | 0 | 1 | 1 | 1 | 1 | 1 | 1 | 1 | 1 | 1 | 1 | 1 | 1 | 1 | 0 | 1 | 1 | 1 | 1 |
| 0 | 0 | 1 | 1 | 0 | 0 | 1 | 1 | 1 | 1 | 1 | 1 | 1 | 1 | 1 | 1 | 1 | 1 | 0 | 1 | 1 | 1 |
| 0 | 0 | 1 | 1 | 0 | 1 | 1 | 1 | 1 | 1 | 1 | 1 | 1 | 1 | 1 | 1 | 1 | 1 | 1 | 0 | 1 | 1 |
| 0 | 0 | 1 | 1 | 1 | 0 | 1 | 1 | 1 | 1 | 1 | 1 | 1 | 1 | 1 | 1 | 1 | 1 | 1 | 1 | 0 | 1 |
| 0 | 0 | 1 | 1 | 1 | 1 | 1 | 1 | 1 | 1 | 1 | 1 | 1 | 1 | 1 | 1 | 1 | 1 | 1 | 1 | 1 | 0 |
| 0 | 1 | × | × | × | × | 1 | 1 | 1 | 1 | 1 | 1 | 1 | 1 | 1 | 1 | 1 | 1 | 1 | 1 | 1 | 1 |
| 1 | 0 | × | × | × | × | 1 | 1 | 1 | 1 | 1 | 1 | 1 | 1 | 1 | 1 | 1 | 1 | 1 | 1 | 1 | 1 |
| 1 | 1 | × | × | × | × | 1 | 1 | 1 | 1 | 1 | 1 | 1 | 1 | 1 | 1 | 1 | 1 | 1 | 1 | 1 | 1 |

## 74157 四組 "2-輸入資料選擇器／多工器"

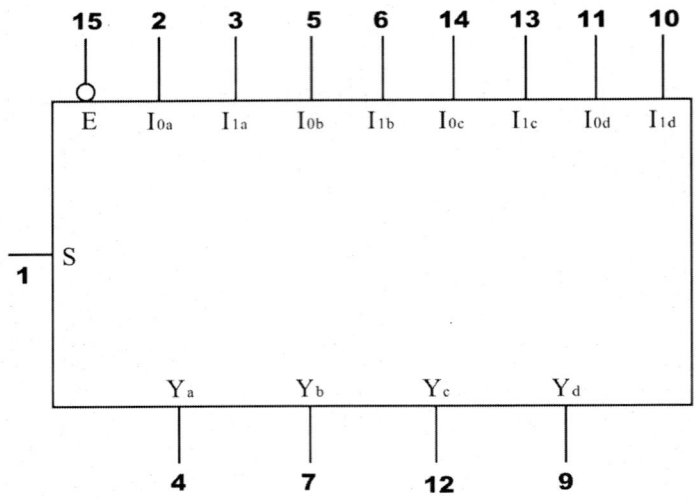

```
         15   2    3    5    6    14   13   11   10
         ○    │    │    │    │    │    │    │    │
         Ē   I0a  I1a  I0b  I1b  I0c  I1c  I0d  I1d

    ─┤S
     1

              Ya        Yb        Yc        Yd
              │         │         │         │
              4         7         12        9
```

$V_{cc}$ = 第 16 腳
接地 = 第 8 腳

真值表

| 致　能 | 選擇輸入 | 資料輸入 |      | 輸　出 |
|:---:|:---:|:---:|:---:|:---:|
| Ē | S | I₀ | I₁ | Y |
| H | × | × | × | L |
| L | H | × | L | L |
| L | H | × | H | H |
| L | L | L | × | L |
| L | L | H | × | H |

H ＝高電位
L ＝低電位
× ＝不管態

## 74160 BCD 碼十進制計數器

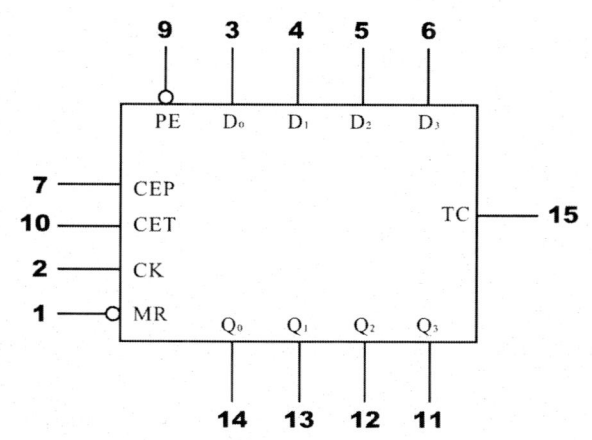

```
       9    3    4    5    6
       ○    |    |    |    |
     ┌─PE──D₀──D₁──D₂──D₃─┐
  7──┤CEP                  │
 10──┤CET              TC ├──15
  2──┤CK                   │
  1─○┤MR  Q₀  Q₁  Q₂  Q₃  │
     └────┬───┬───┬───┬────┘
          14  13  12  11
```

$V_{CC}$ ＝第 16 腳  
接地 ＝第 8 腳

### 模式選擇──功能表

| 工作模式 | 輸入 ||||| 輸出 ||
|---|---|---|---|---|---|---|---|
| | $\overline{MR}$ | CK | CEP | CET | $\overline{PE}$ | $D_n$ | $Q_n$ | TC |
| 重置（清除） | L | × | × | × | × | × | L | L |
| 並行載入 | H | ↑ | × | × | l | l | L | L |
| | H | ↑ | × | × | l | h | H | (b) |
| 計數 | H | ↑ | h | h | h(d) | × | 計數 | (b) |
| 保持不變 | H | × | l(c) | × | h(d) | × | $q_n$ | (b) |
| | H | × | × | l(c) | h(d) | × | $q_n$ | L |

H ＝高準位穩態電壓  
L ＝低準位穩態電壓  
h ＝在時脈正緣變化前的準備時間之外進入高態  
l ＝在時脈正緣變化前的準備時間之外進入低態  
× ＝不管態  
q ＝在時脈正緣變化前的準備時間之外的參考輸出  
↑ ＝時脈的正緣變化

## 74164 8 位元序列輸入、並行輸出移位暫存器

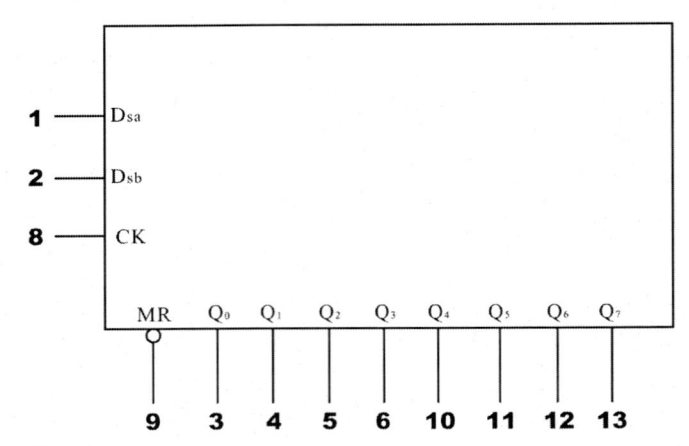

```
        ┌─────────────────────────────────┐
  1 ────┤ Dsa                             │
  2 ────┤ Dsb                             │
  8 ────┤ CK                              │
        │                                 │
        │  MR   Q0  Q1  Q2  Q3  Q4  Q5  Q6  Q7 │
        └───○──┬───┬───┬───┬───┬───┬───┬───┬──┘
            9   3   4   5   6  10  11  12  13
```

$V_{cc}$＝第 14 腳
接地＝第 7 腳

真值表

| 工作模式 | 輸入 |  |  |  | 輸出 |  |  |
|---------|-----|----|-----|-----|----|----|----|
|  | $\overline{MR}$ | CK | Dsa | Dsb | $Q_0$ | $Q_1$ | $Q_7$ |
| 重置（清除） | L | × | × | × | L | L | — L |
| 移　　位 | H | ↑ | l | l | L | $q_0$ | — $q_6$ |
|  | H | ↑ | l | h | L | $q_0$ | — $q_6$ |
|  | H | ↑ | h | l | L | $q_0$ | — $q_6$ |
|  | H | ↑ | h | h | H | $q_0$ | — $q_6$ |

H＝高電位
h＝在時脈正緣變化前的準備時間之外進入高態
L＝低電位
l＝在時脈正緣變化前的準備時間之外進入低態
q＝在時脈正緣變化前的準備時間之外的參考輸出
×＝不管態
↑＝時脈的正緣變化

## 74165 8 位元序列／並行輸入、序列輸出移位暫存器

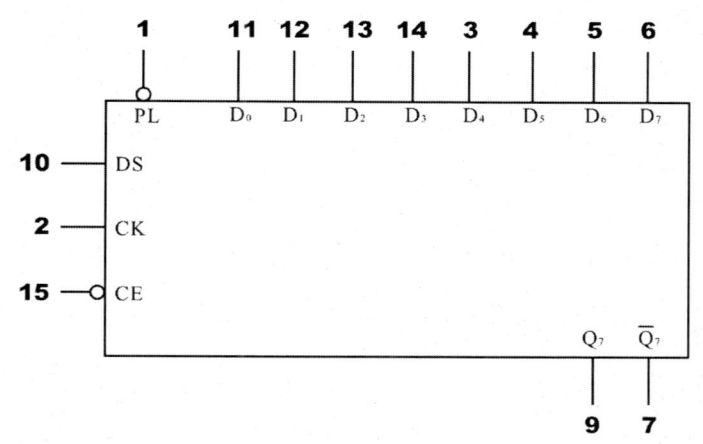

```
         1   11  12  13  14   3   4   5   6
         │   │   │   │   │   │   │   │   │
        ─○───┼───┼───┼───┼───┼───┼───┼───┼──
         PL  D₀  D₁  D₂  D₃  D₄  D₅  D₆  D₇

  10 ──── DS

   2 ──── CK

  15 ──○─ CE
                                     Q₇  Q̄₇
                                     │   │
                                     9   7
```

$V_{cc}$ = 第 16 腳
接地 = 第 8 腳

**模式選擇——功能表**

| 工作模式 | 輸入 |  |  |  |  | $Q_n$ 暫存器 |  | 輸出 |  |
|---|---|---|---|---|---|---|---|---|---|
|  | $\overline{PL}$ | $\overline{CE}$ | CK | Ds | $D_0$-$D_7$ | $Q_0$ | $Q_1$-$Q_6$ | $Q_7$ | $\overline{Q_7}$ |
| 並行載入 | L | × | × | × | L | L | L-L | L | H |
|  | L | × | × | × | H | H | H-H | H | L |
| 序列移位 | H | L | ↑ | l | × | L | $q_0$-$q_5$ | $Q_6$ | $\overline{Q_6}$ |
|  | H | L | ↑ | h | × | H | $q_0$-$q_5$ | $Q_6$ | $\overline{Q_6}$ |
| 保持不變 | H | H | × | × | × | $q_1$ | $q_6$-$q_6$ | $Q_7$ | $\overline{Q_7}$ |

H＝高電位
h＝在時脈正緣變化前的準備時間之外進入高態
L＝低電位
l＝在時脈正緣變化前的準備時間之外進入低態
$q_n$＝在時脈正緣變化前的準備時間之外的參考輸出
×＝不管態
↑＝時脈的正緣變化

## 74190可預設的BCD碼／十進碼上／下計數器

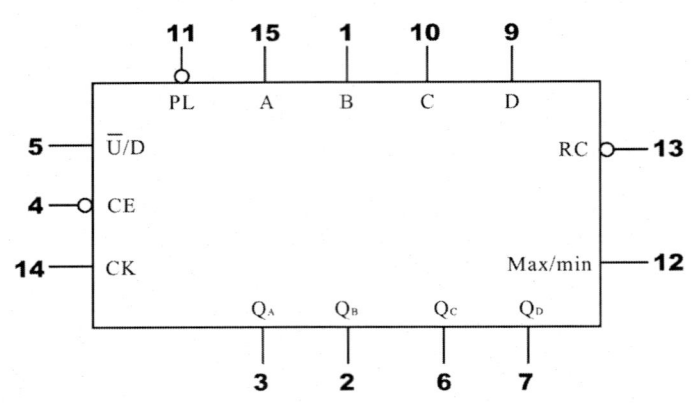

```
         11   15    1   10    9
          ○    |    |    |    |
         PL    A    B    C    D
    5 ──│ U/D                  RC │── 13
    4 ──○ CE
                            Max/min │── 12
   14 ──│ CK
              Q_A  Q_B  Q_C  Q_D
               |    |    |    |
               3    2    6    7
```

$V_{CC}$ = 第 16 腳
接地 = 第 8 腳

### 模式選擇──功能表

| 工作模式 | 輸入 |  |  |  |  | 輸出 |
|---|---|---|---|---|---|---|
|  | $\overline{PL}$ | $\overline{U}/D$ | $\overline{CE}$ | CK | A (或 B、C、D) | $Q_{A(或B、C、D)}$ |
| 並行載入 | L<br>L | ×<br>× | ×<br>× | ×<br>× | L<br>H | L<br>H |
| 上數 | H | L | 1 | ↑ | × | 上數 |
| 下數 | H | H | 1 | ↑ | × | 下數 |
| 保持不變 | H | × | H | × | × | 不變 |

### Max/min 與 $\overline{RC}$ 的真值表

| 輸入 |  |  | 終止計數的狀態 |  |  |  | 輸出 |  |
|---|---|---|---|---|---|---|---|---|
| $\overline{U}/D$ | $\overline{CE}$ | CP | $Q_A$ | $Q_B$ | $Q_C$ | $Q_D$ | Max/min | $\overline{RC}$ |
| H | × | × | H | H | H | H | L | H |
| L | H | × | H | H | H | H | H | H |
| L | L | ⊔ | H | H | H | H | H | ⊔ |
| L | × | × | L | L | L | L | L | H |
| H | H | × | L | L | L | L | H | H |
| H | L | ⊔ | L | L | L | L | H | ⊔ |

H＝高準位穩態電壓
L＝低準位穩態電壓
1＝在時脈正緣變化前的準備時間之外進入低態
×＝不管態
↑＝時脈的正緣變化
⊔＝低態動作脈衝

## 74191 可預設的 4 位元二進制上／下計數器

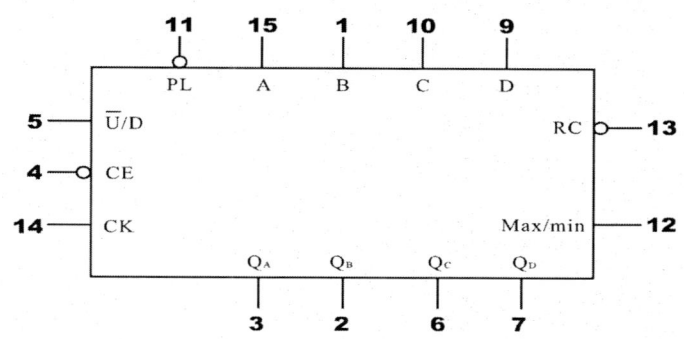

```
         11    15    1    10    9
         ○     |     |     |    |
         PL    A     B     C    D
    5 ─| U/D                    RC |─ 13
    4 ─○ CE
   14 ─| CK                 Max/min |─ 12
              Q_A   Q_B   Q_C   Q_D
              |     |     |     |
              3     2     6     7
```

$V_{CC}$ ＝ 第 16 腳
接地 ＝ 第 8 腳

模式選擇——功能表

| 工作模式 | 輸入 |  |  |  |  | 輸出 |
|---|---|---|---|---|---|---|
|  | $\overline{PL}$ | $\overline{U/D}$ | $\overline{CE}$ | CK | $D_n$ | $Q_n$ |
| 並行載入 | L<br>L | ×<br>× | ×<br>× | ×<br>× | L<br>H | L<br>H |
| 上　數 | H | L | 1 | ↑ | × | 上　數 |
| 下　數 | H | H | 1 | ↑ | × | 下　數 |
| 保持不變 | H | × | H | × | × | 不　變 |

Max/min 與 $\overline{RC}$ 的真值表

| 輸入 |  |  | 終止計數的狀態 |  |  |  | 輸出 |  |
|---|---|---|---|---|---|---|---|---|
| $\overline{U/D}$ | $\overline{CE}$ | CK | $Q_A$ | $Q_B$ | $Q_C$ | $Q_D$ | Max min | $\overline{RC}$ |
| H | × | × | H | H | H | H | L | H |
| L | H | × | H | H | H | H | H | H |
| L | L | ⊔ | H | H | H | H | H | ⊔ |
| L | × | × | L | L | L | L | L | H |
| H | H | × | L | L | L | L | H | H |
| H | L | ⊔ | L | L | L | L | H | ⊔ |

H＝高準位穩態電壓
L＝低準位穩態電壓
 1＝在時脈正緣變化前的準備時間之進入低態
×＝不管態
↑＝時脈的正緣變化
⊔＝低態動作的脈衝

## 74193 可預設的 4 位元二進制上／下計數器

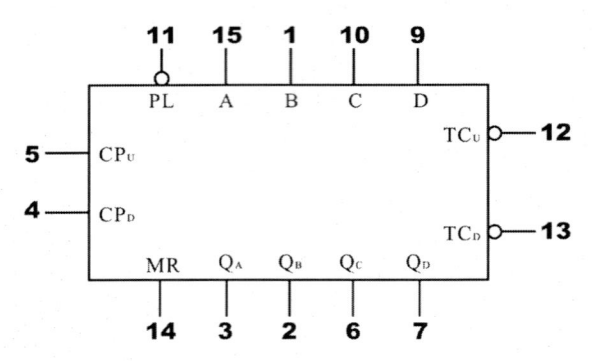

```
         11   15   1   10   9
          ○
         PL   A   B   C   D
                                    TC_U ○── 12
  5 ── CP_U

  4 ── CP_D
                                    TC_D ○── 13
         MR   Q_A  Q_B  Q_C  Q_D

         14   3    2    6    7
```

$V_{CC}$ ＝第 16 腳
接地＝第 8 腳

**模式選擇──功能表**

| 工作模式 | 輸　入 ||||||||  輸　出 ||||||
|---|---|---|---|---|---|---|---|---|---|---|---|---|---|---|
| | MR | $\overline{PL}$ | $CP_U$ | $CP_D$ | $D_0$ | $D_1$ | $D_2$ | $D_3$ | $Q_A$ | $Q_B$ | $Q_C$ | $Q_D$ | $\overline{TC_U}$ | $\overline{TC_D}$ |
| 重置（清除） | H | × | × | L | × | × | × | × | L | L | L | L | H | L |
|  | H | × | × | H | × | × | × | × | L | L | L | L | H | H |
| 並行載入 | L | L | × | L | L | L | L | L | L | L | L | L | H | L |
|  | L | L | × | H | L | L | L | L | L | L | L | L | H | H |
|  | L | L | L | × | H | H | H | H | H | H | H | H | L | H |
|  | L | L | H | × | H | H | H | H | H | H | H | H | H | H |
| 上數 | L | H | 1 | H | × | × | × | × | 上　數 |||| H[b] | H |
| 下數 | L | H | H | 1 | × | × | × | × | 下　數 |||| H | H[c] |

## 74194　4位元雙向式通用移位暫存器

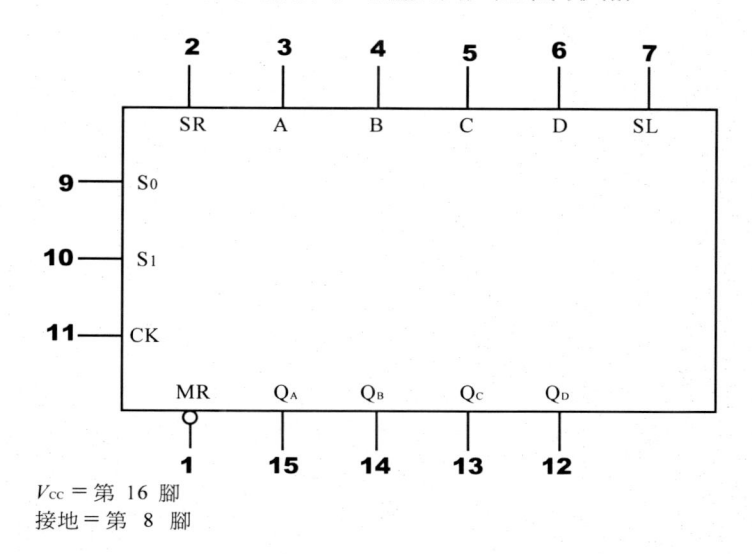

```
       2    3    4    5    6    7
       SR   A    B    C    D    SL
  9 ─┤ S0
 10 ─┤ S1
 11 ─┤ CK
       MR   QA   QB   QC   QD
       1    15   14   13   12
```

$V_{CC}$ = 第 16 腳
接地 = 第 8 腳

**模態選擇──功能表**

| CLEAR | MODE S₁ S₀ | CLOCK | SERIAL LEFT | SERIAL RIGHT | PARALLEL A | B | C | D | $Q_A$ | $Q_B$ | $Q_C$ | $Q_D$ |
|---|---|---|---|---|---|---|---|---|---|---|---|---|
| L | × × | × | × | × | × | × | × | × | L | L | L | L |
| H | × × | L | × | × | × | × | × | × | $Q_{A0}$ | $Q_{B0}$ | $Q_{C0}$ | $Q_{D0}$ |
| H | H H | ↑ | × | × | a | b | c | d | a | b | c | d |
| H | L H | ↑ | × | H | × | × | × | × | H | $Q_{AN}$ | $Q_{BN}$ | $Q_{CN}$ |
| H | L H | ↑ | × | L | × | × | × | × | L | $Q_{AN}$ | $Q_{BN}$ | $Q_{CN}$ |
| H | H L | ↑ | H | × | × | × | × | × | $Q_{BN}$ | $Q_{CN}$ | $Q_{DN}$ | H |
| H | H L | ↑ | L | × | × | × | × | × | $Q_{DN}$ | $Q_{CN}$ | $Q_{DN}$ | L |
| H | L L | × | × | × | × | × | × | × | $Q_{A0}$ | $Q_{B0}$ | $Q_{C0}$ | $Q_{D0}$ |

## 74196 可預設的十進制漣波計數器

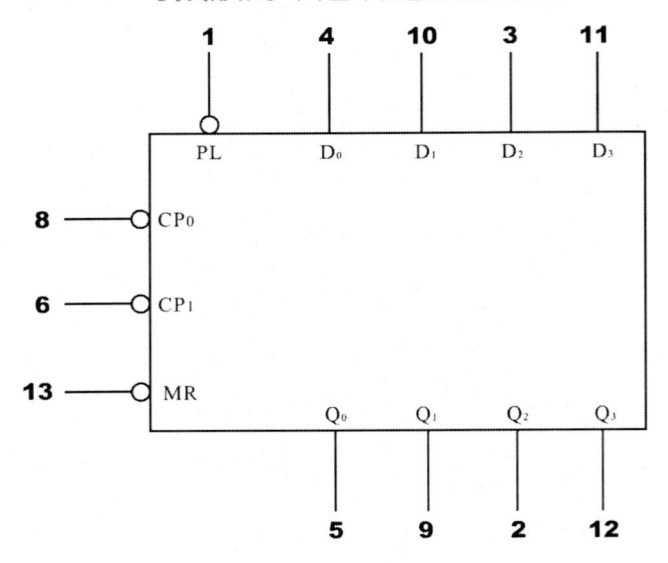

```
         1      4     10     3     11
         │      │      │     │      │
       ┌─○──────●──────●─────●──────●─┐
       │  PL    D₀     D₁    D₂     D₃│
       │                              │
   8 ──○  CP₀                         │
       │                              │
   6 ──○  CP₁                         │
       │                              │
  13 ──○  MR     Q₀     Q₁    Q₂    Q₃│
       └────────●──────●─────●──────●─┘
                │      │     │      │
                5      9     2     12
```

$V_{cc}$ ＝ 第 14 腳
接地 ＝ 第 7 腳

### 模式選擇──功能表

| 工作模式 | 輸入 |  |  |  | 輸出 |
|---|---|---|---|---|---|
|  | $\overline{MR}$ | $\overline{PL}$ | $\overline{CP}$ | $D_n$ | $Q_n$ |
| 重置（清除） | L | × | × | × | L |
| 並行載入 | H | L | × | L | L |
|  | H | L | × | H | H |
| 計數 | H | H | ↓ | × | 計數 |

H＝高電位
L＝低電位
×＝不管態
↓＝時脈的負緣變化

### 計數序列

| BCD 十進碼[b] |  |  |  | 雙五碼[c] |  |  |  |
|---|---|---|---|---|---|---|---|
| COUNT | $Q_3$ | $Q_2$ | $Q_1$ | $Q_0$ | COUNT | $Q_0$ | $Q_3$ | $Q_2$ | $Q_1$ |
| 0 | L | L | L | L | 0 | L | L | L | L |
| 1 | L | L | L | H | 1 | L | L | L | H |
| 2 | L | L | H | L | 2 | L | L | H | L |
| 3 | L | L | H | H | 3 | L | L | H | H |
| 4 | L | H | L | L | 4 | L | H | L | L |
| 5 | L | H | L | H | 5 | H | L | L | L |
| 6 | L | H | H | L | 6 | H | L | L | H |
| 7 | L | H | H | H | 7 | H | L | H | L |
| 8 | H | L | L | L | 8 | H | L | H | H |
| 9 | H | L | L | H | 9 | H | H | L | L |

# 附錄 B　常用 CMOS ICs 40 系列一覽表

4000 雙"3-輸入反或（NOR）閘"加反相器

4001 四組"2-輸入反或（NOR）閘"

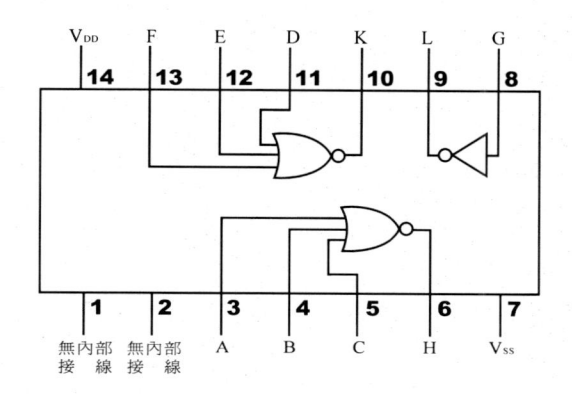

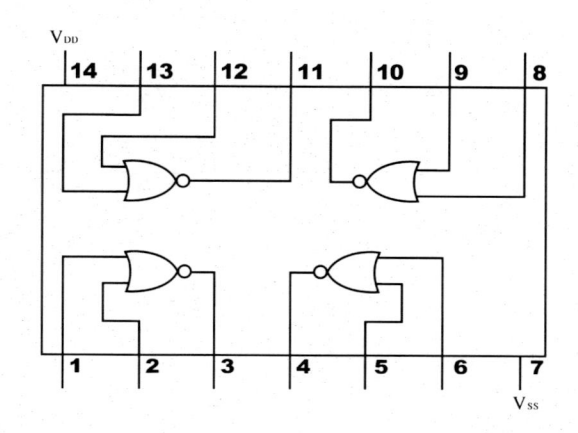

4028 BCD 碼-十進碼解碼器

真值表

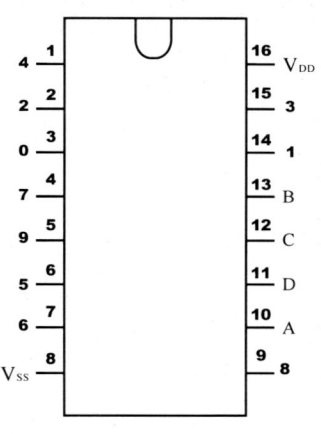

| D | C | B | A | 0 | 1 | 2 | 3 | 4 | 5 | 6 | 7 | 8 | 9 |
|---|---|---|---|---|---|---|---|---|---|---|---|---|---|
| 0 | 0 | 0 | 0 | 1 | 0 | 0 | 0 | 0 | 0 | 0 | 0 | 0 | 0 |
| 0 | 0 | 0 | 1 | 0 | 1 | 0 | 0 | 0 | 0 | 0 | 0 | 0 | 0 |
| 0 | 0 | 1 | 0 | 0 | 0 | 1 | 0 | 0 | 0 | 0 | 0 | 0 | 0 |
| 0 | 0 | 1 | 1 | 0 | 0 | 0 | 1 | 0 | 0 | 0 | 0 | 0 | 0 |
| 0 | 1 | 0 | 0 | 0 | 0 | 0 | 0 | 1 | 0 | 0 | 0 | 0 | 0 |
| 0 | 1 | 0 | 1 | 0 | 0 | 0 | 0 | 0 | 1 | 0 | 0 | 0 | 0 |
| 0 | 1 | 1 | 0 | 0 | 0 | 0 | 0 | 0 | 0 | 1 | 0 | 0 | 0 |
| 0 | 1 | 1 | 1 | 0 | 0 | 0 | 0 | 0 | 0 | 0 | 1 | 0 | 0 |
| 1 | 0 | 0 | 0 | 0 | 0 | 0 | 0 | 0 | 0 | 0 | 0 | 1 | 0 |
| 1 | 0 | 0 | 1 | 0 | 0 | 0 | 0 | 0 | 0 | 0 | 0 | 0 | 1 |

## 4049 六組 "16 進制反相緩衝器"

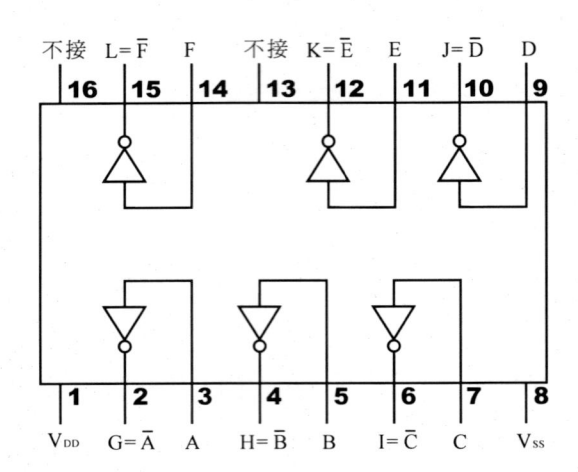

```
不接  L=F̄  F   不接  K=Ē  E    J=D̄  D
 16   15  14  13   12  11   10  9
  │    │   │  │    │   │    │   │
  │   [>o]─┘  │   [>o]─┘   [>o]─┘
  │            │            │

  │   ┌─[>o]   ┌─[>o]   ┌─[>o]
  │   │    │   │    │   │    │
  1   2    3   4    5   6    7   8
 V_DD G=Ā  A   H=B̄  B    I=C̄  C   V_SS
```

## 4051 8-通道類比多工器／反多工器

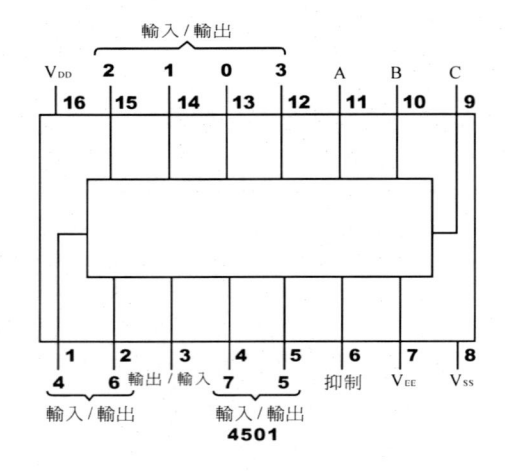

```
          輸入／輸出
 V_DD  2   1   0   3    A   B   C
  16  15  14  13  12   11  10   9
  ┌─────────────────────────────┐
  │                             │
  │                             │
  └─────────────────────────────┘
   1   2   3   4   5    6   7   8
   4   6  輸出 輸入 7    5   抑制 V_EE V_SS
   輸入／輸出    輸入／輸出
            4501
```

**真值表**

| 輸入狀態 |   |   |   | 致能情況 |
|---|---|---|---|---|
| 抑制 | C | B | A | CD4051B |
| 0 | 0 | 0 | 0 | 0 |
| 0 | 0 | 0 | 1 | 1 |
| 0 | 0 | 1 | 0 | 2 |
| 0 | 0 | 1 | 1 | 3 |
| 0 | 1 | 0 | 0 | 4 |
| 0 | 1 | 0 | 1 | 5 |
| 0 | 1 | 1 | 0 | 6 |
| 0 | 1 | 1 | 1 | 7 |
| 1 | . | . | . | 無 |

・不管態

## 4070 四組 "2-輸入互斥或閘"

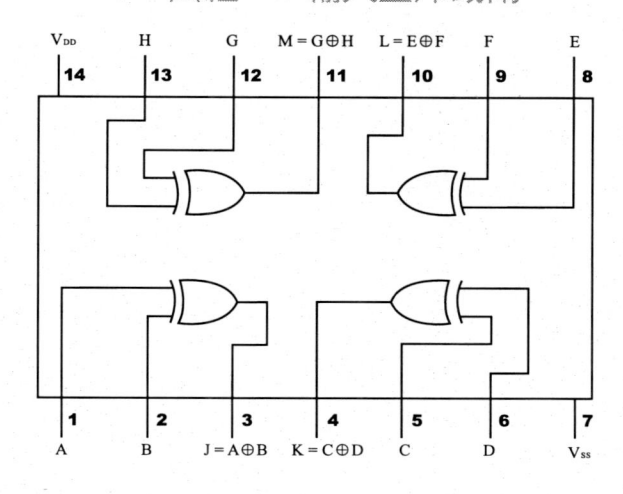

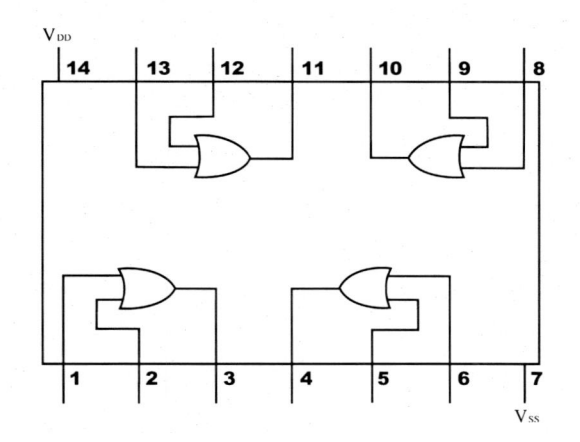

## 4071 四組 "2-輸入或（OR）緩衝閘"

## 4081 四組 "2-輸入及（AND）緩衝閘"

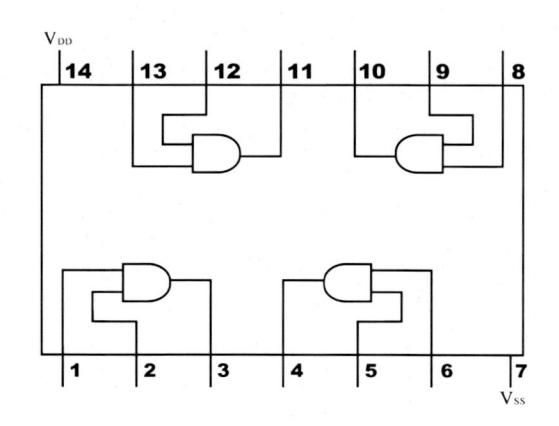

## 附錄 C　使用材料一覽表

| 材料名稱 | 規　　格 | 數　量 | 材料名稱 | 規　　格 | 數　量 |
|---|---|---|---|---|---|
| VR | 10 kΩ | 1 | TR | 9013 | 1 |
|  | 20 kΩ | 2 |  | 2N2222A | 2 |
|  | 100 kΩ | 1 | D | 1N4148 | 5 |
| R | 200 Ω | 1 | 發光二極體 | 紅 LED | 10 |
|  | 330 Ω | 14 |  | 黃 LED | 2 |
|  | 470 Ω | 6 |  | 綠 LED | 2 |
|  | 620 Ω | 1 | 七段顯示器 | 共陰 | 1 |
|  | 1 kΩ | 4 | 喇叭 | 0.25 W 8 Ω | 1 |
|  | 2 kΩ | 4 | XTAL | 3.58 MHz | 1 |
|  | 2.2 kΩ | 2 | DIP SW | 8 pins | 1 |
|  | 2.7 kΩ | 1 | SW | SPST | 1 |
|  | 3.6 kΩ | 2 |  |  |  |
|  | 5.1 kΩ | 1 |  |  |  |
|  | 10 kΩ | 2 |  |  |  |
|  | 30 kΩ | 1 |  |  |  |
|  | 47 kΩ | 1 |  |  |  |
|  | 470 kΩ | 5 |  |  |  |
|  | 2.2 MΩ | 2 |  |  |  |
|  | 5 MΩ | 3 |  |  |  |
| C | 100 pF | 1 |  |  |  |
|  | 100 pF | 1 |  |  |  |
|  | 1000 pF | 1 |  |  |  |
|  | 0.0022 $\mu$F | 1 |  |  |  |
|  | 0.01 $\mu$F | 1 |  |  |  |
|  | 0.047 $\mu$F | 1 |  |  |  |
|  | 0.05 $\mu$F | 1 |  |  |  |
|  | 0.1 $\mu$F | 5 |  |  |  |
|  | 1 $\mu$F | 1 |  |  |  |
|  | 47 $\mu$F | 3 |  |  |  |

## 附錄 C　使用材料一覽表（續）

| 材料名稱 | 規　　格 | 數　量 | 材料名稱 | 規　　格 | 數　量 |
|---|---|---|---|---|---|
| TTL IC | 7400 | 5 | CMOS IC | 4063 | 1 |
|  | 7401 | 1 |  | 4070 | 1 |
|  | 7404 | 1 |  | 4071 | 1 |
|  | 7405 | 1 |  | 4081 | 1 |
|  | 7406 | 1 | OP IC | $\mu$A741 | 3 |
|  | 7408 | 2 | IC | NE555 | 2 |
|  | 7421 | 2 | VR | 1 k$\Omega$ | 1 |
|  | 7432 | 1 |  |  |  |
|  | 7438 | 1 |  |  |  |
|  | 7442 | 1 |  |  |  |
|  | 7447 | 1 |  |  |  |
|  | 7473 | 2 |  |  |  |
|  | 7474 | 2 |  |  |  |
|  | 7476 | 1 |  |  |  |
|  | 7485 | 1 |  |  |  |
|  | 7486 | 1 |  |  |  |
|  | 7490 | 1 |  |  |  |
|  | 7493 | 1 |  |  |  |
|  | 7496 | 1 |  |  |  |
|  | 74109 | 1 |  |  |  |
|  | 74151 | 1 |  |  |  |
|  | 74154 | 1 |  |  |  |
|  | 74160 | 1 |  |  |  |
|  | 74164 | 1 |  |  |  |
|  | 74165 | 1 |  |  |  |
|  | 74190 | 1 |  |  |  |
|  | 74191 | 1 |  |  |  |
|  | 74194 | 1 |  |  |  |
| CMOS IC | 4001 | 1 |  |  |  |
|  | 4011 | 1 |  |  |  |
|  | 4013 | 1 |  |  |  |
|  | 4028 | 1 |  |  |  |
|  | 4049 | 1 |  |  |  |
|  | 4051 | 1 |  |  |  |